中国海洋创新评价理论与实践

刘大海　王春娟　著

科　学　出　版　社

北　京

内 容 简 介

本书是在新时代背景下，对中国海洋创新评价理论联系实践进行的一次探索研究。本书作者总结十余年的理论研究与实践经验，立足中国特色海洋创新的现实问题与长远发展，基于“摸清家底”的评价需求，以中国海洋创新理论为基础，从海洋创新评价指标体系构建、方法选择和系统应用等角度客观分析国家及区域海洋创新能力，并从海洋创新与海洋经济的关系、海洋科技投入产出效率、海洋科技布局及海洋高新技术与产业等应用角度评价分析了中国海洋创新的质量和效率。

本书可供海洋管理和决策部门参考，也可供海洋领域的专业科技工作者和研究生、大学生使用，并可为全社会认识和了解我国海洋创新评价理论与实践提供窗口。

图书在版编目（CIP）数据

中国海洋创新评价理论与实践/刘大海，王春娟著．— 北京：科学出版社，2023.3

ISBN 978-7-03-074257-5

Ⅰ.①中…　Ⅱ.①刘…　②王…　Ⅲ.①海洋经济-技术革新-研究-中国　Ⅳ.①P74

中国版本图书馆 CIP 数据核字（2022）第 241867 号

责任编辑：朱　瑾　习慧丽/责任校对：何艳萍
责任印制：赵　博/封面设计：无极书装

科学出版社 出版
北京东黄城根北街 16 号
邮政编码：100717
http: //www.sciencep.com
涿州市般润文化传播有限公司印刷
科学出版社发行　各地新华书店经销
*
2023 年 3 月第　一　版　开本：787×1092　1/16
2025 年 1 月第二次印刷　印张：13 1/4
字数：315 000

定价：180.00 元

（如有印装质量问题，我社负责调换）

《中国海洋创新评价理论与实践》撰写人员名单

著　　者：刘大海　王春娟

顾　　问：丁德文　吴桑云

撰 写 组：刘大海　王春娟　李成龙　陈建均　李晓璇

　　　　　俞美琪　刘　超

校 对 组：纪瑞雪　林　娟　林佳怡

前　言

21世纪，人类进入了大规模开发利用海洋的时期。海洋在国家经济发展格局和对外开放中的作用更加重要，在维护国家主权、安全、发展利益中的地位更加突出，在国家生态文明建设中的角色更加显著，在国际政治、经济、军事、科技竞争中的战略地位也明显上升。党的十八大报告首次明确提出“建设海洋强国”，标志着海洋强国被纳入国家大战略中。党的十九大报告指出“坚持陆海统筹，加快建设海洋强国”。党的二十大报告提出“发展海洋经济，保护海洋生态环境，加快建设海洋强国”。海洋创新是引领和推动海洋强国建设的必由之路，走海陆并重、协同合作、自主可控的中国特色海洋科技发展之路，是实现海洋强国战略的必然要求。

建设海洋强国，是中国特色社会主义事业的重要组成部分，是实现中华民族伟大复兴的重大战略任务。我国已迈入科技自立自强的新时代，海洋创新是国家创新的重要组成部分，也是实现海洋强国战略的动力源泉，海洋创新能力的提升为建设综合实力过硬的海洋强国提供了有力保障。切实摸清我国海洋创新的“家底”，全面掌握海洋科技发展动态与趋势，对海洋强国建设和海洋经济高质量发展具有重要意义。

为响应国家创新驱动发展战略、服务国家创新体系和海洋强国建设，国家海洋局第一海洋研究所（现自然资源部第一海洋研究所）自2006年着手开展海洋创新评价工作，从海洋创新理论着手，基于多源、权威的海洋创新数据，持续评估我国海洋创新“家底”，分析我国海洋创新需求，从国家、区域和专题等多视域开展海洋创新评价工作，为海洋科技发展提供重要支撑，也见证了我国海洋科技事业取得的一系列突破性进展，实现了由“跟跑”到“并跑”再到部分“领跑”的转变。在海洋创新大发展的新时代，我国海洋科技事业即将迎来多区域、多产业、多部门、多环节、多界别、多主体的全面暴发。

本书以创新驱动发展战略和海洋强国战略为指导，重点关注海洋创新体系、海洋创新评价指标、海洋创新与经济高质量发展、海洋创新规划等内容，根据创新评价理论拓展实践范围，具体包括国家海洋创新体系、海洋创新评价体系、海洋创新评价指标、海洋产业竞争力评价、海洋科技投入产出效率、海洋科技布局、海洋高新技术与产业等内容。同时，本书将海洋创新评价理论拓展至自然资源领域，开展国家和区域自然资源创新评价。本书采用的理论与实践相结合的研究模式能够吸引多主体联合攻关，在创新链的多环节开展跨学科交流和多维度沟通，逐渐形成多界别跨越、多要素整合和多主体联动的机制模式，为海洋科技发展向创新引领型转变和海洋经济高质量发展提供理论与科学依据。

本书主要由自然资源部第一海洋研究所海岸带科学与海洋发展战略研究中心团队撰写，涵盖了经济学、管理学、海洋学和人文地理学等相关专业，集中体现了数十年来我国海洋创新的发展历程，是海洋创新评价研究十余年磨砺的成果总结。近年来，团队承担了大量海洋科技评价、海洋科技战略、海洋科技行动和海洋科技规划等研究任务，并连续出版了多部国家海洋创新指数报告，积累了丰富的研究经验，为本书的出版奠定了一定的学术基础。虽然如此，因能力有限，本书的研究仍有诸多不够深入的地方，难免存在不足，诚请各位读者不吝赐教，批评指正！

刘大海　王春娟

2022.12

目　录

第1篇　理　论　篇

第2篇 实 践 篇

第3篇 拓 展 篇

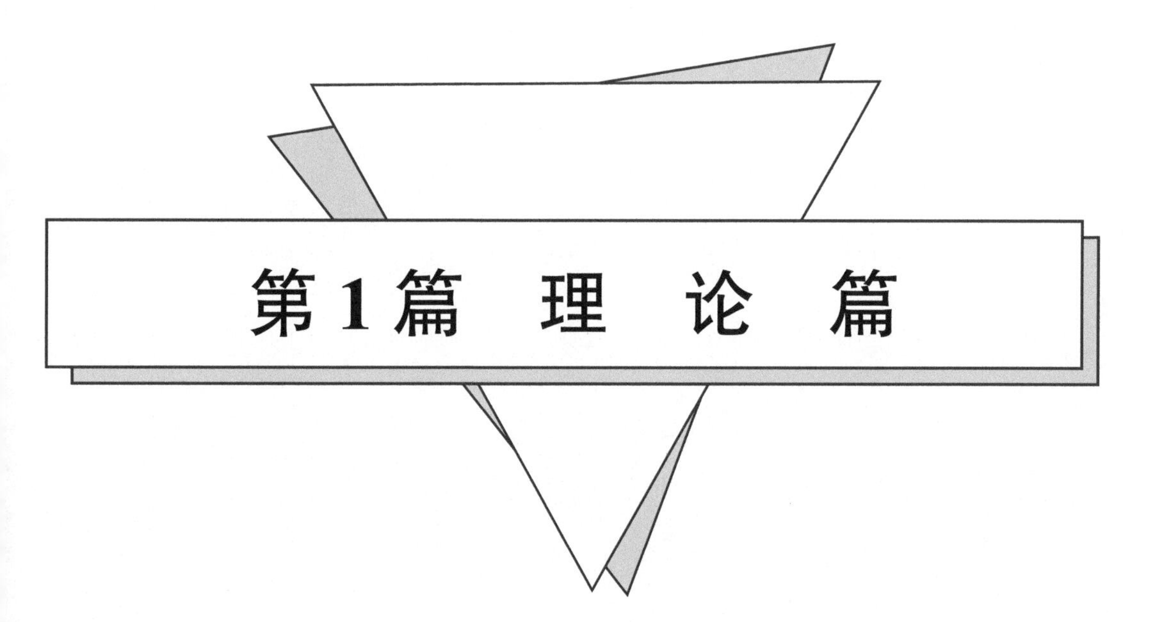

第1篇 理 论 篇

第1章

国家海洋创新体系与海洋理论基础

党的十八大报告明确提出，要“加快建设国家创新体系，着力构建以企业为主体、市场为导向、产学研相结合的技术创新体系”；党的十九大报告再次强调，要“加快建设创新型国家”;《中华人民共和国国民经济和社会发展第十四个五年规划和2035年远景目标纲要》更是明确提出，要“完善国家创新体系，加快建设科技强国”。可以看出，国家创新体系建设已经被提升到了前所未有的地位。海洋创新作为国家创新的重要组成部分，在国家创新体系成为分析和指导国家创新政策实践的主流理论框架的同时，海洋创新体系和相关理论基础也在逐步形成和完善。目前，海洋创新体系紧跟国家创新体系的前进步伐，正经历着新一轮涵盖导向、空间、组织等多维度的剧变和重构。本章主要在分析国家创新体系和创新型海洋强国内涵的基础上，阐述了国家海洋创新体系的内容，同时对海洋创新理论基础进行系统的梳理与介绍，具体包括创新理论、竞争优势理论、系统科学理论和经济增长理论，为后续系统开展国家海洋创新评价与分析奠定理论基础。

1.1　国家海洋创新体系

1.1.1　国家创新体系

对国家海洋创新体系的理解，要从分析国家创新体系着手。国家创新体系理论（National Innovation System Theory，NIS Theory）研究始于20世纪80年代。1987年，Freeman（弗里曼）首次提出了“国家创新体系”（National Innovation System，NIS）的概念。他主张，国家创新体系是公共和私人部门对新技术进行创造、引进、改进和扩散，从而形成的一种包括政府决策、企业研究和教育培训的网络。从定义可以看出，国家创新体系中的创新实际上包括科学创新、技术创新、制度创新和管理创新等更为广泛的内涵。

随后，国家创新体系理论在发达国家的政策部门和学术界的影响迅速扩大。Nelson和Rosenberg（1993）将国家创新体系定义为决定一国企业创新绩效的一套相互作用的制度体系；Niosi等（1993）将其定义为以促进本土科学技术创造为目标，由企业、大学、政府机关等主体相互作用构成的一个体系，各主体间的相互作用可以是技术的、商业的、法律的、社会的、金融的，相互作用的目标在于对新的科学技术进行开发、保护并为其提供融资及进行规制；Metcalfe（1995）认为，国家创新体系是一套相互关联的，共同作用于新知识、新技能、新工艺的，用于创造、保存和转移的制度体系；Lundvall（1992）与Edquist和Lundvall（1993）则认为，国家创新体系是存在或根植于一国内部的，作用于新知识生产、扩散及商业化应用的要素和关系总和，它由各种制度和经济结构共同构成，并影响全社会技术变化的速度和方向；Niosi 等（1993）和 Lundvall（1992）对国家创新体系中各创新主体间的关系进行了分析探讨，认为创新主体主要是企业、高校和科研机构等，这一观点逐渐成为之后研究的基础。

国内关于国家创新体系也有一定的研究。例如，陈劲（2021）认为国家创新系统的构成主要是：①教育；②财政与金融，其中最主要的是资本的积累；③研究开发体系；④有效的政府规制。2005 年发布的《国家中长期科学和技术发展规划纲要（2006—2020 年）》将国家创新体系界定为：以政府为主导、充分发挥市场配置资源的基础性作用、各类科技创新主体紧密联系和有效互动的社会系统。因此，“国家创新体系”名词释义为：国家创新体系是社会经济与可持续发展的引擎和基础，是培养造就高素质人才、实现人的全面发展、社会进步的摇篮，是综合国力竞争的灵魂和焦点，其主要功能是知识创新、技术创新、知识传播和知识运用。

1.1.2 创新型海洋强国内涵

我国海域辽阔、海洋资源丰富，但是多年的粗放式发展使得资源环境问题日益突出，制约了海洋经济的进一步发展。纵观我国海洋经济发展历程，大致经历了 3 个阶段：资源依赖阶段、产业规模粗放扩张阶段和由量向质转变阶段。海洋科技的飞速发展，推动新型海洋产业规模不断发展扩大，并成为海洋经济新的增长点。只有不断进行海洋创新，才能促进海洋经济的健康发展，推动我国早日步入创新型海洋强国行列。

海洋强国建设亟须推动海洋科技向创新引领型转变。国际历史经验表明，海洋科技发展是建设海洋强国的根本保障，应建立国家海洋创新评价指标体系，从战略高度审视我国海洋科技发展动态，强化海洋基础研究和人才团队建设，大力发展海洋科学技术，为经济社会各方面提供决策支持。创新型海洋强国的最主要特征是国家海洋经济社会发展方式与传统的发展模式相比发生了根本性变化。对是否为创新型海洋强国的判别，应依据驱动海洋经济增长的要素是传统海洋资源消耗和资本还是以知识创造、传播和应用为标志的创新活动。创新型海洋强国应具备 4个方面的能力：①较高的海洋创新资源综合投入能力；②较高的海洋知识创造与扩散应用能力；③较高的海洋创新绩效影响表现能力；④良好的海洋创新环境。

建设创新型海洋强国需要在创新主体、创新路径、创新实现与创新评价方面做出努力。其中，在创新主体层面，要以国家创新体系理论为基础，以海洋领域科研院所、高校和企业为创新主体，逐步形成多部门共同参与的开放合作与协同一致的创新体系。在创新路径层面，要坚持“海洋命运共同体”的科技创新发展，以系列科技规划为海洋重大科技战略，形成既有理论基础又有知识和技术支撑的创新路径。在创新实现层面，海洋科技创新发展贯穿于开发、利用、保护及修复过程中的科技知识产生、流动并商业化应用，以及技术创新发展的整个过程，具体体现在技术、知识、理论等方面。在创新评价层面，要基于现有创新评价方法，构建创新评价体系，重点是构建国家海洋创新指数，对海洋科技创新能力进行度量。

1.1.3 国家海洋创新体系的内容

根据国家创新体系和创新型海洋强国内涵，国家海洋创新体系是指通过政府、科研机构、高校、企业等的相互合作，促进全社会海洋创新资源合理配置和有效利用，涵盖涉海的科学研究、人才培养、产业发展、创新服务与管理等一系列内容的系统（国家海洋局第一海洋研究所，2015a）。国家海洋创新体系主要包括：①海洋创新主体，包括涉海科研机构、高校和企业；②海洋创新成果，包含海洋科技成果、结题课题、论文、专利、企业效益、社会效益、环境效益等；③海洋创新环境，包括海洋创新领域的宏观社会制度环境与微观个人思想环境。通过创新主体、创新路径、创新实现和创新评价四个方面的相互促进、融合，国家海洋创新体系构建与评价力求全面、客观、准确地反映我国海洋科技创新能力，为综合评价创新型海洋强国建设情况、完善海洋科技创新政策提供技术支撑和咨询服务。

1.2 海洋创新理论基础

1.2.1 创新理论

创新是一个宽泛的概念，它可以适用于多个领域。经济学中，对创新概念的研究相对系统，由于西方经济学中第一个系统地、完整地描述创新理论的是熊彼特，因此我们称之为熊彼特创新理论。创新理论历经由熊彼特创新理论向技术创新理论、科技创新理论等不断发展丰富的过程。自熊彼特提出创新理论后，关于技术创新理论、制度创新理论、科技创新理论等的研究日益增多。以下内容，将在对熊彼特创新理论进行介绍的基础上，剖析其与技术创新理论和科技创新理论的关系。

创新作为维护国家安全、增进民族凝聚力的纽带，已逐渐成为国际竞争中影响成败的主导因素，也成为决定一个国家或地区在未来世界竞争格局中命运和前途的关键所在（朱淑珍，2002）。创新不但决定性地影响着科学技术的发明创造，而且决定性地影响着科技发明成果能否及时转化为直接的社会生产力，最终促进社会经济的迅速发展（姚东旻等，2015）。从这个意义上说，创新也是社会进步的决定性因素。随着新经济时代的到来，特别是进入 21 世纪后，人们对创新和创造的关注程度已陡然超过历史上的任何时期。“创新”一词出现频率之高，标志着创新已成为当今时代的主题和最强音。

（1）熊彼特创新理论

熊彼特于 1912 年发表《经济发展理论》(*The Theory of Economic Development*)，首次从经济学角度提出“创新”的概念。他认为,“创新”是对“生产要素”和“生产条件”进行“重新组合”，企业家将“新组合”引进“生产体系”，形成“新的生产力”，从而最大限度地获得“超额利润”。需要注意的是，“创新”不仅是技术层面上的发明创造，还是形成“新组合”并投入生产的过程。其中,“新组合”有以下五种具体情形：①研发“新产品”；②采用“新方法”；③开辟“新市场”；④掌控“新资源”；⑤实现“新组织”。也就是说，熊彼特所说的“创新”包括五个方面的内容：①“产品”创新；②“方法”创新；③“市场”创新；④“资源”创新；⑤“组织”创新。

熊彼特的《经济发展理论》在系统理论分析内容中，打破传统标准，提出创新理论，区别于传统数量变化的解释方式，着重分析了在经济发展进程中变革生产技术与方法的重要性，即创新在经济发展过程中所起的重要作用。熊彼特创新理论自20世纪初被提出以来，伴随着学者的深入研究与分析，其理论分支得以蓬勃发展，目前已经成为当代最重要的科技与经济密切结合的综合性理论。在全球经济一体化的今天，不论是发达国家还是发展中国家，创新都已经成为发展国民经济的基本国策，深刻影响着世界经济的发展与走向。

在研究方面，本章梳理了近年来学者对于熊彼特创新理论的进一步研究。方在农（2006）从熊彼特创新理论、国家创新体系理论、我国建立创新型国家的战略部署三个角度出发，结合创新与企业家的关系、创新与经济增长的关系、创新与经济发展的关系阐释了熊彼特创新理论及其追随者在熊彼特创新理论的基础上继续研究形成的新熊彼特主义。陈国权（2011）从熊彼特创新思想的历史背景、主要内容、运用及意义四个方面展开了详细论述，从熊彼特创新理论延伸到“创造性破坏”理论，着重介绍了对熊彼特创新思想的应用，即将熊彼特创新理论应用于解释经济周期和资本主义的“自动过渡论”，充分肯定了熊彼特创新思想对经济发展具有举足轻重的意义。代明等（2012）对熊彼特创新理论进行了回顾，对该理论的提出与要义、发展与完善、影响与前景等作了简要回顾和总结，分别从熊彼特及其创新理论、创新理论的发展和创新理论的影响三方面进行了详细论述。

在熊彼特创新理论提出伊始，经济发展较为缓慢和落后，熊彼特创新理论并没有引起经济学家的重视与关注，直到20世纪50年代后，科学技术在人们的生活中开始发挥愈发重要的作用，也在一定程度上促进了经济和社会的进步。其中，以微电子技术为主导的新技术革命蓬勃发展，借助传统的资本、劳动力因素很难解释经济迅速发展的原因，经济学家开始意识到技术变革与进步对社会经济发展产生的重要影响，而熊彼特创新理论作为首个提出的创新理论，为后续创新理论的提出与发展奠定了坚实的基础。

（2）技术创新理论

“技术创新”实际上来源于熊彼特创新理论中对“方法”的创新。随着技术创新理论的不断发展，其研究主要包括四大理论流派：①新古典学派，指出技术创新是经济增长的基本要素；②新熊彼特学派，坚持企业家的创新主体地位，技术创新在经济发展中具有核心作用；③制度创新学派，强调技术创新与制度创新间的相互促进关系；④国家创新系统学派，强调技术创新离不开国家创新系统的推动。可以看出，技术创新理论是基于熊彼特创新理论中“方法”创新的进一步研究，研究范围更为广泛。

以熊彼特创新理论为基础的技术创新经济学，主要的研究方法是结合熊彼特创新理论与新古典学派的经济理论综合分析资本主义经济发展的历史进程。20世纪70年代后，技术创新理论和技术进步理论成为经济学界和政策界的热点研究方向。技术创新理论主要研究在企业创新过程中技术创新的重要作用、运行规律及行为准则，技术进步理论则重点衡量技术创新、技术扩散等对宏观经济的影响程度，两者的区别主要体现在微观主体和宏观层面。20世纪80年代，世界经济形势发生重大变化，西方很多工业化国家的经济不增反跌，与此同时少数新兴工业化国家的经济却在蓬勃增长。此种经济现象使研究技术创新的经济学家意识到了技术对于经济增长的巨大推动作用。自此，学者们针对熊彼特创新理论的研究更进一步，其中以门施等的周期理论、弗里曼的技术创新政策体系和卡曼等的市场理论为主要代表。

在学术研究方面，在熊彼特创新思想的基础上，西方学者就技术创新理论开展了进一步研究，产生了以索洛为代表的新古典学派和以曼斯菲尔德、斯通曼、卡曼、施瓦茨为代表的新熊彼特学派。

新古典学派关于技术创新的研究建立在“市场失灵”的前提下。索洛关于技术创新的研究集中于 1956 年发表的《对经济增长理论的贡献》和 1957 年发表的《技术进步与总生产函数》两篇文章，得出结论：“只有存在技术进步，经济才能持续增长，没有技术进步，会出现资本积累报酬递减；反之，则能克服资本积累报酬递减。”新古典学派肯定了技术在经济增长中的决定性作用。此外，新古典学派还深入探讨了政府在技术创新过程中的作用。在市场经济下，当技术创新供需失衡时，政府应适当采取宏观调控手段，以保证技术创新能够促进经济社会发展。新熊彼特学派在技术创新领域提出了独创的见解，进一步发展了技术创新理论。

曼斯菲尔德提出了技术创新与模仿之间的关系，并由此建立了新技术模仿理论。他指出，在一定时期内一定部门中采用某项新技术的影响因素包括模仿比例、采用新技术的企业的相对盈利率及采用新技术所需的投资额等。新技术模仿理论主要阐释了新技术被某个企业率先采用后，需要多久才能被多数企业采用。该理论在一定程度上有助于对技术模仿和推广的解释。斯通曼分析了技术创新扩散的路径依赖，他认为技术扩散分为企业内扩散、企业间扩散及国际扩散三种，同一新技术对企业内部各部门影响程度不同，同一国家同一产业中的不同企业对新技术采用速度反应不同，同一创新成果在不同国家的扩散程度不同，在同一国家不同地区也不同。20 世纪 70 年代，卡曼和施瓦茨重点研究了垄断竞争条件下的技术创新过程，提出了“技术创新与市场结构论”，并分析指出决定技术创新的三个变量：竞争程度、企业规模和垄断力量（马静玉，1996）。他们认为，竞争引起技术创新，使创新者在竞争中获取更多利润，但竞争程度越高不一定越有利于推动研发活动，也可能会适得其反。因此，介于垄断和完全竞争之间的市场结构，能够有效推进技术创新活动发展（赵卢雷，2020）。

技术创新发展至今，越来越多的学者将技术创新与企业经济、国家发展相结合进行研究。王力在《乡村振兴视域下我国农业技术创新研究——基于熊彼特创新理论框架》中，从农产品创新、农业技术创新、农业市场创新、农业资源配置创新、农业组织创新 5 个方面分析了我国农业技术创新路径及表现。邱子昂在《技术创新对于京津冀“互联网+”物流产业融合发展的影响探讨——基于熊彼特创新理论》中，提到相关产业的专业化集聚可以形成规模经济效应和技术外溢效应，从而促进区域产业结构升级和多重产业融合发展，进而带动区域经济转型及发展。

（3）科技创新理论

科技创新理论是技术创新理论的深化与发展，也就是说，科技创新理论是创新理论在“方法”创新上的深化与发展。目前较为权威的研究认为，“科技创新”包括“科学创新”和“技术创新”。联合国教育、科学及文化组织对研究与试验发展（research experimental development，R&D）活动的分类指出，“科学创新”包括基础研究（fundamental research）和应用研究（applied research）两方面的创新；“技术创新”是试验发展（experimental development）的创新，包括“新技术”的研究、试验及成果的行业化等一系列的内容。

1.2.2 竞争优势理论

著名的竞争优势理论是迈克尔·波特在20世纪90年代提出的，理论重点在于阐述了一国产业在国际上竞争优势的形成，这种竞争优势与四个要素具有十分紧密的关系：一是生产要素，主要包括天然资源、气候、地理位置、融资等初级生产要素及现代通信的基础设施、高等教育人力等高级生产要素；二是需求条件，该要素条件主要是指国内需求，包括需求结构等，其意义在于它是产业发展的动力，刺激企业改进和创新；三是相关产业和支持产业的表现，该要素主要包括相关产业的上游供给等，其为国家竞争优势提供了一个优势网络；四是企业的战略、结构和同行竞争对手，该要素主要是指一个产业所拥有的企业结构、成长性和创新性。此外，还有机会和政府两个要素，虽然并非基本要素，却是一个国家和产业能够取得竞争优势的关键要素（王东和翟亚婧，2014）。迈克尔·波特将这些要素进行整合，由这些要素相互联系所构成的模型就是钻石模型。

迈克尔·波特的竞争优势理论分为企业及产品竞争优势、产业和区域竞争优势、国家竞争优势。在此基础上，迈克尔·波特在《竞争战略》一书中提出三种战略思想：一是总成本领先战略；二是差异化战略；三是专一化战略。这些战略思想的目标是使企业经营在产业竞争中获得优势，而其中一种战略成功可能只是创造一些微薄效益。贯彻任何一种战略，都需要企业全力以赴，并且要有一个支持这些战略的组织安排。当企业目标变为多个时，资源将被分散，不利于企业的发展。

迈克尔·波特的竞争优势理论在一定时代背景下为一些国家和企业的发展做出了巨大的贡献，但随着时代背景的不断变化，一些经济相对落后的国家并不具有迈克尔·波特所强调的竞争力形成的关键要素，用该理论解释这些国家的产业竞争力时显然并不具有适用性。基于此，有很多学者对迈克尔·波特的钻石模型进行了不断拓展，以期具有更强的解释力。从1993年卡特赖特提出多要素钻石模型，到1998年穆恩、鲁格曼和沃伯克持续完善的一般化钻石模型，迈克尔·波特的竞争优势理论与钻石模型在不断进步，适用于更多的国家及产业发展。

与完善竞争优势理论同时发生的，还有对于该理论的大范围应用。例如，张元智在《高科技产业开发区集聚效应与区域竞争优势》一文中，分析了产业开发区集聚效应的影响因素，认为集聚能够产生竞争优势的重要原因是群聚区能够提高生产率，能够为公司改革提供持续不断的动力，同时也能够促进新企业的诞生；管福泉等在《产业集群竞争优势理论分析》中，从产业组织结构、产业创新两方面进行分析，作为经济全球化中重要的经济组织形式，产业集群是地区竞争力的重要来源。刘祎和王玮（2019）探索了将工业大数据转化为竞争优势的过程，发现利用工业大数据资源可以实现对环境的被动适应及主动适应，基于此形成竞争优势双路径。王塑峰和纪玉山在《东北重化工业转型升级的战略思考——基于综合竞争优势理论的视角》中，基于改革开放后东北重化工业发展面临的要素禀赋优势丧失、制度创新滞后、政府保障缺失、自主创新乏力、人力资源流失、市场调节机制建设滞后六大困境，提出要从综合竞争优势出发，以制度创新为核心、以自主技术创新为主线、以国家或地区总体利益为导向、以人力资源和要素禀赋为支撑、以有效的宏观经济调控政策为保障，充分发挥市场在资源配置中根本性作用的综合性竞争优势。

1.2.3 系统科学理论

系统科学理论是 20 世纪中叶开始在科学体系中新兴的一个学科。在最开始诞生的时候，系统科学理论由系统论、信息论和控制论三种理论组成，这三种理论的共同点都是强调从系统的整体性、系统的结构和功能等角度去研究客观世界，以此来探求客观世界中系统、控制和信息三者之间的规律性，在确定性的前提之下达到有效控制系统的目的，这些理论被广泛应用于生物学、数理统计、通信等领域。20 世纪 70 年代后，随着越来越多相关研究的提出和丰富，系统科学理论的内涵不断发展和完善，其基本内容和基本组成由最初的系统论、信息论和控制论，逐渐拓展到耗散结构论、协同论和突变论，新的理论重视事物发展的开放性、非线性及不可预测性，更加关注系统的不确定性和不可预测性等因素。

学者们为了将组成系统科学理论的各种理论进行区分，将早期的系统论、信息论和控制论称作“老三论”，将后来的耗散结构论、协同论和突变论称作“新三论”。在“老三论”和“新三论”的关系上，“老三论”是“新三论”的基础，“新三论”是“老三论”的演化和发展。尽管这些理论的内涵不同，但它们共同组成了系统科学理论，并且在认识和改造世界中发挥越来越重要的作用。

系统科学理论包含三个基本原理：整体原理、反馈原理、有序原理。首先是整体原理。整体是指客观世界的万事万物并不是简单任意的组合排列，而是由各式各样的相关要素在一定的环境下按照一定的规律组成的有机整体，即系统，而且系统的整体性离不开其组成要素经过结构的排列和功能的实现直至发挥出应有的作用。整体原理是指系统中的所有要素不但相互作用，而且相互联系，只有通过要素的相互联系形成合适的结构，才有助于系统整体性能的发挥，想要脱离开要素联结和整体结构而发挥出系统的整体功能是不能实现的。除此之外，系统中各个要素的简单相加并不能反映出系统的整体性，系统的整体性能要优于各要素功能简单相加之和，即要达到一加一大于二的效果。

其次是反馈原理。反馈是指把系统输出的能量、信息、数据等内容再输入系统，以此来对系统的输入方式和内容产生新影响的过程，任何系统只有通过反馈信息才能实现对系统的控制，缺少反馈信息却想要对系统进行有效的控制是不可能实现的。反馈原理指的是需要将系统输出的各类信息再反馈回系统，以此来达到控制系统的目的。根据系统变化的结果可以将反馈的形式分成两种：如果反馈信息能加强控制系统的作用，则称为正反馈；反之，则称为负反馈。系统的稳定性通过负反馈控制实现，适应性则通过正反馈控制实现。

最后是有序原理。有序是系统的层次和组织程度的提高，任何系统中的要素和子系统必须按照一定的顺序和层级进行排列，只有系统环境对系统输入信息和能量，并且与系统内的信息和能量发生作用，才能使系统不断调整完善，最终达到系统从无序走向有序的目的。由此可以看出，有序原理实质上是开放、发展的进化原理。有序原理要求系统是一个动态开放的系统，不断与系统环境进行能量、信息、数据等方面的交换，以此来优化完善系统，使其最终从无序走向有序。有序原理启示我们要协调好系统和外部环境，以及内部各组成要素之间的关系，为内外部的信息、数据交换提供有序的系统状态（曾涛，2021）。

系统科学理论被广泛应用在生物学、经济学和管理学等领域，在人们认识和改造世界的过程中发挥着重要的作用。樊姗姗在《基于系统科学理论的温伯格自然规律观探析》中，以系统论视角对温伯格终极理论中自然规律的解读进行了多维度的审视，从系统科学角度研究温伯格终极理论，探索统一性与多样性、科学与哲学、客观性与历史性间的要素耦合，为系统学基础理论建设提供案例，深化了“自然规律”问题的研究。叶立国在《系统科学理论体系的理性重建——“内外融合的非线性立体结构”》中，针对系统科学理论研究现状，构建了理论体系与外部环境共同构成的“内外融合的非线性立体结构”，包括系统科学哲学、系统科学学科、技术学科和工程学科组成的“三阶-四元”有序学科群。该理论体系相对于国内外其他体系而言更具有合理性。

1.2.4 经济增长理论

经济增长理论是研究解释经济增长规律和影响制约因素的理论，一直是经济学理论的重要研究方向，一方面是因为经济增长对人类社会福利的改善至关重要，另一方面是因为经济增长所呈现出的时间上的持续性和空间上的差异性，使这一研究课题具有经久不衰的理论吸引力。

经济增长理论经过长期发展，在理论与模型上都取得了突破性进展。研究方法本身代表了其重要特征。从经济学理论的发展历程来看，马克思《资本论》中的社会再生产理论、亚当·斯密《国富论》中“分工促进经济增长”的理论和马尔萨斯《人口原理》中的人口理论均属于古典经济学范式的增长理论。古典经济学是经济增长理论发展的第一个高峰，虽然有深刻的经济增长和经济发展思想，但理论侧重于分析经济增长的影响因素和过程，缺乏对经济增长的模型构建和量化分析。

新古典经济学范式继古典经济学范式之后，研究思路发生了重大转变，将重点转向“静态市场均衡”，同时强调供求相等下的价格均衡（常晔，2008）。在静态市场均衡分析方法下，经济学更侧重于微观分析，相对不重视对经济增长理论的研究。在此期间，建立在奥地利学派分析传统之上、由熊彼特提出的经济增长理论，强调了技术创新对经济增长的重要作用，并从周期视角对影响经济增长的因素进行了深入分析，为后来的研究带来了深刻启发。

哈罗德和多马的研究作为经济增长理论模型化的发端，将经济增长问题抽象为经济增长率、储蓄率和资本-产出比率三个宏观经济变量之间的函数关系。虽然在该模型中，资本和劳动力同时实现充分就业的稳定状态的经济增长很难实现，经济长期均衡增长呈现出“刀刃”特征，但该模型标志着运用数理经济方法研究经济增长理论的开始，是经济增长理论研究的一次重大革命（林杨，2010）。

索洛模型建立在一系列经典假设之上，成为后来诸多经济模型研究的起点，模型包括供给自动创造需求，即所谓的萨伊定律；模型以一次齐次方程为生产函数；劳动力和资本之间可以互相替代。模型把技术进步看成外生给定的，试图通过假设技术进步来解释经济增长本身，导致难以解释经济长期增长的真正动力，但模型提出的整个经济时刻处于动态一般均衡状态成为后来经济增长模型中的通则。该模型引入了代表技术水平的全要素生产率，对后来研究也产生了重要影响。

20 世纪 80 年代中期以来出现的“新增长理论”把新古典增长模型中对劳动力的定义扩大为人力资本，包括绝对的劳动力数量和一国所处的平均技术水平及劳动力的教育水平、生产技能和相互协作能力等。罗默又提出了技术进步内生增长模型，把经济增长建立在内生技术进步上，认为技术进步是经济增长的核心，大部分技术进步是由市场激励导致的有意识行为的结果，知识商品可反复使用，无须追加成本，从资本投资中获得的外部收益和技术扩散有效避免了资本积累的规模报酬递减，成为经济长期增长的源泉。还有其他侧重经济增长不同方面的理论模型，如知识传播内生增长模型、模仿与创造性消化内生增长模型及国际贸易内生增长模型等。这类模型往往认为，企业是经济增长的推动力，企业积累了经济增长所需的知识，表现为增加人力资本、生产新产品和提高产品质量，而知识的积累过程需要政府政策的干预。

进入 21 世纪以来，有关经济增长理论的研究和理解取得了长足进步，知识、技术进步及制度等要素对经济增长的影响已经逐步被解析。包容型的制度对经济增长的直接决定作用也逐渐被认知。产业结构的升级是经济增长的必经之路，制造业相对服务业的占比减小，是经济发展的必然阶段。此外，资本和劳动力要素应用创新技术，带来产业结构的转变和经济的增长，也演变成主流观点。人口质量的提高或人力资源的提升对经济增长具有显著的积极作用，这些是 21 世纪经济增长理论的重要观点与发现。理论模型在不断优化完善的同时，对于多种经济增长理论及模型的应用也越来越多。

第2章

海洋创新评价体系构建

本章基于国家创新体系及其理论基础，研究海洋创新体系的特征，构建海洋创新评价体系。从创新型海洋强国建设角度分析海洋创新评价原则、创新评价指标体系构建，根据海洋创新过程，从海洋创新环境、海洋创新资源、海洋知识创造和海洋创新绩效4个角度构建国家海洋创新评价指标体系，力求全面、客观、准确地反映我国海洋创新在创新链不同层面的特点，形成一套比较完整的指标体系和评价方法。海洋创新评价体系的构建，将有利于国家和地方政府及时掌握海洋科技发展战略实施进展，为进一步采取对策提供基本信息；有利于国际、国内公众了解我国海洋科技事业的进展、成就、发展趋势及存在的问题；有利于企业和投资者科学研判我国海洋领域的机遇与风险；有利于为从事海洋领域研究的学者和机构提供有关信息。

2.1　海洋创新评价体系

在国家创新体系理论框架下，根据创新型海洋强国的内涵，厘清海洋领域政府、科研院所与高校、企业和技术支撑体系四角相倚的系统关系，以科技创新评价为主要内容，从创新主体、创新路径、创新绩效和创新实现4个方面构建海洋创新评价体系。

构建海洋创新评价体系，需要在理顺海洋科技创新主体、创新路径、创新绩效和创新实现的基础上，确定海洋科技创新涵盖的行业和领域，明确评价的主要内容和目标，以海洋创新指数为评价的核心内容，构建"指数—分指数—指标"的递进式三级评价体系。

国家海洋创新评价方法借鉴了国内外关于国家竞争力和创新评价等的理论与方法，基于创新型海洋强国的内涵分析，确定指标选择原则，从海洋创新环境、海洋创新资源、海洋知识创造和海洋创新绩效4个方面构建国家海洋创新评价指标体系，力求全面、客观、准确地反映我国海洋创新在创新链不同层面的特点，形成一套比较完整的指标体系和评价方法。通过综合评价，客观分析创新型海洋强国建设进程，为进一步完善海洋创新政策提供技术支撑和咨询服务。

2.2　海洋创新评价指标体系

2.2.1　指标选取原则

评价思路体现海洋可持续发展思想。不仅要考虑海洋创新整体发展环境，还要考虑经济发展、知识成果的可持续性指标，兼顾指数的时间趋势。

数据来源具有权威性。基本数据必须来源于公认的国家官方统计和调查。通过正规渠道定期搜集数据，确保基本数据的准确性、权威性、持续性和及时性。

指标具有科学性、现实性和可扩展性。海洋创新指数与各项分指数之间逻辑关系严密，分指数的每一个指标都能体现科学性和客观性思想，尽可能减少人为合成指标，各指标均有独特的宏观表征意义，定义相对宽泛，并非对应唯一狭义的数据，便于指标体系的扩展和调整。

评价体系兼顾我国海洋区域特点。选取指标以相对指标为主，兼顾不同区域在海洋创新资源产出效率、创新活动规模和创新领域广度上的不同特点。

纵向分析与横向比较相结合。既有纵向的历史发展轨迹回顾分析，又有横向的各沿海区域、各经济区、各经济圈比较和国际比较。

2.2.2 指标体系构建

创新是从创新概念提出到研发、知识产出再到商业化应用，从而转化为经济效益的完整过程。海洋创新能力体现在海洋科技知识的产生、流动和转化为经济效益的整个过程中。应该从海洋创新环境、创新资源的投入、知识创造与应用、绩效影响等整个创新链的主要环节来构建指标体系，评价国家海洋创新能力。

本章采用综合指数评价方法，从创新过程选择分指数，确定了海洋创新环境、海洋创新资源、海洋知识创造和海洋创新绩效4个分指数；遵循指标选取原则，选择相应指标，形成了国家海洋创新评价指标体系，如表2-1所示；再利用国家海洋创新指数及其指标体系对我国海洋创新能力进行综合分析、比较与判断。

表2-1 国家海洋创新评价指标体系

一级指标	二级指标
海洋创新环境	沿海地区人均海洋生产总值
	R&D经费中设备购置费所占比重
	海洋科研机构科技经费筹集额中政府资金所占比重
	R&D人员人均折合全时工作量
海洋创新资源	海洋研究与发展经费投入强度
	海洋研究与发展人力投入强度
	R&D人员中博士毕业人员占比
	科技活动人员占海洋科研机构从业人员的比重
	万名海洋科研人员承担的课题数
海洋知识创造	亿美元海洋经济产出的发明专利申请数
	万名R&D人员的发明专利授权数
	本年出版科技著作
	万名海洋科研人员发表的科技论文数
	国外发表的论文数占总论文数的比重

续表

一级指标	二级指标
海洋创新绩效	海洋劳动生产率
	有效发明专利产出效率
	单位能耗的海洋经济产出
	海洋生产总值占国内生产总值的比重
	第三产业增加值占海洋生产总值的比重

海洋创新环境：反映一个国家海洋创新活动所依赖的外部环境，主要包括相关海洋制度创新和环境创新。其中，制度创新的主体是政府等相关部门，主要体现在政府对创新的政策支持、对创新的资金支持和对知识产权的管理等方面；环境创新主要指创新的配置能力、创新基础设施、创新基础经济水平、创新金融及文化环境等。

海洋创新资源：反映一个国家海洋创新活动的投入力度、创新型人才资源供给能力及创新所依赖的基础设施投入水平。创新投入是一个国家开展海洋创新活动的必要条件，包括科技资金投入和人才资源投入等。

海洋知识创造：反映一个国家的海洋科研产出能力和知识传播能力。海洋知识创造的形式多种多样，产生的效益也是多方面的，本书主要从海洋发明专利、科技著作和科技论文等角度考虑海洋创新的知识积累效益。

海洋创新绩效：反映一个国家开展海洋创新活动所产生的效果和影响。海洋创新绩效分指数从国家海洋创新的效率和效果两个方面选取指标。

2.3 评价方法

国家海洋创新指数的计算方法采用国际上流行的标杆分析法，即国际竞争力评价采用的方法，其原理是：对被评价对象给出一个基准值，并以该标准去衡量所有被评价的对象，从而发现彼此之间的差距，给出排序结果。

采用国家海洋创新评价指标体系中的指标，利用2004～2019年的指标数据，分别计算基准年之后各年的国家海洋创新指数及其分指数得分，与基准年比较即可得出国家海洋创新指数的增长情况。

2.3.1 原始数据标准化处理

设定2004年为基准年，基准值为100。对国家海洋创新评价指标体系中19个指标的原始值进行标准化处理，具体计算公式为

$$C_j^t = \frac{100x_j^t}{x_j^1} \tag{2-1}$$

式中，j=1～19，为指标序列编号；t=1～16，为2004～2019年编号；x_j^t表示第t年指标j的原始值，如x_j^1表示基准年2004年指标j的原始值；C_j^t表示第t年指标j标准化处理后的值。

2.3.2 国家海洋创新指数的分指数测算

采用等权重测算各年国家海洋创新指数的分指数得分有

当 i=1 时，$B_i^t = \sum_{j=1}^{4} \beta_1 C_j^t$，其中 $\beta_1 = \frac{1}{4}$ （2-2）

当 i=2 时，$B_i^t = \sum_{j=5}^{9} \beta_2 C_j^t$，其中 $\beta_2 = \frac{1}{5}$ （2-3）

当 i=3 时，$B_i^t = \sum_{j=10}^{14} \beta_3 C_j^t$，其中 $\beta_3 = \frac{1}{5}$ （2-4）

当 i=4 时，$B_i^t = \sum_{j=15}^{19} \beta_4 C_j^t$，其中 $\beta_4 = \frac{1}{5}$ （2-5）

式中，t=1～16，为2004～2019年编号；B_i^t、B_i^t、B_i^t、B_i^t 依次代表第 t 年海洋创新环境分指数、海洋创新资源分指数、海洋知识创造分指数和海洋创新绩效分指数的得分。

2.3.3 国家海洋创新指数测算

采用等权重测算国家海洋创新指数得分有

$$A^t = \sum_{i=1}^{4} \varpi B_i^t \qquad (2\text{-}6)$$

式中，t=1～16，为2004～2019年编号；ϖ 为权重；A^t 为第 t 年的国家海洋创新指数得分。

第3章

海洋创新评价指标及其分类

海洋创新是国家创新的关键领域，有效评价海洋创新以反映国家海洋创新发展中的问题，对于建设创新型海洋强国具有重要的战略意义和现实意义。海洋创新评价指标的选取是海洋创新评价工作的关键，直接影响海洋创新评价结果的科学性。

根据国家海洋创新体系的具体内涵，海洋创新评价指标应从海洋创新主体、海洋创新活动和海洋创新环境三个方面来选取。然而，从我国海洋创新发展实际来看，这三个方面相互影响、相互作用，要完全将其剥离存在一定难度，必须在考虑三者指标典型性的同时，兼顾能够反映综合作用的指标。

为全面有效地反映海洋创新领域的发展状况，拟按照综合类和指向类两类来选取海洋创新评价指标（表3-1）。其中，综合类指标是指能够全面、系统地反映海洋创新发展整体状况的指标，就目前的研究来看，包括国家海洋创新指数（创新指数）和中国海洋科技发展指数（发展指数）；指向类指标是指海洋创新主体、海洋创新活动和海洋创新环境三个方面的典型指标，包括海洋对外技术依存度、海洋仪器设备国产化率、海洋关键技术自主化率、海洋科技进步贡献率、海洋科技成果转化率、海洋科技投入产出效率、海洋技术成熟度、海洋知识产权保护力度、当地研究与培训专业服务状况和海洋战略性新兴产业集群发展状况。

表3-1　海洋创新评价指标

指标类型		具体指标
综合类指标	创新指数	国家海洋创新指数
	发展指数	中国海洋科技发展指数
指向类指标	海洋创新主体指标	海洋对外技术依存度
		海洋仪器设备国产化率
		海洋关键技术自主化率
	海洋创新活动指标	海洋科技进步贡献率
		海洋科技成果转化率
		海洋科技投入产出效率
	海洋创新环境指标	海洋技术成熟度
		海洋知识产权保护力度
		当地研究与培训专业服务状况
		海洋战略性新兴产业集群发展状况

3.1　综合类指标

海洋创新评价综合类指标包括创新指数和发展指数。

1. 创新指数——国家海洋创新指数

从概念上来说，国家海洋创新指数是指衡量一国海洋创新能力，切实反映国家海洋创新质量和效率的综合性指数。国家海洋创新指数借鉴标杆分析法，从海洋创新环境、海洋创新资源、海洋知识创造和海洋创新绩效 4 个方面构建指标体系，力求全面、客观、准确地反映我国海洋创新在创新链不同层面的特点，形成一套比较完整的指标体系和评价方法。

2. 发展指数——中国海洋科技发展指数

中国海洋科技发展指数是中国海洋发展指数的一个分指数（国家海洋信息中心等，2014），是衡量中国一定时期或某一时间点海洋科技发展程度的指标。中国海洋科技发展指数从海洋科技投入和海洋科技产出两个方面建立指标体系（表 3-2），旨在科学评判海洋科技发展状况，为推进海洋强国建设提供指标参考。

表 3-2　中国海洋科技发展指数指标体系

一级指标	二级指标	三级指标
中国海洋科技发展指数	海洋科技投入	海洋专业毕业生规模指数
		海洋专业博士毕业生结构占比指数
		海洋专业点规模指数
		海洋科研从业人员占涉海就业人员的比重
		海洋科研经费投入指数
		海洋科研机构高级职称人员规模指数
		海洋科研机构数量
	海洋科技产出	涉海专利授权数
		涉海专利授权数占全国总专利数的比重
		海洋科研课题数量
		投入成果应用与科技服务合计占科研课题的比重

3.2　指向类指标

海洋创新评价指向类指标包括海洋创新主体指标、海洋创新活动指标和海洋创新环境指标。

3.2.1 海洋创新主体指标

1. 海洋对外技术依存度

海洋对外技术依存度是指海洋技术引进经费和海洋研究与发展经费支出的比值。海洋对外技术依存度能够有效体现海洋创新主体的自主创新能力。

2. 海洋仪器设备国产化率

海洋仪器设备国产化率是指在引进国外海洋技术后，国内该项技术生产件的数量与所有生产件数量的比值。海洋仪器设备国产化率是衡量海洋仪器设备国产化的重要指标，它反映海洋创新主体引进、消化、吸收、转化国外先进海洋技术的程度。同时，这一指标也反映海洋创新领域的消化吸收力和形成自我技术体系的能力。

3. 海洋关键技术自主化率

海洋关键技术自主化率是指海洋领域具有自主知识产权的设备价值与设备总投资的比例。海洋关键技术自主化率是衡量海洋领域自主创新能力的重要指标，它反映海洋创新主体自主开发海洋关键技术并在此基础上实现新产品价值的能力。海洋关键技术自主化率越高，说明关键技术自主创新能力越强。

3.2.2 海洋创新活动指标

1. 海洋科技进步贡献率

海洋科技进步贡献率是指在海洋经济各行业中，海洋科技进步增长率在海洋经济增长率中所占的比重。其中，海洋科技进步增长率是指海洋经济增长中剔除资本和劳动力等生产要素以外其他要素的增长，具体指由科学技术的创新、扩散、转移、改良引起的管理决策能力的增强和劳动者素质的提升等。

2. 海洋科技成果转化率

海洋科技成果转化率是衡量海洋科技创新成果转化为商业开发产品能力的指标，是指一定时期内涉海单位进行自我转化或转化生产，处于投入应用或生产状态，并达到成熟应用的海洋科技成果占全部海洋科技应用技术成果的比重。

3. 海洋科技投入产出效率

海洋科技投入产出效率包括海洋科技综合效率、技术效率、规模效率和规模报酬等一系列内容。实际测算中，海洋科技投入方面通常选用科技活动人员、研究与试验发展（R&D）人员等劳动力投入类指标，以及经费科技活动支出、R&D 经费内部支出等资本投入类指标；海洋科技产出方面通常选用科技活动人员的科技论文数、专利申请受理量和对外科技服务活动工作量等指标。

3.2.3 海洋创新环境指标

1. 海洋技术成熟度

海洋技术成熟度是用来评价高新海洋技术的可见度（或媒体曝光度）的一种工具性指标，海洋创新主体根据时间轴与高新海洋技术在市面上的可见度的关系决定要不要采用高新海洋技术。

2. 海洋知识产权保护力度

海洋知识产权是保障涉海科研机构、高校和企业等海洋创新主体根本利益的有力武器，对推动海洋创新意义重大。海洋知识产权保护力度能够有效反映一个国家海洋创新环境的优劣。

3. 当地研究与培训专业服务状况

当地研究与培训专业服务状况是反映国家海洋创新环境的典型指标，能否从本地世界级或国家级机构中获得专业研究和培训服务决定了一个国家开展海洋创新活动的难易程度。

4. 海洋战略性新兴产业集群发展状况

海洋战略性新兴产业集群是指在特定的区域内，涉海企业、科研机构、高校和中介服务组织通过产业链、价值链和知识链联结在一起，以推动海洋经济发展、保护海洋生态环境和保障国家海洋权益为目标，进行海洋高新技术和科研成果的研发、实验、商品化及产业化等一系列活动和提供服务的产业群。海洋战略性新兴产业的持续发展，是有效培育新的海洋经济增长点、构建新的竞争优势的需要，也是在国际海洋经济激烈竞争中掌握发展主动权的必然要求。

第4章

海洋创新主要指标的概念与内涵辨析

科技指标作为政策研究的有力工具，能够有效提升政策研究的科学性和可行性。“十三五”规划设置了25项经济社会发展指标来量化工作，并且首次把科技进步贡献率列为核心指标。对于海洋领域而言，为制定科学有效的海洋科技政策，有必要对海洋领域科技指标进行系统研究与深入探讨。

目前，我国海洋领域受重视程度较高的科技指标主要包括海洋科技进步贡献率和海洋科技成果转化率。国内关于海洋科技进步贡献率的系统研究始于2008年，刘大海等（2009）界定了海洋科技进步贡献率的内涵和范围，并以索洛增长速度方程法为基础，实现了海洋科技进步贡献率的公式构建和具体测算。此后，相关研究多集中于对海洋科技进步贡献率测算方法的改进。相对而言，关于海洋科技成果转化率的研究则不够系统，学者们主要针对其定义和测算方法进行探讨，尚未形成被广泛认可的结论（常立农，2013；王元地，2004；张雨，2006；冯尧，2011）。

总体来看，关于海洋领域科技指标的研究多侧重某一指标，缺乏对海洋领域科技指标全面系统的梳理，同时一些指标定义含糊不清，众说纷纭。针对该问题，本章拟对海洋领域主要科技指标进行系统研究和深入辨析，以期有助于涉海行政部门的科学决策和专家学者对海洋科技指标的后续研究，并为社会公众提供更好地了解我国海洋科技创新领域的窗口。

4.1 海洋科技指标类型

目前，海洋领域的主要科技指标根据受关注程度、成熟度和重要程度可归为以下三类。

第一类指标的特点在于，受关注程度高，并且测算技术方法相对成熟。目前，该类指标只有海洋科技进步贡献率。

第二类指标的特点在于，受关注程度高，但未形成统一概念。该类指标主要包括海洋科技成果转化率、海洋仪器设备国产化率与自主化率。

第三类指标的特点在于，虽然重要但受关注程度较低，并且未形成统一概念。海洋领域国有品牌仪器设备市场占有率属于这一类指标。

对这三类指标的系统研究，有助于更全面地反映我国海洋科技创新的发展现状与未来潜力。本章将以关于这三类指标的常见疑问为切入点，对其进行深入探讨与科学辨析，旨在明晰其概念定义、深化其理论内涵，为海洋科技发展战略和相关海洋科技政策提供指标支撑。

4.2　海洋科技进步贡献率

随着我国对海洋科技进步贡献率重视程度的提高，国内相关研究日益增多。关于海洋科技进步贡献率的常见疑问主要集中在“科技进步贡献率”与“科技贡献率”的区别、“全要素生产率”与“科技进步贡献率”的关系和渊源、海洋科技进步贡献率数值的特征及海洋科技进步贡献率的测算方法等方面，本章尝试就以上问题做出解答。

4.2.1　“科技进步贡献率”与“科技贡献率”的区别

与科技贡献率不同，科技进步贡献率是在增量而非总量中考查科技进步所发挥作用的指标。实际上，科技进步贡献率中的科技进步并不单指生产技术水平的变化，其测算原理与国际上全要素生产率（total factor productivity，TFP）的测算原理相同，是扣除资本投入和劳动力投入之后的所有要素（包括管理水平、政策环境等）贡献的总和。

这里将海洋科技进步贡献率的定义表述为：人类对海洋进行开发利用活动时，除去资本、劳动力投入之后，其他所有要素增长对海洋经济增长的贡献份额，即海洋全要素生产率与海洋经济增长率的比值。

4.2.2　“全要素生产率”与“科技进步贡献率”的关系和渊源

经济增长中技术进步的两个常用指标是科技进步贡献率和全要素生产率，就计算方法和实际内涵而言，这两个指标是一致的，但是全要素生产率是国际通用的概念，全要素生产率对经济增长的贡献率与科技进步贡献率的统计内容一致，用全要素生产率对经济增长的贡献率替代科技进步贡献率作为统计指标，有助于概念上的澄清，从而在进行政策考量时更为精准和严谨，同时，也可以与国际通用概念保持一致，增强可比性（陈向武，2019）。

国内常见的一个度量科技进步作用的统计口径是科技进步贡献率，其也是政策文件中经常出现的概念。例如，2006 年发布的《国家“十一五”科学技术发展规划》指出，科技进步对经济增长的贡献率 2010 年要达到 45%；2011 年发布的《国家“十二五”科学和技术发展规划》指出，科技进步贡献率力争达到 55%；2016 年政府工作报告提出，“十三五”期间，力争到 2020 年科技进步对经济增长的贡献率达到 60%；2018 年政府工作报告指出，科技进步贡献率提高到 57.5%。与科技进步贡献率对应的是研究中普遍采用的全要素生产率概念。

对生产率的研究可以追溯到 18 世纪，法国重农学派创始人魁奈在其 1766 年的著作《关于贸易》中首次提出了“生产率”一词，这里的生产率特指劳动生产率（张德霖，1990）。之后，随着新古典经济学及凯恩斯主义经济学的发展，生产率有了更深的经济学内涵。尽管众多学者、研究机构对生产率概念的定义不尽相同，但对其经济学内涵还是达成了共识。在经济学概念上，生产率本质上是衡量经济体要素投入、产出效率的指标。在最简单的情况下，当只有一种要素投入和一种产出时，生产率就可以简单地用单位要素的产出来反映。而现实中的经济问题都是多种要素投入、多种产出，这就必须利用价格对多的要素投入及产出进行加总，再进行指数化处理。

4.2.3 海洋科技进步贡献率数值的特征

海洋科技进步贡献率是一个相对指标，其数值具有以下特征：①波动性。海洋科技对经济增长的贡献具有滞后性、长期性和一定的周期性，因而该指标值存在波动性。②不会持续增长。海洋经济增长速度与科技水平有关，在海洋科技水平发展到一定高度后，很难保持该指标值继续大幅提升。③并非越大越好。该指标值取决于海洋经济增长速度与海洋科技进步速度之间的快慢关系，同样的海洋科技进步速度，当海洋经济增长速度较慢时，海洋科技进步贡献率就会较大。④不适用于区域间横向比较。在海洋经济发展的不同阶段，海洋科技进步对海洋经济增长的贡献是不同的。改革开放初期，海洋经济的发展主要依靠劳动力和资本的投入。随着海洋开发利用活动的不断深入，海洋科技进步逐渐成为海洋经济增长的主要推动力。之后，海洋科技进步和海洋经济增长的速度提高难度将越来越大，由此计算的海洋科技进步贡献率便可能较小。

4.2.4 海洋科技进步贡献率的测算方法

由于海洋经济统计数据在完备性和衔接性上仍存在不足（郭跃，2009），常规的科技进步贡献率测算方法难以直接引入海洋领域，应结合实际选取适用于海洋领域的测算方法，以最大限度地减轻数据误差的影响。

海洋经济涉及多个行业和部门，为综合反映海洋领域各行业的科技进步对海洋经济整体增长的贡献，建议按照各行业经济总产值在海洋生产总值中所占的比重，将其海洋科技进步在增长速度测算阶段进行汇总加权。

此外，测算周期是测算方法的重要部分。从整个历史进程来讲，海洋科技进步对海洋经济增长的影响应是持续的，也就是说，某个时间点的海洋科技进步将持续影响该时间点后的一切活动，任何一个时间段内的海洋经济增长既有此段时间内海洋科技进步对其的贡献，又受到此段时间以前所有海洋科技进步的影响（实际测算中难以量化这部分影响）。为尽量减小测算误差，海洋科技进步贡献率的测算时长在10年以上为妥。

随着海洋管理精细化要求的提高和海洋强国战略的逐步推进，海洋科技进步贡献率的受重视程度将会逐步加大。因此，应脚踏实地，继续在数据支撑、方法选择和宣传普及等方面寻求突破，尽量减小测算过程中的误差，以切实发挥海洋科技进步贡献率的实践应用与指导价值。

4.3 海洋科技成果转化率

准确衡量海洋科技成果的转化水平，对优化目前我国海洋科技成果的转化平台与转化机制意义重大。关于海洋科技成果转化率的常见疑问主要集中在海洋科技成果转化率的定义及测算方法等方面，本节尝试就以上问题做出解答。

4.3.1 海洋科技成果转化率的定义

海洋科技成果转化率的定义源于科技成果转化率。在科技成果转化率的研究方面，国外学者很少直接使用“科技成果转化”，而是用“科技经济一体化”“技术创新”“技术转化”“技术推广”“技术扩散”“技术转移”来代替，且国外并没有针对全社会领域进行科技成果转化情况的统计或评价。

从国内来看，各领域学者对于科技成果转化率的定义不尽相同，主要可归纳为以下三种情况（刘大海等，2015a）。观点一：科技成果转化率是指已转化的科技成果占应用技术科技成果的比重。学者们认为“已转化的科技成果”并非指所有得到“转化”的科技成果，将应用技术成果用于生产并考察市场对该技术成果的可接受程度和直接利益或间接利益，若该应用技术成果可成功转化为商品并取得规模效益，则说明该项应用技术成果实现了转化。观点二：科技成果转化率即已转化的科技成果占全部科技成果的比重。学者们认为，大多数的基础理论成果和部分软科学成果虽然无法直接应用于实际生产且成果转化的量化程度偏低，但其依然能够在一定程度上推动科技的进步与产业结构的调整和优化，因此建议将基础理论成果和软科学成果的转化情况纳入科技成果转化（赵蕾等，2011；程波，2007）。观点三：从管理角度来说，科技成果转化率应表示科技成果占全部研究课题的比重。

本章尝试就以上三种观点进行分析，并给出海洋科技成果转化率的定义。对于观点二来说，由于海洋领域的基础理论研究成果和软科学研究成果几乎都不能直接应用于生产实际，难以实现海洋科技成果的转化，因此不应采纳这一观点。对于观点三来说，定义中涉及的“科技成果”和“研究课题”来源于两套不同的海洋统计数据，其中“科技成果”来源于海洋科技统计数据，“研究课题”来源于海洋科技成果统计数据，因此这一观点不能正确地反映实际海洋科技成果的转化情况。

本章建议采用观点一，对海洋科技成果转化率进行如下定义：海洋科技成果转化率是指一定时期内涉海单位进行自我转化或转化生产，处于投入应用或生产状态，并达到成熟应用的海洋科技成果占全部海洋科技应用技术成果的比重。

4.3.2 海洋科技成果转化率的测算方法

根据海洋科技成果转化率的定义，可构建海洋科技成果转化率的公式：海洋科技成果转化率=成熟应用的海洋科技成果/全部海洋科技应用技术成果×100%。由于海洋科技成果的转化是一个长期的过程，在测算海洋科技成果转化率时，覆盖周期越长，指标越符合实际。

需要注意的是，本章所探讨的海洋科技成果转化率是狭义上的指标，公式中“成熟应用的海洋科技成果”和“全部海洋科技应用技术成果”均来自海洋科技成果登记数据。从广义上来说，海洋科研课题、专利、论文、奖励、标准、软件都属于海洋科技成果，难以统计且相互之间存在交叉重叠；从海洋科技成果形成，到初步应用，再到形成产品，直至达到规模化、产业化阶段，都可以算作海洋科技成果转化过程，难以辨别衡量。

此外，就海洋科技成果转化率这一指标本身来看，指标存在难以涵盖成果转化多样性、无法反映成果转化质量、忽略了无须转化而直接通过知识创造和传播发挥作用的基础类及公益类科研成果的价值等问题（李修全，2015）。这些问题成为海洋科技成果转化率后续研究的重点方向之一。

4.4 海洋仪器设备国产化率与自主化率

创新是引领发展的第一动力。《国家中长期科学和技术发展规划纲要（2006—2020年）》系统提出了促进自主创新的政策体系，指出“对国内企业开发的具有自主知识产权的重要高新技术装备和产品，政府实施首购政策。对企业采购国产高新技术设备提供政策支持”。海洋创新是国家创新的重要组成部分，《国家“十二五”海洋科学和技术发展规划纲要》明确提出了“海洋自主创新能力明显增强”的战略目标。海洋工程装备制造业是为水上交通、海洋资源开发及国防建设提供技术装备的综合性和战略性产业（张弛，2016），是国家实现自主创新的重点领域，也是国家实施海洋强国战略的基础和重要支撑。

目前关于海洋仪器设备国产化率与自主化率的常见疑问主要集中在国产化和自主化对自主创新的影响、海洋仪器设备国产化率与自主化率的内涵定义等方面，本章尝试就以上问题做出解答。

4.4.1 国产化和自主化对自主创新的影响

一方面，实施国产化和自主化战略能有效促进自主创新，进而为我国海洋工程装备制造业提供发展机会，大幅提升其制造能力和技术水平。从我国海洋领域的装备技术来看，可以保证国内技术和仪器装备的市场需求份额，提高研发的预期回报率，从而提升自主创新的积极性，并促进海洋工程装备制造业发展壮大；从国外海洋领域的装备技术来看，可以促进国外技术的扩散，提升海洋工程装备制造的技术基础，从而激发科研人员自主研发的热情。

另一方面，国产化和自主化也有可能会阻碍自主创新。主要表现在，若国产化和自主化战略的目标过高（即国产化率和自主化率过高），可能会让我国海洋工程装备制造业依赖于国家对本国技术的保护，从而丧失在市场竞争下的自主创新动力，且不利于国外技术在本国的扩散（付明卫等，2015）。

4.4.2 海洋仪器设备国产化率的内涵定义

国产化是一国在引进国外产品或设备时，消化、吸收、利用国外技术，并将其转化为国内生产制造的过程。国产化战略是指国家通过政策扶持、技术合作与技术引进，提升我国技术水平和产品质量，同时鼓励使用国产设备和产品，提高国产设备在国内外市场上的占有率，从而争取占据技术和市场主导地位。一般来说，在装备制造业发展初期，国家多通过国产化政策以促进本国装备制造业的发展，随着本国装备制造业的国际竞争力不断加强，国家会逐步放开对装备制造业的保护。目前，我国海洋工程装备制造业的国际竞争力仍不足以支撑海洋经济的发展，需要国产化政策的引导和扶植。

海洋仪器设备国产化率是指单位所生产的海洋仪器设备中，国内生产件的数量占所有生产件数量的比重。该指标有两种不同的测算方法，一种是以价值衡量，即以价格测算；另一种是用质量测算。计算公式为：国产化率=单件产品中国内生产件的价格（或质量）/单件产品的总价格（或总质量）×100%。

海洋仪器设备的核心部件率先实现国产化，既是我国海洋仪器设备零部件工业发展的必由之路，又是我国海洋仪器设备行业的必由之路。核心部件国产化率是指采用我国掌握的可以形成垄断的技术，并在由我国实际控制的企业生产的部分核心零件价值，占构成该部件的全部零件价值的百分比。核心部件需满足行业公认、价格与附加值高、高技术与高工艺、接近或超过进口部件四项标准（殷铁良，2007）。

需要注意的是，国产化绝不仅是某一个产品在国内能够生产、制造的简单概念，而是涵盖了技术、生产、销售、售后等多项内容的系统体系（石政，2015）。对于目前我国海洋工程装备制造业的发展来说，必须增强实施国产化战略的信心与决心，加快主要装备的自主研发进度，进一步提升技术装备、核心部件和售后服务等的国产化水平。

4.4.3　海洋仪器设备自主化率的内涵定义

自主化源于自主创新。自主创新区别于技术合作、技术引进与技术模仿，自主创新过程表示核心技术来源于本国的技术突破，摆脱了对国外技术的依赖，完全依靠自身力量、通过独立的研究开发活动获得。

自主化是国产化内涵的深化和外延的延伸，但自主化与国产化存在本质差别。两者的主要区别在于：自主化的关注点在于“谁负责”，即本国掌握核心技术的所有权；国产化的关注点在于“谁干活”，如上文所述，指一国对引进国外技术的转化能力，若无引进技术，也就谈不上国产化。因此，海洋仪器设备自主化率一般是指海洋领域具有自主知识产权的仪器设备的价值占仪器设备总投资的比例。

随着海洋仪器设备国产化与自主化战略不断深入推进，对海洋仪器设备国产化率与自主化率的测算成为研究重点。然而，国产化与自主化在实践上均难以衡量，这也是今后的重点研究方向。在海洋领域，本章建议采取调查问卷的形式，可针对厂家、专家和用户分别设计调查问卷，充分了解我国海洋仪器设备的国产化和自主化现状，并建立科学客观的海洋仪器设备国产化和自主化发展水平评价体系，在测算海洋仪器设备国产化率与自主化率的同时，也为我国其他战略性产业的国产化和自主化水平评估提供参考。

4.5　海洋领域国有品牌仪器设备市场占有率

市场占有率反映了一个品牌的产品在市场上所占的份额，也就是品牌对市场的控制能力。市场占有率的不断扩大，可以使品牌获得某种形式的垄断，这种垄断既能带来垄断利润，又能保持一定的竞争优势。本节尝试对海洋领域国有品牌仪器设备市场占有率进行定义。

海洋领域国有品牌仪器设备市场占有率指海洋领域国有品牌仪器设备的销售量（或销售额）在市场同类仪器设备的销售量（或销售额）中所占的比重。本节将其分为海洋领域国有品牌仪器设备国外市场占有率和海洋领域国有品牌仪器设备国内市场占有率。

市场占有率分析是根据各方面的资料，计算出某种品牌产品的市场销售量（或销售额）占该市场同种产品总销售量的份额，以了解市场需求及该品牌所处的市场地位。在分析海洋领域国有品牌仪器设备市场占有率时，应注意分辨全部市场占有率、可达市场占有率（“可达市场”指最适合的市场或市场营销努力所及的市场）和相对市场占有率（即相对于竞争者的市场占有率）。

4.6 海洋科技指标研究趋势与阶段分析

从以上研究可以看出，对于第一类指标（即海洋科技进步贡献率）来说，在海洋管理实际需求下，指标的测算技术方法已经相对成熟，但是在内涵辨析、应用范围及测算误差等方面还需进一步探讨与研究；对于第二类指标（即海洋科技成果转化率、海洋仪器设备国产化率与自主化率）来说，虽然受关注程度较高，相关研究也越来越多，但在指标的概念定义方面尚有广阔的研究空间，只有明晰了指标的内涵，才能对其进行科学合理的测算；对于第三类指标（即海洋领域国有品牌仪器设备市场占有率）来说，目前研究仍处于起步阶段，应结合我国海洋科技管理实际，准确理解指标的理论内涵，并基于此构建科学、统一的测度公式，以期实现海洋科技指标对海洋政策的支撑与指导作用。

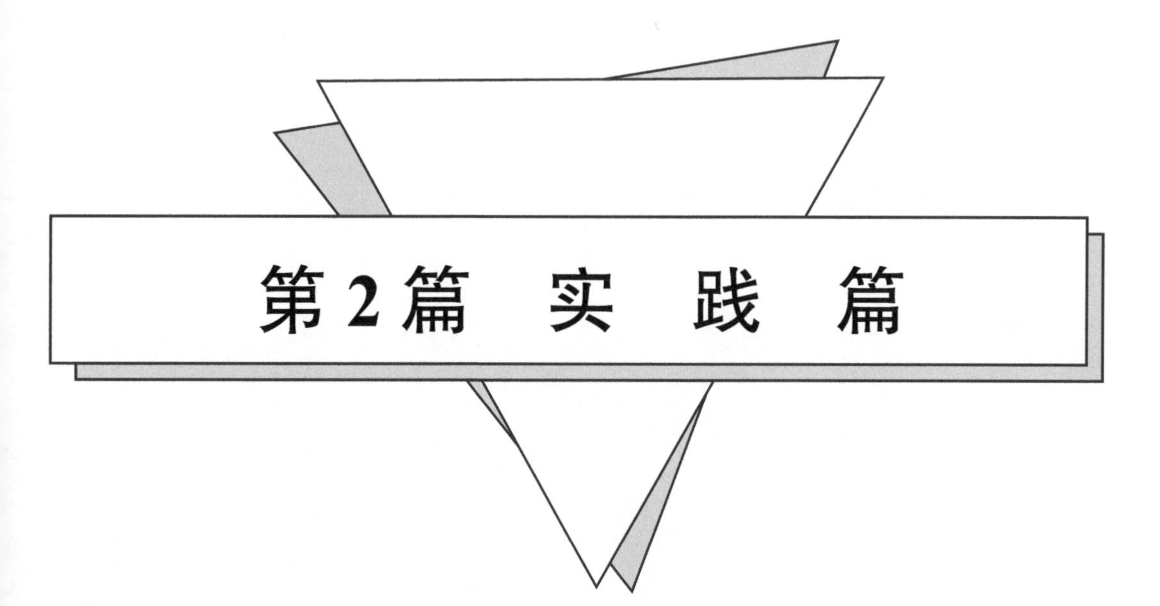

第2篇　实　践　篇

第 5 章

海洋创新指数构建与评价

海洋创新是国家创新的重要组成部分，是实现海洋强国战略的动力源泉。海洋创新能力体现在海洋科技知识的产生、流动和转化为经济效益的整个过程中。根据国家创新体系和区域创新体系理念，将海洋创新指数分为国家海洋创新指数和区域海洋创新指数，客观评价我国整体和区域海洋创新能力，较为全面地展示我国海洋创新演变的基本规律，切实反映我国及各区域海洋创新的质量和效率，可为后续海洋科技规划与发展研究提供基础资料和评价依据，也可为海洋管理和决策部门提供参考资料，并可为全社会认识和了解我国海洋创新发展提供窗口。

国家海洋创新指数是一个综合性指标，主要衡量一国海洋创新能力，特别强调原始数据的真实表达和详细刻画，以海洋经济统计、科技统计和科技成果登记等权威数据为基础，结合国际竞争力评价采用的标杆分析法，进行综合分析和深入研究，持续评估我国海洋创新“家底”。通过指数测算，分析我国海洋创新需求和发展趋势，为海洋科学和技术发展提供科技支撑。

创新区域发展是落实国家创新战略的现实途径。评估区域海洋创新能力对于国家协调区域创新发展和海洋强国建设意义重大。区域海洋创新是国家海洋创新的重要组成部分，深刻影响着国家海洋创新格局。通过区域海洋创新指数测算，分析我国区域海洋创新的发展现状和特点，为我国海洋创新要素布局优化提供科技支撑和决策依据，推动沿海地区海洋创新能力不断提高，为经济高质量发展提供新动能，为海洋强国建设贡献区域力量。

5.1　国家海洋创新指数

国家海洋创新指数按照“指数—分指数—指标”构建方案和评价方法，数据方面，考虑海洋创新活动的全面性和代表性，以及基础数据的可获取性，选取 2004～2019 年相关海洋创新数据进行综合评价。将 2004 年国家海洋创新指数得分定为基数 100，则 2019 年国家海洋创新指数得分[1]为 303（图 5-1），2004～2019 年国家海洋创新指数年均增长率为 7.67%，国家海洋创新指数趋于平稳。

---

① 国家海洋创新指数、分指数及指标的得分经过数值修约，统一取为整数。

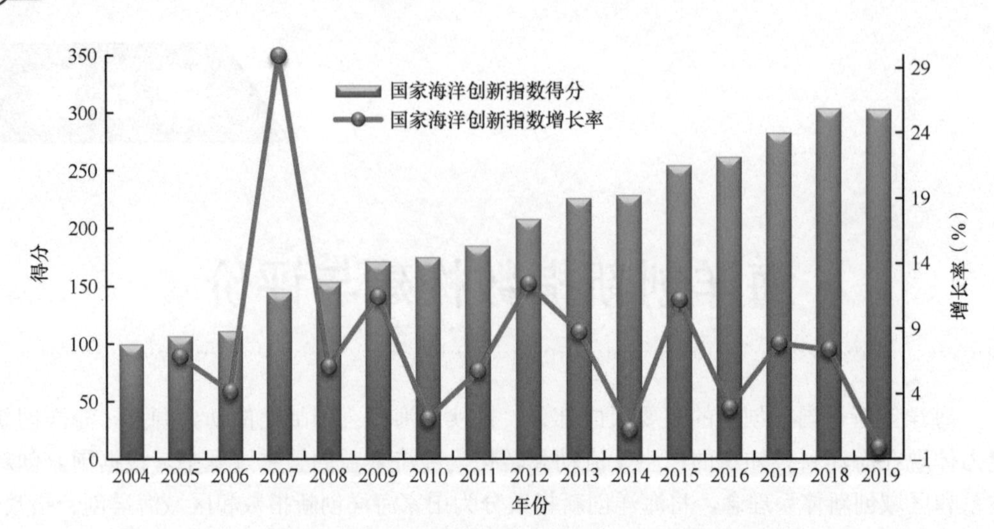

图 5-1　2004～2019 年国家海洋创新指数得分及其增长率变化

2004～2019 年国家海洋创新指数得分总体呈上升趋势，增长率出现不同程度的波动，“十一五”期间，国家海洋创新指数得分由 2006 年的 111 增长为 2010 年的 175，年均增长率达 11.92%，在此期间国家对海洋创新的投入逐渐加大，效果开始显现；越来越多的科研机构从事海洋研究，其中最为突出的是 2007 年，增长率达到阶段性最大值，为 29.97%。“十二五”期间，国家海洋创新指数得分由 2011 年的 185 增长为 2015 年的 254，年均增长率达到 8.33%。2017～2018 年国家海洋创新指数得分由 282 上升为 303，增长率为 7.40%。2019 年国家海洋创新指数得分与 2018 年相同，也为 303。

海洋创新环境、海洋创新资源、海洋知识创造和海洋创新绩效 4 个分指数对国家海洋创新指数的影响各不相同，贡献不一，呈现不同程度的上升态势（表 5-1，图 5-2），趋势变化略有差异。海洋创新资源分指数得分与国家海洋创新指数得分最为接近，变化趋势也较为相似；海洋知识创造分指数得分总体上高于国家海洋创新指数得分，这说明海洋知识创造分指数对国家海洋创新指数得分增长有较大的正向贡献；海洋创新绩效分指数得分涨势迅猛，2018 年在 4 个分指数中得分最高；海洋创新环境分指数得分除 2006 年外，其余年份均低于国家海洋创新指数得分，但其年度变化趋势与国家海洋创新指数得分的年度变化趋势比较接近。

表 5-1　2004～2019 年国家海洋创新指数及其分指数得分变化

年份	综合指数	分指数			
	国家海洋创新指数	海洋创新资源分指数	海洋知识创造分指数	海洋创新绩效分指数	海洋创新环境分指数
2004	100	100	100	100	100
2005	107	102	111	108	106
2006	111	105	109	118	113
2007	145	162	152	135	130
2008	154	172	164	146	132
2009	171	197	197	144	146
2010	175	199	195	161	144

续表

年份	综合指数	分指数			
	国家海洋创新指数	海洋创新资源分指数	海洋知识创造分指数	海洋创新绩效分指数	海洋创新环境分指数
2011	185	208	214	171	146
2012	208	221	251	200	158
2013	226	236	306	199	162
2014	229	239	288	215	174
2015	254	246	327	264	181
2016	262	252	344	264	188
2017	282	259	367	297	206
2018	303	285	353	365	210
2019	303	288	388	320	216

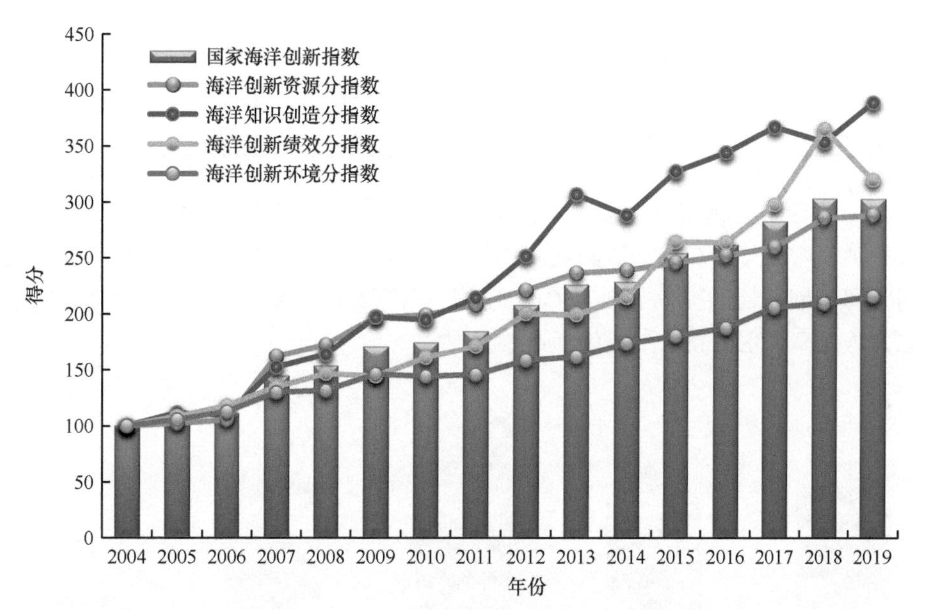

图 5-2　2004～2019 年国家海洋创新指数及其分指数得分变化图

2004～2019 年，海洋创新资源分指数年均增长率为 7.30%，2007 年增长率最高，为 53.90%；2009 年次之，为 14.30%；增长率超过 5% 的年份还有 2008 年、2012 年、2013 年和 2018 年，其余年份增长率均小于 5%（表 5-2）。这体现了我国海洋创新资源投入不断增加，但年际投入增量有所波动。

表 5-2　2004～2019 年国家海洋创新指数及其分指数增长率（%）

年份	综合指数	分指数			
	国家海洋创新指数	海洋创新资源分指数	海洋知识创造分指数	海洋创新绩效分指数	海洋创新环境分指数
2004	—	—	—	—	—
2005	6.88	2.18	11.48	8.27	5.58
2006	4.17	3.04	−1.99	9.02	6.79

续表

年份	综合指数	分指数			
	国家海洋创新指数	海洋创新资源分指数	海洋知识创造分指数	海洋创新绩效分指数	海洋创新环境分指数
2007	29.97	53.90	39.36	14.08	15.17
2008	6.08	6.41	7.49	8.74	1.28
2009	11.47	14.30	20.32	−1.42	11.08
2010	2.10	0.90	−1.07	11.51	−1.30
2011	5.74	4.65	9.91	6.17	1.10
2012	12.43	6.18	17.36	17.05	8.69
2013	8.77	6.92	21.94	−0.42	2.08
2014	1.23	1.05	−6.09	7.71	7.40
2015	11.22	2.94	13.65	23.10	3.92
2016	2.91	2.47	5.14	−0.18	3.98
2017	7.88	3.03	6.63	12.81	9.76
2018	7.40	10.02	−3.66	22.67	1.75
2019	−0.14	0.82	9.94	−12.40	2.93

2004～2019 年，海洋知识创造分指数对我国海洋创新能力大幅提升的贡献较大，年均增长率达 9.47%（图 5-3）。这表明我国海洋科研能力迅速增强，海洋知识创造及其转化运用为海洋创新活动提供了强有力的支撑。海洋知识创造能力的提高为增强国家原始创新能力、提高自主创新水平提供了重要支撑。

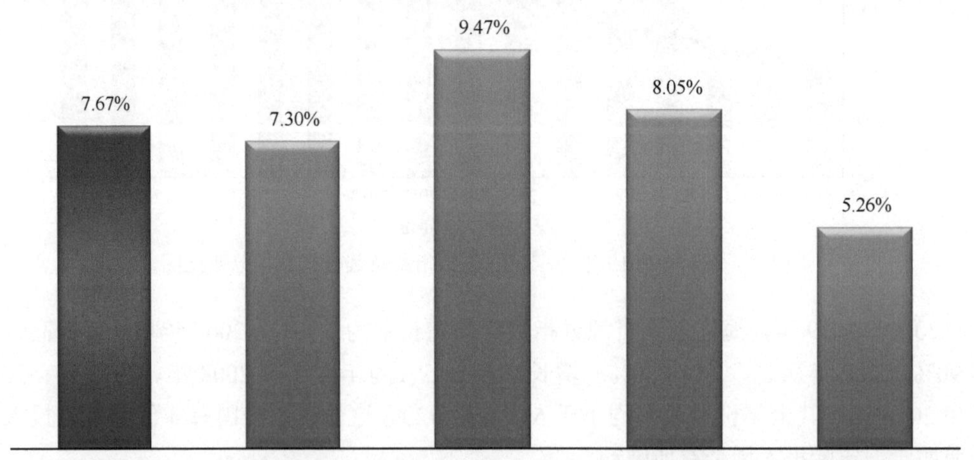

图 5-3　2004～2019 年国家海洋创新指数及其分指数的年均增长率

促进海洋经济发展是海洋创新活动的重要目标，是进行海洋创新能力评价不可或缺的组成部分。从近年来的变化趋势来看，我国海洋创新绩效稳步提升。2004～2019 年，我国海洋创新绩效分指数年均增长率达 8.05%，增长率最高值出现在 2015 年，为 23.10%（表 5-2）。

海洋创新环境是海洋创新活动顺利开展的重要保障。我国海洋创新的总体环境得到了极大改善，2004～2019年海洋创新环境分指数得分总体呈上升趋势（表5-1），年均增长率为5.26%（图5-3）。

5.1.1 海洋创新环境分指数

海洋创新环境包括创新过程中的硬环境和软环境，是提升我国海洋创新能力的重要基础和保障。海洋创新环境分指数反映一个国家海洋创新活动所依赖的外部环境，主要是制度创新和环境创新。海洋创新环境分指数选取如下4个指标：①沿海地区人均海洋生产总值；② R&D经费中设备购置费所占比重；③海洋科研机构科技经费筹集额中政府资金所占比重；④ R&D人员人均折合全时工作量。

1. 海洋创新环境逐渐改善

2004～2019年，海洋创新环境分指数总体上呈现稳步增长态势，得分由2004年的100上升至2019年的216（图5-4），年均增长率达5.26%，其中2007年的增长率为15.17%，达到峰值，其次是2009年，增长率为11.08%（表5-2），2018年增幅明显下降，增长率仅为1.75%。总体上，海洋创新环境逐年改善。

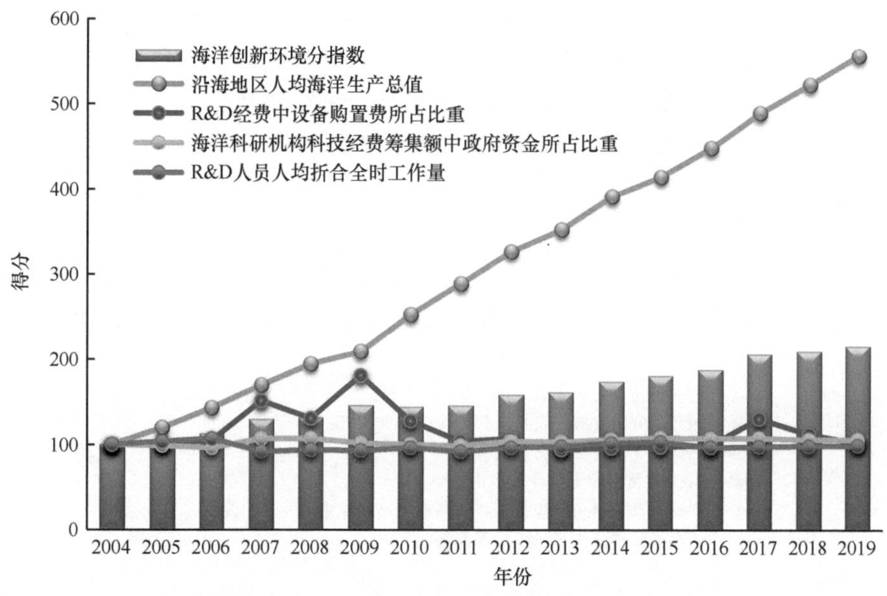

图5-4 2004～2019年海洋创新环境分指数及其指标得分变化

2. 优势指标增长趋势显著，其他指标呈现小幅波动

海洋创新环境分指数的指标中，沿海地区人均海洋生产总值为优势指标，对海洋创新环境分指数的正向贡献最大，涨势明显，2004～2019年的年均增长率为12.12%，保持稳定上升趋势。

其他指标R&D经费中设备购置费所占比重、海洋科研机构科技经费筹集额中政府资金所占比重和R&D人员人均折合全时工作量均存在小幅波动。R&D经费中设备购置费所占比重指标得分有一定的波动，最高值出现在2009年，之后逐渐下降，由2009

年的 181 下降至 2019 年的 102。海洋科研机构科技经费筹集额中政府资金所占比重指标得分由 2004 年的 100 上升至 2019 年的 106，虽有小幅波动，但整体呈现缓慢上升趋势，除 2005 年、2006 年和 2011年指标得分小于 100 外，其余年份指标得分均大于 100。R&D 人员人均折合全时工作量指标得分在 100 上下波动，最高为 2006 年的 107，最低为 2007 年和 2011 年的 92，变动较小。

5.1.2 海洋创新资源分指数

海洋创新资源能够反映一个国家对海洋创新活动的投入力度。创新型人才资源的供给及创新所依赖的基础设施投入是国家持续开展海洋创新活动的基本保障。海洋创新资源分指数采用如下 5 个指标：①海洋研究与发展经费投入强度；②海洋研究与发展人力投入强度；③ R&D 人员中博士毕业人员占比；④科技活动人员占海洋科研机构从业人员的比重；⑤万名海洋科研人员承担的课题数。通过以上指标，从资金投入、人力资源投入等角度对我国海洋创新资源投入和配置能力进行评价。

1. 海洋创新资源分指数平稳增长

2019 年海洋创新资源分指数得分为 288，比 2018 年略有上升，2004～2019 年的年均增长率为 7.30%。从历史变化情况来看，2004～2019 年海洋创新资源分指数得分呈增长趋势，2007 年和 2009 年涨幅较明显，增长率分别为 53.90% 和 14.30%；相较而言，2017 年和 2019 年的增长率略低，分别为 3.03% 和 0.82%。

2. 指标变化有升有降

从海洋创新资源分指数的 5 个指标得分的变化（图 5-5）来看，海洋研究与发展经费投入强度和海洋研究与发展人力投入强度两个指标得分整体呈现明显的上升趋势，年

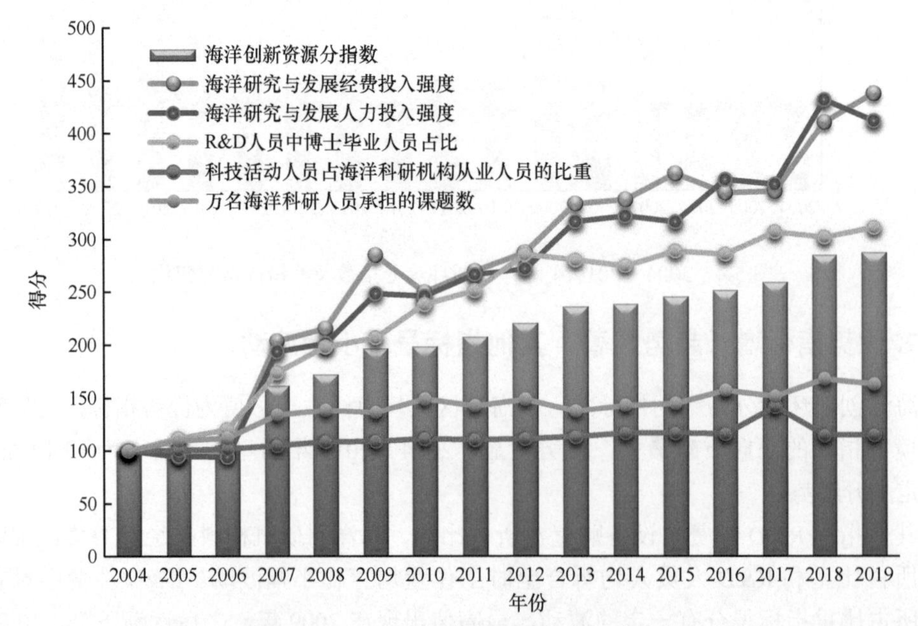

图 5-5 2004～2019 年海洋创新资源分指数及其指标得分变化

均增长率分别为10.35%和9.90%，是拉动海洋创新资源分指数整体上升的主要力量；R&D人员中博士毕业人员占比指标得分2006～2012年增长迅速，2012～2018年有升有降，2019年得分最高；科技活动人员占海洋科研机构从业人员的比重指标比较稳定，2017年得分最高，2018～2019年没有变动；万名海洋科研人员承担的课题数指标得分在2016年以前整体上保持稳定增长，2017年有所下降，2018年略有回升，之后在2019年又有所下降。

R&D人员中博士毕业人员占比指标能够反映一个国家海洋科技活动的顶尖人才力量状况，科技活动人员占海洋科研机构从业人员的比重指标能够反映一个国家海洋创新活动科研力量的强度。2004～2019年，R&D人员中博士毕业人员占比指标得分呈现先较快上升后略有回落再保持稳定增长的趋势，年均增长率为7.86%；2004～2016年，科技活动人员占海洋科研机构从业人员的比重指标得分年增长率基本持平，2017年和2018年两年变动相对较大，2004～2019年该指标年均增长率为0.94%。

万名海洋科研人员承担的课题数指标能够反映海洋科研人员从事海洋创新活动的强度，其得分变化呈现波动状态，2004～2019年的年均增长率为3.31%，2007年增长率最高，为19.63%。

5.1.3 海洋知识创造分指数

海洋知识创造是创新活动的直接产出，能够反映一个国家海洋领域的科研产出能力和知识传播能力。海洋知识创造分指数选取如下5个指标：①亿美元海洋经济产出的发明专利申请数；②万名R&D人员的发明专利授权数；③本年出版科技著作；④万名海洋科研人员发表的科技论文数；⑤国外发表的论文数占总论文数的比重。通过以上指标论证我国海洋知识创造的能力和水平，既能反映科技成果产出效应，又综合考虑了发明专利、科技论文、科技著作等各种成果产出。

1. 海洋知识创造分指数明显上升

从海洋知识创造分指数得分及增长率来看，我国的海洋知识创造分指数在2004～2013年总体上呈波动上升趋势，2014年有所下降，之后直至2017年保持稳定增长，2018年稍有回落，2019年又明显增长。得分从2004年的100增长至2013年的306，年均增长率达13.25%；2014～2019年的年均增长率为6.18%，但2018年与2017年相比，得分稍有回落，2019年得分最高。

2. 5个指标各有贡献

从海洋知识创造分指数的5个指标的得分变化（图5-6）来看，亿美元海洋经济产出的发明专利申请数指标得分波动幅度较大，2012～2013年增长较快，由183上升至352，增长率为92.35%。

万名R&D人员的发明专利授权数指标得分在2004～2017年增长迅猛，得分由2004年的100增长至2017年的585；但2018年回落明显，降至446；2019年有所回升，增长至521；2004～2019年的年均增长率为11.63%，其中，2004～2013年呈波动上升趋势，

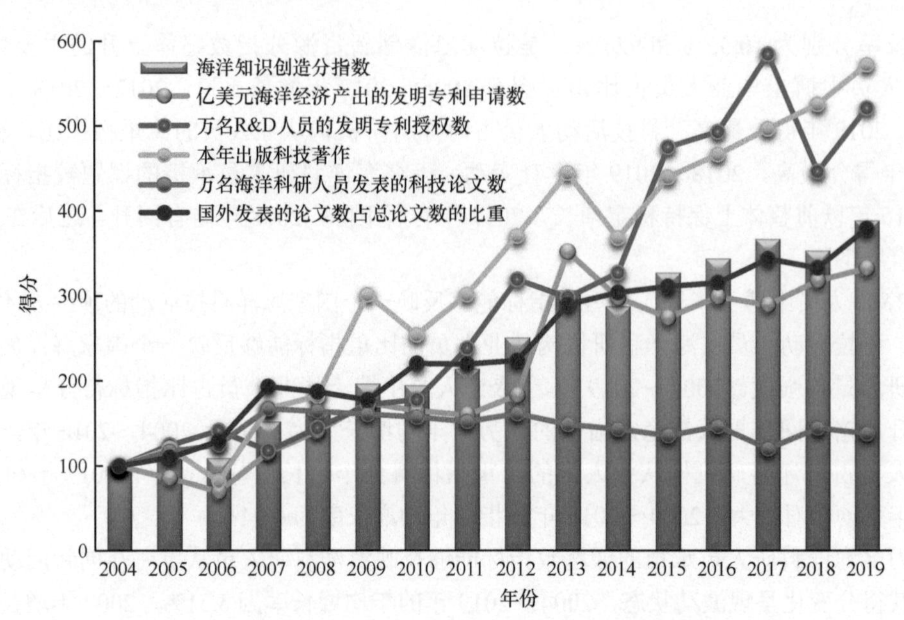

图 5-6 2004～2019 年海洋知识创造分指数及其指标得分变化

2014～2015 年迅速增长，得分由 327 上升到 475，增长率为 45.23%；2016～2017 年的增长幅度也较大，增长率为 18.60%。

2004～2019 年，本年出版科技著作指标得分总体上呈现增长态势，年均增长率为 12.33%。其中，2006～2007 年与 2008～2009 年是该指标得分的快速上升阶段，也是其增长最快的两个阶段，增长率分别为 104.41% 与 65.56%；2010 年以后，本年出版科技著作指标得分波动上升，2014 年有所下降，2015 年开始上升，直至 2019 年得分达到最高，为 572。

万名海洋科研人员发表的科技论文数即平均每万名海洋科研人员发表的科技论文数，反映了科学研究的产出效率。总体来看，该指标得分呈现波动状态，2004～2019 年的年均增长率为 2.17%，最高得分出现在 2007 年，为 167，2019 年为 138。

国外发表的论文数占总论文数的比重是指一国发表的科技论文中国外发表论文所占的比重，反映了科技论文的国际化普及程度。2004～2019 年，该指标得分增长相对较快，年均增长率为 9.29%。

5.1.4 海洋创新绩效分指数

海洋创新绩效分指数选取如下 5 个指标：①有效发明专利产出效率；②第三产业增加值占海洋生产总值的比重；③海洋劳动生产率；④海洋生产总值占国内生产总值的比重；⑤单位能耗的海洋经济产出。通过以上指标，反映我国海洋创新活动所带来的效果和影响。

1. 海洋创新绩效分指数平稳上升后略有下降

从海洋创新绩效分指数得分情况来看，我国的海洋创新绩效分指数从 2004 年的 100 增长至 2018 年的 365，呈现平稳的增长态势，年均增长率为 9.69%；但在 2019 年有所下降，为 320。2015 年增长率最高，为 23.10%；其次是 2018 年，增长率为 22.67%（表 5-2）。

2. 5 个指标变化趋势差异明显

有效发明专利产出效率是反映国家海洋创新产出能力与创新绩效水平的指标。总体来看，2004～2016 年我国海洋有效发明专利产出效率呈现上升趋势，2016 年稍有回落，2017～2018 年增长显著，2004～2018 年的年均增长率为 17.26%，2019 年呈现明显的下降趋势，得分回落到 698（图 5-7），2004～2019 年的年均增长率为 13.83%。

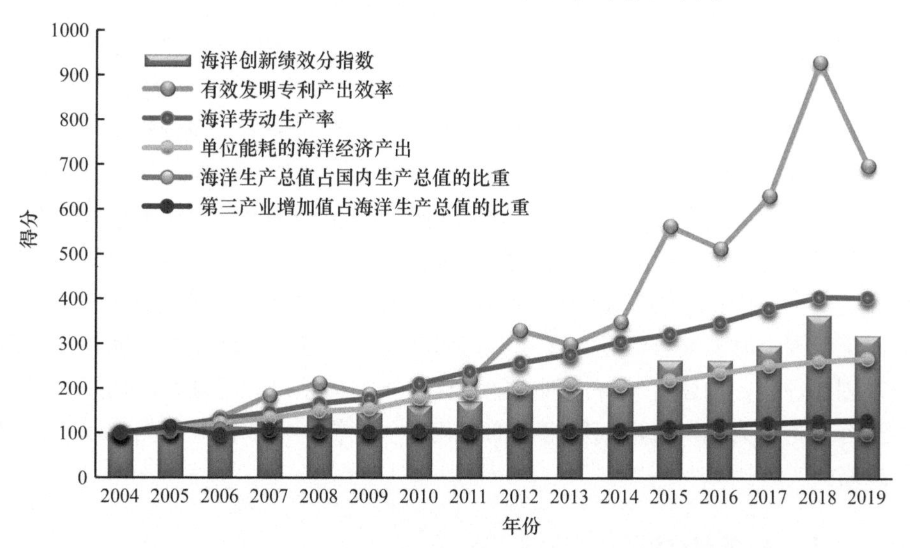

图 5-7　2004～2019 年海洋创新绩效分指数及其指标得分变化

第三产业增加值占海洋生产总值的比重能够反映海洋产业结构优化程度和海洋经济提质增效的动力性能。总体上来看，该指标较为平稳，增长速度缓慢，2004～2019 年的年均增长率为 1.76%。

海洋劳动生产率是指海洋科技人员的人均海洋生产总值，反映海洋创新活动对海洋经济产出的作用。2004～2019 年，海洋劳动生产率指标得分迅速增长，年均增长率为 9.76%，是海洋创新绩效分指数 5 个指标中增长最稳定的指标，2017～2018 年的增长率为 6.77%（图 5-7）。

单位能耗的海洋经济产出指标采用万吨标准煤能源消耗的海洋生产总值，测度海洋创新活动对减少资源消耗的效果，也反映出一个国家海洋经济增长的集约化水平。2004～2019 年，单位能耗的海洋经济产出指标得分增长迅速，年均增长率为 6.77%，呈现较为稳定的增长态势。

海洋生产总值占国内生产总值的比重指标反映海洋经济对国民经济的贡献，用来测度海洋创新活动对海洋经济的推动作用，该指标得分近年来呈下降趋势，2019 年得分仅为 99。

5.2 区域海洋创新指数

作为国家创新的重要组成部分，区域海洋创新的发展也备受关注。近年来，我国学术界关于区域创新能力指标体系、分布与评价、影响因素及作用机制等方面的研究越来越多，《中国区域创新能力评价报告 2015》的发布更是实现了对全国区域（除我国台湾、香港和澳门以外）创新能力的整体把握，为中央政府和地方政府正确制定创新发展战略提供了有效支撑。然而，受限于数据资料，目前国内针对区域海洋创新能力的研究寥寥无几，严重制约了政府在协调区域海洋创新发展中能动作用的发挥。

《推动共建丝绸之路经济带和 21 世纪海上丝绸之路的愿景与行动》提出“利用长三角、珠三角、海峡西岸、环渤海等经济区开放程度高、经济实力强、辐射带动作用大的优势”。从“一带一路”发展思路和我国沿海区域发展角度分析，我国沿海地区应积极优化海洋经济总体布局，实行优势互补、联合开发，充分发挥环渤海经济区、长江三角洲经济区、海峡西岸经济区、珠江三角洲经济区和环北部湾经济区 5 个经济区[①]的引领作用，推进形成我国北部、东部和南部三大海洋经济圈。

本节基于国家海洋创新指数评估研究（国家海洋局第一海洋研究所，2015a，2015b），从我国沿海省（自治区、直辖市）、5 个经济区和 3 个海洋经济圈三个层面开展区域海洋创新评价，构建区域海洋创新能力评价指标体系，对区域海洋创新的发展状况和特点进行分析，为我国海洋创新格局的优化提供数据基础和决策依据，以支撑国家整体创新战略的实施。

5.2.1 指标体系构建

参考国家海洋创新指数评价，将区域海洋创新能力评价指标体系分为海洋创新环境、海洋创新资源、海洋知识创造和海洋创新绩效 4 个一级指标和 19 个二级指标（表 5-3）。

表 5-3 区域海洋创新能力评价指标体系

一级指标	二级指标
海洋创新环境	沿海地区人均海洋生产总值
	R&D 经费中设备购置费所占比重
	海洋科研机构科技经费筹集额中政府资金所占比重
	R&D 人员人均折合全时工作量
海洋创新资源	海洋研究与发展经费投入强度
	海洋研究与发展人力投入强度
	R&D 人员中博士毕业人员占比
	科技活动人员占海洋科研机构从业人员的比重
	万名海洋科研人员承担的课题数

① 本次评价仅包括我国 11 个沿海省（自治区、直辖市），不涉及香港、澳门和台湾。

续表

一级指标	二级指标
海洋知识创造	亿美元海洋经济产出的发明专利申请数
	万名 R&D 人员的发明专利授权数
	本年出版科技著作
	万名海洋科研人员发表的科技论文数
	国外发表的论文数占总论文数的比重
海洋创新绩效	海洋劳动生产率
	有效发明专利产出效率
	单位能耗的海洋经济产出
	海洋生产总值占国内生产总值的比重
	第三产业增加值占海洋生产总值的比重

5.2.2 评价方法

1. 原始数据归一化处理

对 2019 年 19 个二级指标的原始值分别进行归一化处理。归一化处理是为了消除多指标综合评价中计量单位的差异和指标数值的数量级、相对数形式的差别，解决数据指标的可比性问题，使各指标数据处于同一数量级，便于进行综合对比分析。

指标数据处理采用直线型归一化方法，有

$$c_j = \frac{y_j - \min y_j}{\max y_j - \min y_j} \tag{5-1}$$

式中，j=1～19 为指标序列号；y_j 表示某项指标的原始数据值；c_j 表示对应指标归一化处理后的值。

2. 一级指标得分评估

区域海洋创新环境分指数得分：

$$b_1 = 100 \times \sum_{j=1}^{4} \phi_1 c_j \text{，其中 } \phi_1 = \frac{1}{4} \tag{5-2}$$

区域海洋创新资源分指数得分：

$$b_2 = 100 \times \sum_{j=5}^{9} \phi_2 c_j \text{，其中 } \phi_2 = \frac{1}{5} \tag{5-3}$$

区域海洋知识创造分指数得分：

$$b_3 = 100 \times \sum_{j=10}^{14} \phi_3 c_j \text{，其中 } \phi_3 = \frac{1}{5} \tag{5-4}$$

区域海洋创新绩效分指数得分：

$$b_4 = 100 \times \sum_{j=15}^{19} \phi_4 c_j \text{，其中 } \phi_4 = \frac{1}{5} \tag{5-5}$$

式中，j=1～19 为指标序列号；b_1、b_2、b_3、b_4 依次代表区域海洋创新环境分指数、海洋创新资源分指数、海洋知识创造分指数和海洋创新绩效分指数的得分。

3. 区域海洋创新能力评价

采用等权重（同国家海洋创新指数）测算区域海洋创新能力：

$$a = \frac{1}{4}\left(b_1 + b_2 + b_3 + b_4\right) \tag{5-6}$$

式中，a 为区域海洋创新能力指数得分。

5.2.3 评价结果与影响因子分析

本次评价对象仅包括我国11个沿海省（自治区、直辖市），不涉及台湾、香港和澳门。所用数据来源于《中国海洋统计年鉴 2020》和科技部海洋科技统计数据。

1. 沿海省（自治区、直辖市）的区域海洋创新能力评价结果与影响因子

从整体来看，根据 2019 年区域海洋创新指数得分（表 5-4，图 5-8），可将我国 11 个沿海省（自治区、直辖市）划分为 4 个梯次。其中，第一梯次区域海洋创新指数得分超过 50 分，第二梯次得分为 40～50，第三梯次得分为 30～40，第四梯次得分较低，为 10～20，与其他梯次相比差距较大。

表 5-4 2019 年 11 个沿海省（自治区、直辖市）区域海洋创新指数及其分指数得分

沿海省（自治区、直辖市）	综合指数	分指数			
	区域海洋创新指数	海洋创新环境分指数	海洋创新资源分指数	海洋知识创造分指数	海洋创新绩效分指数
广东	66.60	55.47	67.26	89.18	53.16
山东	59.85	65.13	58.30	80.37	35.73
上海	49.20	84.30	34.10	31.74	54.36
江苏	48.94	28.73	59.82	48.51	53.74
海南	39.41	22.98	49.56	46.78	33.52
辽宁	35.28	9.32	44.93	50.24	31.50
浙江	34.25	34.49	18.93	46.97	42.31
福建	34.19	56.09	25.57	25.71	33.78
天津	32.43	46.22	30.37	29.11	25.39
广西	19.48	15.71	6.71	22.75	37.60
河北	12.84	7.40	17.30	20.13	4.34

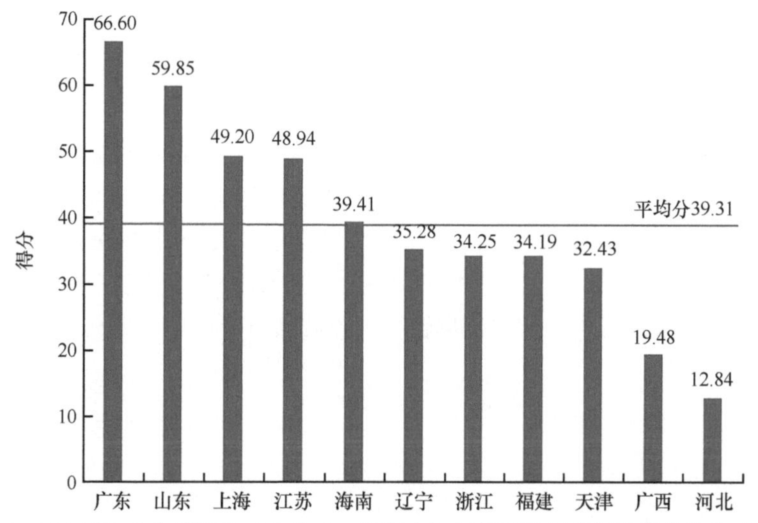

图 5-8 2019 年 11 个沿海省（自治区、直辖市）区域海洋创新指数得分及其平均分

根据区域海洋创新指数得分，第一梯次是广东和山东，得分分别为 66.60 和 59.85，分别相当于 11 个沿海省（自治区、直辖市）平均分的 1.69 倍和 1.52 倍。广东位列第一，从分指数来看，其海洋创新资源丰富，海洋知识创造水平高，海洋创新绩效显著，整体上海洋创新发展具备坚实的基础。山东位列第二，其海洋创新基础雄厚，作为传统海洋大省长期以来积累了大量的创新资源，海洋知识创造能力较强，仅次于广东。但山东的海洋创新绩效分指数得分较低，可以从产业结构优化和经济转型升级等角度考虑提高海洋创新绩效。

第二梯次为上海和江苏，区域海洋创新指数得分分别为 49.20 和 48.94，高于 11 个沿海省（自治区、直辖市）的平均分 39.31。上海的海洋创新环境和海洋创新绩效分指数得分均位列第一，但其海洋创新资源分指数得分较低，主要表现为海洋研究与发展人力投入强度较低，海洋知识创造水平也有待进一步提高。江苏的区域海洋创新指数得分位列第四，其海洋创新资源和海洋创新绩效分指数得分均比较高，但海洋知识创造水平有待进一步提高，海洋创新环境条件也亟待优化，主要表现为亿美元海洋经济产出的发明专利申请数和 R&D 经费中设备购置费所占比重均较低。

第三梯次包括海南、辽宁、浙江、福建和天津，其区域海洋创新指数得分分别为 39.41、35.28、34.25、34.19 和 32.43。其中，海南和辽宁的区域海洋创新指数得分分别位列第五、第六，两省的海洋创新环境劣势明显。浙江位列第七，其海洋创新绩效分指数得分较高，但海洋创新资源较为缺乏，主要表现为海洋研究与发展人力投入强度较低。福建位列第八，其海洋创新环境优势显著，但海洋创新资源分指数得分较低，主要表现为科技活动人员占海洋科研机构从业人员的比重较低。天津位列第九，其海洋创新环境较为优越，海洋创新绩效还有待提高。

第四梯次为广西和河北，其区域海洋创新指数得分分别为 19.48 和 12.84，明显低于平均分。广西的海洋创新环境和海洋创新资源两个分指数得分均较低，拉低了其综合指数得分。河北的海洋创新环境和海洋创新绩效分指数得分均为最低，具体表现为沿海地区人均海洋生产总值和有效发明专利产出效率显著较低。

从区域海洋创新环境分指数来看，2019 年得分超过平均分的沿海省（直辖市）有上海、山东、福建、广东和天津（图 5-9），其中上海、山东、福建和广东得分超过 50 分。上海的区域海洋创新环境分指数得分为 84.30，远高于其他地区，这得益于良好的政府科技投入环境和较高的沿海地区人均海洋生产总值；山东的区域海洋创新环境分指数得分为 65.13，其海洋科研机构科技经费筹集额中政府资金所占比重和 R&D 经费中设备购置费所占比重较高；福建的区域海洋创新环境分指数得分为 56.09，这得益于较高的 R&D 经费中设备购置费所占比重和 R&D 人员人均折合全时工作量；广东的海洋科研机构科技经费筹集额中政府资金所占比重较高，因此其海洋创新环境分指数得分较高，为 55.47。

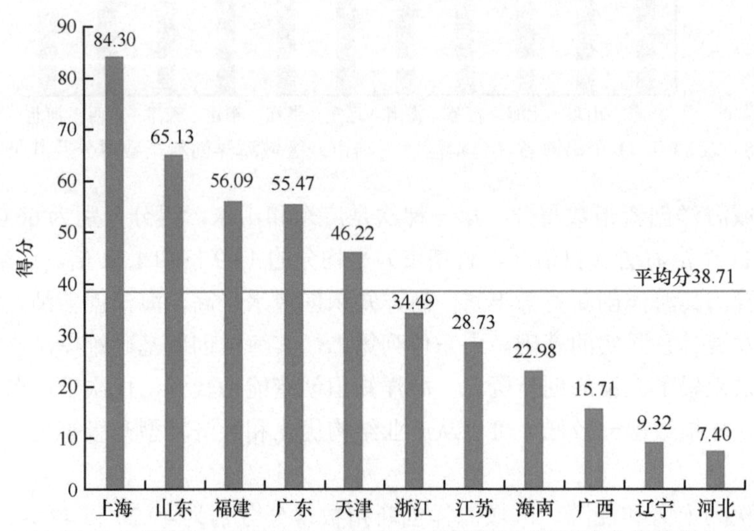

图 5-9　2019 年 11 个沿海省（自治区、直辖市）区域海洋创新环境分指数得分及其平均分

从区域海洋创新资源分指数来看，2019 年得分超过平均分的沿海省有广东、江苏、山东、海南和辽宁（图 5-10）。其中，广东的区域海洋创新资源分指数得分为 67.26，是唯一得分超过 60 分的沿海省份，其海洋研究与发展人力投入强度和科技活动人员占海洋

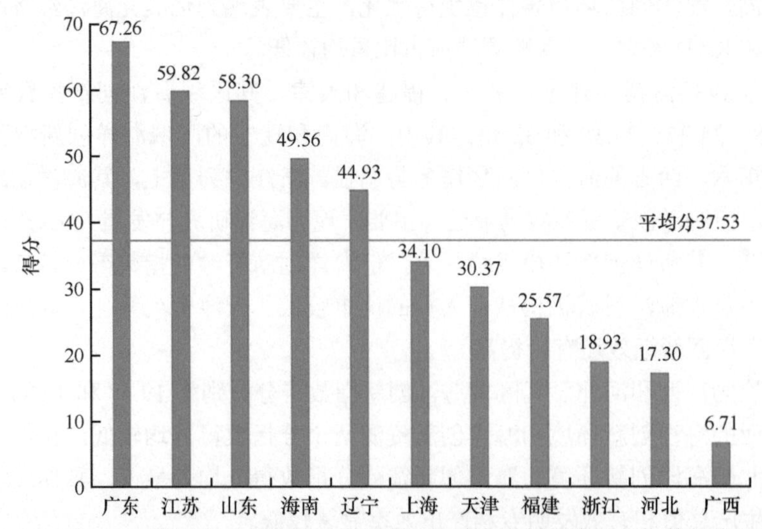

图 5-10　2019 年 11 个沿海省（自治区、直辖市）区域海洋创新资源分指数得分及其平均分

科研机构从业人员的比重显著高于其他地区，海洋创新资源丰富。江苏和山东的区域海洋创新资源分指数得分均在 50 分以上。

从区域海洋知识创造分指数来看，2019 年得分超过平均分的沿海省为广东、山东、辽宁、江苏、浙江和海南（图 5-11）。其中，广东和山东的区域海洋知识创造分指数得分分别为 89.18 和 80.37，远高于 44.68 的平均分，这与其较高的专利申请数和高产出、高质量的海洋科技论文密不可分；辽宁的区域海洋知识创造分指数得分为 50.24，主要贡献来自较高的亿美元海洋经济产出的发明专利申请数；江苏的区域海洋知识创造分指数得分为 48.51，这得益于较多的科技著作。

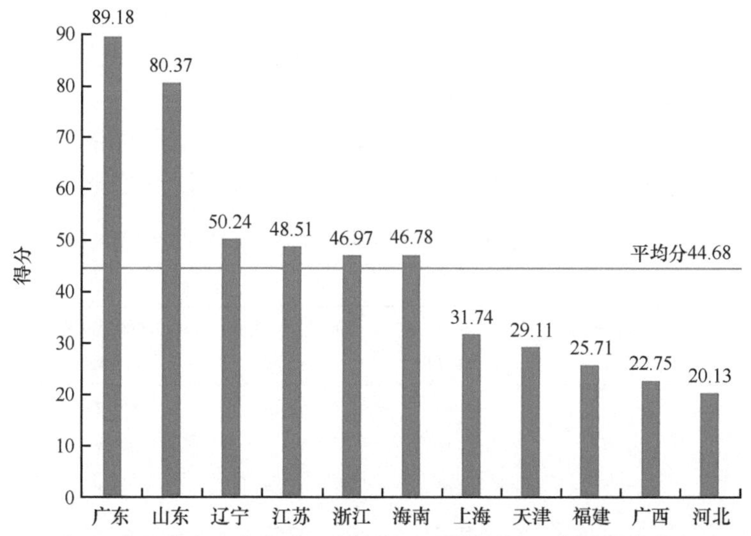

图 5-11　2019 年 11 个沿海省（自治区、直辖市）区域海洋知识创造分指数得分及其平均分

从区域海洋创新绩效分指数来看，2019 年得分超过平均分的沿海省（自治区、直辖市）有上海、江苏、广东、浙江和广西（图 5-12）。其中，上海、江苏和广东的区域海洋创新绩效分指数得分显著高于其他地区，分别为 54.36、53.74 和 53.16。其中，上海的区域海洋创新绩效分指数得分最高，这主要得益于较高的单位能耗的海洋经济产出。

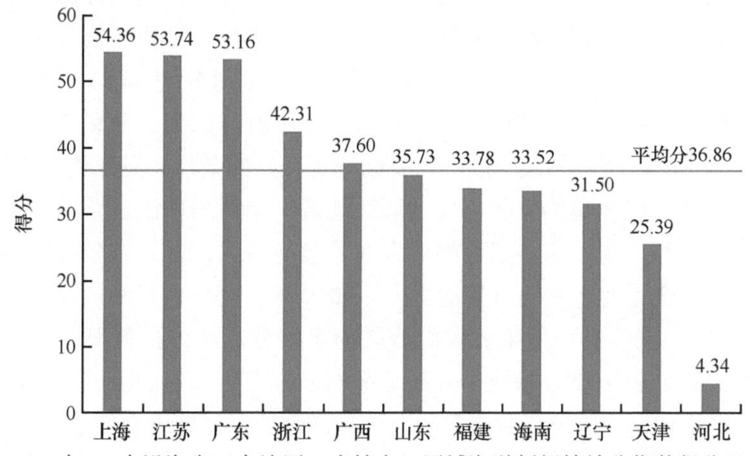

图 5-12　2019 年 11 个沿海省（自治区、直辖市）区域海洋创新绩效分指数得分及其平均分

2. 五大经济区的区域海洋创新能力评价结果与影响因子分析

环渤海经济区中纳入评价的沿海省（直辖市）为辽宁、河北、山东、天津；长江三角洲经济区中纳入评价的沿海省（直辖市）为江苏、上海、浙江；海峡西岸经济区中纳入评价的沿海省为福建；珠江三角洲经济区中纳入评价的沿海省为广东；环北部湾经济区中纳入评价的沿海省（自治区）为广西和海南。针对环渤海经济区、长江三角洲经济区、海峡西岸经济区、珠江三角洲经济区和环北部湾经济区 5 个经济区，具体分析如下。

环渤海经济区、长江三角洲经济区、海峡西岸经济区、珠江三角洲经济区和环北部湾经济区 5 个经济区海洋创新稳定发展。珠江三角洲经济区与香港、澳门两大特别行政区接壤，科技力量与人才资源雄厚，海洋资源丰富，是我国经济发展最快的地区之一。2019 年，珠江三角洲经济区的区域海洋创新指数得分为 66.27（表 5-5），高于 11 个沿海省（自治区、直辖市）的平均分，在 5 个经济区中居于首位。该经济区区域海洋创新环境优越、海洋创新资源密集、海洋创新绩效水平较高、海洋知识创造优势突出。

表 5-5　2019 年我国五大经济区的区域海洋创新能力评价结果

经济区	综合指数	分指数			
	区域海洋创新指数	海洋创新环境分指数	海洋创新资源分指数	海洋知识创造分指数	海洋创新绩效分指数
珠江三角洲经济区	66.27	55.47	67.26	89.18	53.16
长江三角洲经济区	44.83	49.17	37.62	42.41	50.14
海峡西岸经济区	35.28	56.09	25.57	25.71	33.78
环渤海经济区	34.74	32.02	37.73	44.96	24.24
环北部湾经济区	29.45	19.34	28.13	34.77	35.56
平均	42.11	42.42	39.26	47.40	39.37

注：表中数据经过数值修约，存在舍入误差

长江三角洲经济区位于我国东部沿海、沿江地带交汇处，区位优势突出，经济实力雄厚。长江三角洲经济区以上海为核心，以技术型工业为主，技术力量雄厚、前景好、政府支持力度大、环境优越、教育发展好、人才资源充足，是我国最具发展活力的沿海地区。2019 年，长江三角洲经济区的区域海洋创新指数得分为 44.83（表 5-5），高于 11 个沿海省（自治区、直辖市）的平均分，较为丰富的海洋创新资源和良好的海洋创新绩效为长江三角洲经济区海洋科技与经济发展创造了良好的条件，海洋创新成果突出。

海峡西岸经济区以福建为主体，包括周边地区，南北与珠江三角洲、长江三角洲两个经济区衔接，东与台湾、西与江西的广大内陆腹地贯通，是具备独特优势的地域经济综合体，具有带动全国经济走向世界的能力。2019 年，海峡西岸经济区的区域海洋创新指数得分为 35.28（表 5-5），低于五大经济区的平均分。从分指数得分来看，海峡西岸经济区的区域海洋创新环境分指数得分高于平均分，有着较好的发展潜质，但海洋知识创造分指数与海洋创新资源分指数得分较低，海洋创新发展能力有待进一步提升。

环渤海经济区是指环绕着渤海全部及黄海的部分沿岸地区所组成的广大经济区域，是我国东部的“黄金海岸”，具有相当完备的工业基础、丰富的自然资源、雄厚的科技力量和便捷的交通条件，在全国经济发展格局中占有举足轻重的地位。2019 年，环渤海经济区的区域海洋创新指数得分为 34.74（表 5-5），低于五大经济区的平均分，海洋创新发展有进一步提升的空间。

环北部湾经济区地处华南经济圈、西南经济圈和东盟经济圈的结合部，是我国西部大开发地区中唯一的沿海区域，也是我国与东南亚国家联盟（简称“东盟”）既有海上通道又有陆地接壤的区域，区位优势明显，战略地位突出。环北部湾经济区的区域海洋创新指数得分为 29.45（表 5-5），在五大经济区中排名最末，与长江三角洲经济区及珠江三角洲经济区的差距较大。

3. 三大海洋经济圈的区域海洋创新能力评价结果与影响因子分析

依据《全国海洋经济发展“十二五”规划》，海洋经济圈包括北部、东部和南部三大海洋经济圈。其中北部海洋经济圈由辽东半岛、渤海湾和山东半岛沿岸及海域组成，主要行政单元包括辽宁、天津、河北和山东；东部海洋经济圈由上海、江苏、浙江沿岸及海域组成，主要行政单元有上海、江苏、浙江；南部海洋经济圈由福建、珠江口及其两翼、北部湾、海南岛沿岸及海域组成，拥有珠江三角洲地区较强科技成果转化能力的重要优势，主要行政单元包括福建、广东、广西和海南。

根据对三大海洋经济圈的海洋创新资源、海洋知识创造、海洋创新绩效和海洋创新环境的评价分析，2019 年我国三大海洋经济圈的区域海洋创新能力评价结果如表 5-6 所示。可以看出，南部海洋经济圈的区域海洋创新指数得分最高，其次是东部海洋经济圈，最后是北部海洋经济圈（图 5-13）。

表 5-6　2019 年我国三大海洋经济圈的区域海洋创新能力评价结果

经济圈	综合指数	分指数			
	区域海洋创新指数	海洋创新环境分指数	海洋创新资源分指数	海洋知识创造分指数	海洋创新绩效分指数
南部海洋经济圈	127.16	121.99	132.20	102.06	151.01
东部海洋经济圈	114.41	121.94	127.35	78.19	126.42
北部海洋经济圈	112.91	110.26	127.58	90.81	117.75

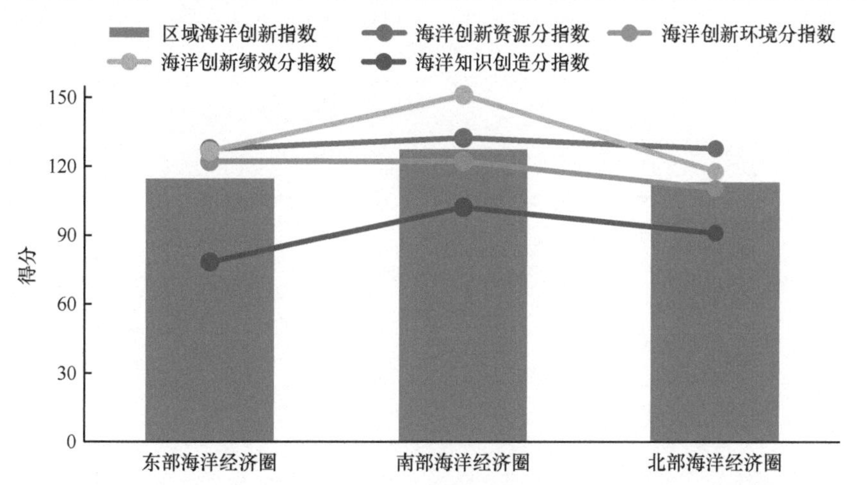

图 5-13　2019 年我国三大海洋经济圈区域海洋创新指数及其分指数得分

南部海洋经济圈 2019 年的区域海洋创新指数得分为 127.16，在三大海洋经济圈中位居第一，且其 4 个分指数得分也分别在三大海洋经济圈中居于首位，展现了强劲的综合创新能力。其中，海洋创新绩效分指数和海洋创新环境分指数得分较高，分别为 151.01 和 121.99，有较大的正贡献，说明较高的海洋创新绩效有效带动了区域海洋科技创新投入的转化，促进了海洋经济的健康发展。东部海洋经济圈 2019 年的区域海洋创新指数得分为 114.41，居于三大海洋经济圈的中间位置。其中，海洋创新资源和海洋创新绩效得分分别为 127.35 和 126.42，具有明显优势，突出的万名海洋科研人员承担的课题数指标说明海洋创新资源对经济发展的促进作用较强，带动并促进创新投入转化。北部海洋经济圈 2019 年的区域海洋创新指数得分为 112.91，居于三大海洋经济圈的末位。其中，海洋创新资源和海洋创新绩效分指数得分分别为 127.58 和 117.75，丰富的海洋创新资源是该经济圈的突出优势，但海洋知识创造分指数得分较低，提升空间较大，这与海洋经济处于转型升级阶段密切相关。

5.2.4 区域海洋创新特征总结

从我国沿海省（自治区、直辖市）的区域海洋创新指数来看，2019 年我国 11 个沿海省（自治区、直辖市）可分为 4 个梯次：第一梯次为广东和山东；第二梯次为上海和江苏；第三梯次为海南、辽宁、浙江、福建和天津；第四梯次为广西和河北。从五大经济区的区域海洋创新指数来看，2019 年区域海洋创新能力较强的地区为珠江三角洲经济区、长江三角洲经济区及海峡西岸经济区，这些地区均有区域创新中心，而且呈现多中心的发展格局。从三大海洋经济圈的区域海洋创新指数来看，2019 年我国海洋经济圈呈现东部、南部较强而北部较弱的特点。南部海洋经济圈的区域海洋创新指数得分最高，东部海洋经济圈得分次之，北部海洋经济圈得分最低。在以后的海洋创新发展过程中，需要进一步发挥珠江口及其两翼的创新总体优势，带动福建、北部湾和海南岛沿岸发挥区位优势，实现共同发展，使海洋创新驱动经济发展的模式辐射至整个南部海洋经济圈，以支撑我国海洋经济的持续健康发展。

第 6 章

海洋科技指标测算与评价

近年来，我国海洋科技创新发展态势良好，科技兴海工作成果斐然，一大批海洋科技成果在海洋产业上得到了实际应用，全面影响和推动了海洋开发利用进程。在此进程中，海洋科技服务海洋经济发展的能力不断增强，对海洋经济增长的贡献日益凸显，成为推动海洋经济持续健康发展的核心要素和重要支撑力量。海洋科技已成为推动海洋经济发展的核心要素和重要支撑力量，海洋科技指标对海洋创新评价具有重要的作用，定量评价海洋科技进步及成果的转化对海洋经济增长的作用具有重大战略意义和现实意义。

本章围绕海洋科技进步贡献率和海洋科技成果转化率两个指标进行了测算和评价，结合海洋各产业方面实际的数据情况，围绕资本、劳动力要素弹性系数构建并优化模型，同时对测算所普遍使用的索洛余值法进行了优化，据此探究了海洋科技进步与海洋经济增长之间的关联性。同时，本章根据海洋科技成果转化率的标准定义，开展我国海洋科技成果转化率的测算研究，切实评价我国海洋科技创新能力。

6.1　海洋科技进步贡献率测算与评价

海洋科技已成为推动海洋经济发展的核心要素和重要支撑力量，定量评价海洋科技进步对海洋经济增长的作用具有重大战略意义和现实意义。本节着眼于海洋全要素生产率和海洋科技进步贡献率，基于加权改进的索洛余值法，结合海洋领域各产业的数据情况，探究了海洋科技进步与海洋经济增长的关系。

科技进步贡献率的概念源于国际上的全要素生产率（total factor productivity，TFP）。从这一点上说，此处的科技进步应是经济学意义上广义的科技进步，反映综合要素，是利用生产函数方法测算科技进步作用的最后结果。

因此，从概念定义来看，海洋科技进步贡献率是指人类对海洋进行开发利用活动时，除资本、劳动力投入要素以外其他所有要素的增长对海洋经济增长的贡献份额，即海洋TFP与海洋经济增长率的比值。这一定义至少包括两层含义：①海洋科技进步贡献率不是海洋科技进步率，前者强调“贡献”，是指海洋科技进步率在全要素增长率中的占比，而后者是指海洋科技进步作用于海洋经济增长的结果；②海洋科技进步贡献率不是海洋科技贡献率，前者强调在增量中考查科技进步所发挥的作用，而后者是指总量上的贡献。

6.1.1　海洋全要素生产率测算研究

海洋全要素生产率是指人类对海洋进行开发利用活动时，除有形生产要素（资本、劳动力）投入之外的纯技术进步引起的生产率的增长，其与海洋经济增长率的比值即海洋科技进步贡献率。海洋全要素生产率的定量研究可以为制定海洋经济政策提供决策参考和数据支持。

本节基于柯布-道格拉斯生产函数，通过对海洋产业加权汇总，构建了海洋全要素生产率测算模型；实现了长时间序列的海洋全要素生产率测算，并分析了海洋产业供给侧资本要素、劳动力要素和全要素生产率的特点与变化趋势。研究表明：我国“十五”“十一五”“十二五”期间海洋全要素生产率分别为7.95%、6.99%和7.10%，略有波动；海洋全要素生产率对海洋经济增长的贡献始终位于高位水平，超过资本要素、劳动力要素对海洋经济增长的贡献。

1. 概要分析

党的十九大报告提到“以供给侧结构性改革为主线，推动经济发展质量变革、效率变革、动力变革，提高全要素生产率”，强调了从供给侧出发，推进结构调整，矫正资本、劳动力、土地、科技进步、管理水平、政策制度等要素配置扭曲，并以全要素生产率这一指标来衡量改革效果。

海洋是我国经济社会发展的重要空间和关键领域。随着海洋经济的深入发展，有必要开展海洋全要素生产率测算相关研究。海洋全要素生产率是指全部生产要素的投入量不变时，海洋经济产出量仍能增加的部分。这里的“全部生产要素”指的是经济增长中有形的生产要素，一般指资本和劳动力。因此，海洋全要素生产率是度量除去海洋领域资本和劳动力要素投入以外的，用来解释说明生产过程中的技术进步、生产效率的提高及生产规模的扩大等一系列措施所带来的海洋经济产出增加的指标。

关于海洋全要素生产率的研究主要基于柯布-道格拉斯生产函数进行改进，可分为两个方面：一是以海洋经济效率、海洋经济技术效率、海洋科技效率、海洋科技投入产出效率等与海洋全要素生产率含义相同或相近的指标为对象的测算研究，测算方法包括数据包络分析、Malmquist 生产率指数模型、随机前沿模型、SBM 模型和指标评价体系等，多从技术效率和规模效率的角度展开，测算指标与测算结果均存在较大差别；二是运用复杂模型探讨海洋全要素生产率的环境约束影响、空间关联效应等的研究，该类研究侧重于海洋全要素生产率的影响机制。总体来看，现有研究虽然对海洋全要素生产率进行了建模测算，但模型依各自研究目的而建，测算结果多为估计值，难以得到广泛认可，且缺少长时间序列的对比。

本书回归概念本身，基于经典的柯布-道格拉斯生产函数，以《中国海洋统计年鉴》历年数据为基准数据，实现了海洋全要素生产率的模型构建和具体测算，并针对海洋产业供给侧资本要素、劳动力要素和全要素生产率对海洋经济增长的贡献进行探讨分析。

2. 模型构建

基于柯布-道格拉斯生产函数，可以构建海洋领域产出的分析模型：

$$Y_t = A_0 \mathrm{e}^{at} K_t^{\alpha} L_t^{\beta} \tag{6-1}$$

式中，A_0 表示基年海洋全要素生产率；a 表示全要素生产率；t 表示研究期；Y_t、K_t、L_t 分别表示研究期内的海洋领域产出、资本投入和劳动力投入；α 和 β 分别表示海洋领域资本、劳动力要素弹性系数，假设存在“希克斯中性”技术进步，即海洋经济产出增长的规模报酬不变，则有 $\alpha+\beta=1$（$a>0$，$\beta<1$）。

对式（6-1）两边取对数可得

$$\ln Y_t = \ln A_0 + at + \alpha \ln K_t + \beta \ln L_t \tag{6-2}$$

对式（6-2）进行全微分可得

$$y = a + \alpha k + \beta l \tag{6-3}$$

从海洋领域的特殊性出发，综合考虑海洋经济所涉及的多个产业，将各产业的资本投入和劳动力投入在增长速度测算阶段进行汇总加权，得到本研究的测算模型：

$$a(t) = \frac{\sum_{t=t_1}^{t_2}\sum_{i=1}^{n}[y_i(t)\lambda_i(t)]}{t_2 - t_1 + 1} - \alpha\frac{\sum_{t=t_1}^{t_2}\sum_{i=1}^{n}[k_i(t)\lambda_i(t)]}{t_2 - t_1 + 1} - \beta\frac{\sum_{t=t_1}^{t_2}\sum_{i=1}^{n}[l_i(t)\lambda_i(t)]}{t_2 - t_1 + 1} \tag{6-4}$$

式中，$a(t)$ 表示研究期内的海洋全要素生产率，其中 $t \in [t_1, t_2]$；n 表示海洋领域纳入测算的产业个数；$y_i(t)$、$k_i(t)$、$l_i(t)$ 分别表示在海洋领域第 i 产业第 t 期的产出增长率、资本投入增长率和劳动力投入增长率；$\lambda_i(t)$ 表示第 i 产业第 t 期在总海洋产业中的权重；α 和 β 分别表示海洋领域资本、劳动力要素弹性系数，本研究选取 α=0.3、β=0.7。

需要说明的是，根据《中国海洋统计年鉴》的历年数据，我国主要海洋产业包括海洋渔业、海洋油气业、海洋矿业、海洋盐业、海洋船舶工业、海洋化工业、海洋生物医药业、海洋工程建筑业、海洋电力业、海水利用业、海洋交通运输业和滨海旅游业十二大产业。经初步筛选和可行性分析，确定数据可支持的 8 个可测算的海洋产业，包括海水养殖业、海洋捕捞业、海洋盐业、海洋船舶工业、海洋石油业、海洋天然气产业、海洋交通运输业和滨海旅游业。“十五”“十一五”“十二五”期间，以上 8 个海洋产业的产值总和占主要海洋产业生产总值的 80% 以上，基本能够有效地反映我国海洋经济发展情况。

8 个海洋产业的权重以各海洋产业的产值占比作为参考依据。根据《中国海洋统计年鉴》中我国“十五”“十一五”“十二五”期间 8 个海洋产业的产值情况，确定各产业权重值（表 6-1）。

表 6-1 “十五”“十一五”“十二五”期间 8 个海洋产业的权重值

产业	“十五”期间	“十一五”期间	“十二五”期间
海水养殖业	0.1844	0.1054	0.1096
海洋捕捞业	0.1757	0.0956	0.0810
海洋盐业	0.0066	0.0046	0.0033
海洋船舶工业	0.0683	0.0704	0.0664
海洋石油业	0.0648	0.0705	0.0709
海洋天然气产业	0.0034	0.0045	0.0045
海洋交通运输业	0.1867	0.3069	0.2489
滨海旅游业	0.3101	0.3421	0.4154

3. 结果讨论

（1）海洋全要素生产率测算

将海洋领域各产业的基准数据代入海洋全要素生产率的测算模型，得出我国“十五”“十一五”“十二五”期间的海洋全要素生产率分别为7.95%、6.99%和7.10%（表6-2）。

表6-2 海洋全要素生产率测算值（%）

研究期	产出增长率	资本增长率	劳动力增长率	海洋全要素生产率
“十五”期间	11.68	9.74	2.74	7.95
“十一五”期间	12.86	10.10	4.05	6.99
“十二五”期间	9.10	3.40	1.40	7.10

一方面，研究期内我国海洋全要素生产率略有波动，主要原因可能是“十五”到“十一五”期间，国家加快发展海洋经济，海洋开发深度与广度均大幅提高，海域使用面积扩张，兴建海洋产业基础设施；同时，海洋产业的快速发展带动了大批就业，涉海就业人员增幅明显。因此，在海洋领域资本要素和劳动力要素增长率均上升的情况下，海洋全要素生产率处于下降趋势。“十二五”期间，我国海洋经济开始转型发展，注重质量效益，海洋领域产出和资本、劳动力的增长速度均明显放缓，海洋全要素生产率则缓慢回升。

另一方面，我国海洋全要素生产率高于同时期国家宏观层面的全要素生产率，这说明我国海洋产业发展质量高。

（2）供给侧各要素对海洋经济增长的贡献

对表6-2中的数据进行进一步处理，得到海洋领域供给侧各要素对海洋经济增长的贡献值（表6-3）。

表6-3 海洋领域供给侧各要素对海洋经济增长的贡献值（%）

研究期	资本增长对海洋经济增长的贡献	劳动力增长对海洋经济增长的贡献	海洋全要素生产率对海洋经济增长的贡献
“十五”期间	25.02	16.42	58.56
“十一五”期间	23.60	22.04	54.40
“十二五”期间	11.20	10.80	78.00

海洋领域资本增长对海洋经济增长的贡献在研究期内呈现明显的下降趋势。在海洋开发利用初期，海洋经济发展主要依赖海洋资本的投入，海域使用面积、海洋产业基础设施等的增加会明显带动海洋经济产出的增加；当海洋产业在海洋空间分布趋于饱和时，海洋领域资本的增加对海洋经济产出的影响逐步减弱，“十二五”期间这一趋势尤为明显。

海洋领域劳动力增长对海洋经济增长的贡献同样呈现下降趋势。其原因在于，在本研究的测算模型中，劳动力要素是用人员数量来衡量的，而海洋经济的转型发展必然伴随着高素质人才的引进和廉价劳动力的淘汰，因此，以数量增长体现的贡献率会在海洋经济发展稳定后出现下降。

海洋全要素生产率对海洋经济增长的贡献在“十五”“十一五”“十二五”期间始终处于高位水平，远远超过资本增长、劳动力增长对海洋经济增长的贡献。可以说，相比于陆域经济，海洋经济增长的内生动力机制主要为海洋全要素生产率，在海洋开发利用活动中更应加强新理念、新方法、新技术的研究与应用。

4. 结论分析

本研究基于柯布-道格拉斯生产函数，测算了“十五”“十一五”“十二五”期间我国的海洋全要素生产率。由于目前相关基础不足，测算过程仍有改进空间。随着海洋统计数据日趋完善，有必要进一步开展海洋全要素生产率模型优化和要素细化研究。一方面，深入探索更具有指向性和显示度的新指标，修正并优化模型参数；另一方面，开展海洋全要素生产率的要素细化研究，以便更好地指导海洋产业供给侧结构性改革，助力海洋强国建设。

6.1.2 海洋科技进步贡献率模型构建与参数测度分析

海洋科技进步贡献率的定量研究能为制定海洋科技政策提供决策参考和数据支持，具有一定的应用价值和实践意义。本研究从概念定义、数值特征和实际应用等方面探讨了海洋科技进步贡献率的理论内涵；从资本、劳动力要素弹性系数入手，优化了海洋科技进步贡献率的测算模型；运用势分析法，测算了2006～2014年海洋领域各产业的资本、劳动力要素弹性系数，并对其应用进行了深入讨论。研究表明，2006～2014年，我国海洋领域各产业的资本要素弹性系数α为0.4～0.5，劳动力要素弹性系数β为0.5～0.6。

1. 概要分析

国内对科技进步贡献率的大范围测算缘起于1992年《关于开展经济增长中科技进步作用测算工作的通知》的发布。2016年，国家“十三五”规划把科技进步贡献率列为核心指标以量化工作，再次掀起了专家学者对各领域科技进步贡献率研究的热潮（刘大海，2016），研究内容涉及农业（陈琼等，2016；周凤莲和李双元，2015）、林业（卢雯皎，2014）、渔业（林香红等，2015；向文琦，2015）、制造业（吴雷和曾卫明，2012）、工业（李百吉和张倩倩，2016；宋艳涛，2003）、建筑业（刘丽萍等，2011）、水利等多个产业。从理论内涵来看，多数研究中所称的“科技进步”是指广义的科技进步，即不仅包括普遍意义上的科学与技术进步，还包括设备技术水平、劳动者素质、管理决策水平、配套设施水平的提高和工艺流程、政策制度的改革等；也有学者从实际应用角度出发，认为科技进步贡献率中的“科技进步”限于狭义范围（宋景华等，2015）。从测算方法来看，索洛余值法（陈琼等，2016）的应用最为广泛，也有一些基于灰色系统理论（张煜，2015）、势分析理论（李雪松，2015）的方法及随机型参数方法（刘玉凤等，2014）。

对于海洋领域而言，海洋科技进步贡献率的测算多基于索洛余值法。本小节界定了海洋科技进步贡献率的概念和范围，并实现了海洋科技进步贡献率的公式构建和具体测算，拟基于前期研究，深入探讨海洋科技进步贡献率的理论内涵，优化海洋科技进步贡献率的测算模型，并对模型中的参数进行测度分析。

2. 理论内涵探讨

海洋科技进步贡献率是指海洋科技进步的增长在海洋经济增长中所占的份额（刘大海等，2009），其中海洋科技进步的增长是指人类对海洋进行开发利用活动时，剔除资本和劳动力这两部分生产要素以外其他要素的增长。作为衡量海洋科技进步对海洋经济贡献的重要指标，海洋科技进步贡献率一经提出就广受关注，国内学者关于这一指标的研究日益增多，对其进行概念界定、公式构建和具体测算始于 2008 年（刘大海等，2009）。随后，在对海洋科技进步贡献率的测算研究中，韦茜（2011）、卫梦星（2012）通过分析和比较指标体系法、索洛余值法、数据包络分析法，选取了生产函数法和索洛余值法相结合的模型；徐士元等（2013）、何宽（2013）在对层次分析法、价值分析法和索洛余值法进行比较后，选择了索洛余值法构建测算模型；鲁亚运（2014）为抵消资本、劳动力投入对经济增长的时滞与延迟效应，构建了时滞灰色生产函数，通过变形得到时变的索洛余值形式并进行了测算分析；刘大海等（2015c）为消除滞后偏差将指数平滑法的思想引入索洛余值法，构建了基于不同参数的索洛模型。从趋势来看，越来越多的涉海高校和科研机构的专家学者将其作为研究方向开展系统研究工作。从我国海洋科技管理实际来说，科学规范地测算并预测海洋科技进步贡献率，对海洋科技发展战略和相关海洋科技政策的制定有着重要的支撑作用和指示意义。

从数值特征来看，海洋科技进步贡献率具有以下特征：①短期内会剧烈波动，主要原因在于海洋科技进步对经济增长的贡献存在滞后性、长期性和一定的周期性，此外，也可能受重大自然灾害、金融危机、疫情等因素的影响；②长期来看不会持续增长，且并非越大越好，原因在于该指标为海洋科技进步速度与海洋经济增长速度的比值，具有相对性。

从实际应用来看，有以下要点值得注意：①海洋科技进步贡献率不适用于区域间横向比较，原因在于其与海洋经济发展阶段有关；②海洋科技进步贡献率的测算周期应尽可能长，从实际需求出发最少需 5 年，原因在于科技进步贡献率的测算是基于长时间尺度的全要素生产率。

3. 模型改进与说明

（1）模型改进

目前，海洋科技进步贡献率的测算方法多为索洛余值法。刘大海等（2009）从海洋领域的特殊性出发，综合考虑海洋经济所涉及的多个产业，将各产业海洋科技进步在增长速度测算阶段进行汇总加权，实现了对索洛余值法的改进，该研究是本研究的重要基础。然而，受海洋经济统计数据的限制，当时的研究中，海洋领域的资本、劳动力要素弹性系数是由经验法所得，且各产业相同，这与实际情况不相符。鉴于此，本研究拟从海洋领域各产业的资本、劳动力要素弹性系数这两个参数入手，进一步优化海洋科技进步贡献率的测算方法。

基础模型如下：

$$A = 1 - \frac{\alpha k}{y} - \frac{\beta l}{y} \tag{6-5}$$

式中，A 表示研究期内的海洋科技进步贡献率；α、β 分别表示海洋领域资本、劳动力要素弹性系数；k、l 和 y 分别表示研究期内海洋领域资本投入增长率、劳动力投入增长率和产出增长率。

改进模型如下：

$$A=1-\frac{\sum_{i=1}^{n}\alpha_i k_i \gamma_i}{\sum_{i=1}^{n} y_i \gamma_i}-\frac{\sum_{i=1}^{n}\beta_i l_i \gamma_i}{\sum_{i=1}^{n} y_i \gamma_i}=1-\frac{\sum_{i=1}^{n}\frac{\sum_{t=t_1}^{t_2}\alpha_i(t)k_i(t)}{t_2-t_1+1}}{\sum_{i=1}^{n}\frac{\sum_{t=t_1}^{t_2}y_i(t)}{t_2-t_1+1}\gamma_i}-\frac{\sum_{i=1}^{n}\frac{\sum_{t=t_1}^{t_2}\beta_i(t)l_i(t)}{t_2-t_1+1}}{\sum_{i=1}^{n}\frac{\sum_{t=t_1}^{t_2}y_i(t)}{t_2-t_1+1}\gamma_i} \tag{6-6}$$

式中，n 表示海洋领域纳入测算的产业个数；$\alpha_i(t)$、$\beta_i(t)$ 分别表示第 i 产业第 t 期的海洋领域资本、劳动力要素弹性系数，其中 $t \in [t_1, t_2]$；$k_i(t)$、$l_i(t)$ 和 $y_i(t)$ 分别表示海洋领域第 i 产业第 t 期的资本投入增长率、劳动力投入增长率和产出增长率；γ_i 表示第 i 产业在总海洋产业中的权重。

（2）模型说明

为更好地理解以上模型，对指标时长的选取、海洋产业的选取、产业权重的确定、数据来源与数据基础进行说明。海洋领域资本、劳动力要素弹性系数的确定将在下文重点介绍。

在指标时长的选取方面，由于海洋科技对海洋经济的影响是长期的，海洋科技进步贡献率测算时间应尽可能长，从实际需求出发最少需 5 年。综合考虑海洋管理实际需要和海洋数据年限限制，本研究在“十一五”期间指标测算和“十二五”期间指标短期预测时使用 5 年数据平均值，其他测算和长期预测时使用 9 年数据平均值（根据 2006～2014 年时长而定）。

在海洋产业的选取方面，根据《中国海洋统计年鉴 2015》，2014 年我国主要海洋产业包括海洋渔业（16.31%）、海洋油气业（6.05%）、海洋矿业（0.24%）、海洋盐业（0.27%）、海洋船舶工业（5.52%）、海洋化工业（3.64%）、海洋生物医药业（1.02%）、海洋工程建筑业（6.86%）、海洋电力业（0.43%）、海水利用业（0.05%）、海洋交通运输业（21.09%）和滨海旅游业（38.54%）12 个产业（表 6-4）。经初步筛选和可行性分析，确定数据可支持的 8 个可测算的海洋产业，包括海水养殖业、海洋捕捞业、海洋盐业、海洋船舶工业、海洋石油业、海洋天然气产业、海洋交通运输业和滨海旅游业，以上 8 个海洋产业的产值总和约占主要海洋产业总值的 86.95%，基本能够有效地反映我国海洋经济发展情况。

表 6-4　2014 年我国主要海洋产业增加值

主要海洋产业	增加值（亿元）	占比（%）
海洋渔业	4 126.6	16.31
海洋油气业	1 530.4	6.05
海洋矿业	59.6	0.24
海洋盐业	68.3	0.27
海洋船舶工业	1 395.5	5.52

续表

主要海洋产业	增加值（亿元）	占比（%）
海洋化工业	920	3.64
海洋生物医药业	258.1	1.02
海洋工程建筑业	1 735	6.86
海洋电力业	107.7	0.43
海水利用业	12.7	0.05
海洋交通运输业	5 336.9	21.09
滨海旅游业	9 752.8	38.54
合计	25 303.4	100.00

注：表中数据经过数值修约，存在舍入误差

在产业权重的确定方面，综合考虑海洋管理实际需要和海洋数据年限限制，选取上一个5年规划期间各海洋产业的产值占比作为权重的参考依据。根据《中国海洋统计年鉴》中我国“十一五”期间8个海洋产业的产值情况，确定各产业权重值。

在数据来源方面，本研究使用的代表海洋产业产出、资本和劳动力的指标（表6-5）数据均来源于相应年份的《中国海洋统计年鉴》。从数据基础来看，本研究拟使用2006～2014年海洋产业产出、资本和劳动力数据（对个别缺失数据进行趋势拟合插值）。

表6-5　8个海洋产业的产出、资本和劳动力指标

产业	产出指标	资本指标	劳动力指标
海水养殖业	海水养殖产量	海水养殖面积	海水养殖业及相关产业就业人员数
海洋捕捞业	海洋捕捞产量	主要海上活动船舶总吨数	海水捕捞业及相关产业就业人员数
海洋盐业	沿海地区海盐产量	盐业生产面积	海洋盐业就业人员数
海洋船舶工业	海洋船舶工业增加值	沿海地区造船完工量	海洋船舶工业就业人员数
海洋石油业	沿海地区海洋原油产量	海洋采油井数量	海洋石油业就业人员数
海洋天然气产业	沿海地区海洋天然气产量	海洋采气井数量	海洋天然气产业就业人员数
海洋交通运输业	海洋交通运输业增加值	沿海规模以上港口生产用码头泊位个数	海洋交通运输业就业人员数
滨海旅游业	滨海旅游业增加值	沿海地区旅行社总数	滨海旅游业就业人员数

4. 参数测度

（1）方法选择

资本、劳动力要素弹性系数的确定可采用经验估计法、比值法、回归法和势分析法等。经验估计法是指参考国家发展改革委、国家统计局给定的资本、劳动力的产出弹性值，或借鉴其他权威专家所测算出的系数；比值法的原理是利用与资本、劳动力投入有关的数据计算两者的比值；回归法是指采用有约束（即$\alpha+\beta=1$）或无约束的生产函数模型，代入相应数值后，根据最小二乘法回归估算出资本、劳动力要素弹性系数；势分析法旨在研究投入在经济运行过程中所发挥效能的程度，其特点在于不仅关注投入量，还将投入的效能作为重要因素。

在实际应用中，经验估计法受研究者主观因素干扰较多，比值法、回归法的准确性依赖于长时间序列（样本数量不应少于50）的统计数据，不适用于海洋领域。相对来说，势分析法引入表示资本、劳动力发挥效能的程度系数——势效系数（势效系数越大，则表示该生产要素发挥效能的程度越大），有利于对经济系统运行进行定量分析（李雪松，2015）。因此，本研究采用势分析法来确定海洋领域各产业的资本、劳动力要素弹性系数。

势分析法的使用需满足两个条件：一是一定时期内经济系统的结构具有相对稳定性，即可以用相同结构参数的同一计量经济学模型来描述；二是投入不存在短缺现象，且不同投入间不存在替代现象（赵瑶，2007）。本研究模型由生产函数变形得到，资本与劳动力发挥不同的效能，可以满足以上条件。

在生产函数中引入分别表示海洋领域资本、劳动力投入发挥效能程度的势效系数 r_1 和 r_2，可得

$$Y = A(r_1K)^{\alpha}(r_2L)^{\beta} = A\left(r_1^{\alpha}r_2^{\beta}\right)K^{\alpha}L^{\beta} \tag{6-7}$$

$$r_1^{\alpha}r_2^{\beta} = 1 \tag{6-8}$$

$$r_1 = K_1 / K_0, \quad r_2 = L_1 / L_0 \tag{6-9}$$

式中，$K_1=Y/K$ 为研究期资金产值率；$L_1=Y/L$ 为研究期劳动生产率；K_0 和 L_0 分别为基期资金产值率和劳动生产率。由此可得

$$\alpha = \frac{1}{1-\ln r_1 / \ln r_2} \quad (\alpha>0) \tag{6-10}$$

$$\beta = \frac{1}{1-\ln r_2 / \ln r_1} \quad (\beta>0) \tag{6-11}$$

（2）参数测度

基于海洋领域各产业的基准数据，可得2006～2014年我国海洋领域各产业的资本、劳动力要素弹性系数（表6-6）。

表6-6　海洋领域各产业的资本、劳动力要素弹性系数测算结果

年份	海水养殖业				海洋捕捞业			
	r_1	r_2	α	β	r_1	r_2	α	β
2006	0.8722	0.5625	0.4611	0.5389	0.8637	0.5280	0.4578	0.5422
2007	1.3780	0.9682	0.4484	0.5516	1.0564	0.9348	0.4848	0.5152
2008	0.8693	1.0824	0.4733	0.5267	0.9787	1.0569	0.4902	0.5098
2009	0.9647	1.0471	0.4897	0.5103	0.9464	0.9862	0.4950	0.5050
2010	0.8651	0.9417	0.4904	0.5096	0.8666	0.8741	0.4991	0.5009
2011	1.0339	1.0238	0.4987	0.5013	1.0040	1.0094	0.4993	0.5007
2012	1.0234	1.0454	0.4973	0.5027	0.9613	1.0066	0.4943	0.5057
2013	0.9965	1.0442	0.4940	0.5060	0.9464	0.9847	0.4952	0.5048
2014	1.0468	1.0307	0.4980	0.5020	0.9649	1.0018	0.4954	0.5046

续表

年份	海洋盐业				海洋船舶工业			
	r_1	r_2	α	β	r_1	r_2	α	β
2006	0.9024	0.8969	0.4993	0.5007	0.9051	1.2041	0.4625	0.5375
2007	0.9823	0.9605	0.4973	0.5027	0.9180	1.3512	0.4454	0.5546
2008	1.0880	0.9628	0.4843	0.5157	1.2435	1.3584	0.4856	0.5144
2009	1.1619	1.1002	0.4923	0.5077	0.6910	1.2748	0.4259	0.5741
2010	0.9173	0.9192	0.4998	0.5002	0.8551	1.2021	0.4564	0.5436
2011	0.9345	0.9860	0.4936	0.5064	0.9716	1.0889	0.4853	0.5147
2012	0.9992	0.8880	0.4861	0.5139	1.2267	0.9410	0.4642	0.5358
2013	0.9558	0.8870	0.4914	0.5086	1.3605	0.9053	0.4426	0.5574
2014	1.1811	1.1371	0.4945	0.5055	1.1464	1.1662	0.4975	0.5025

年份	海洋石油业				海洋天然气产业			
	r_1	r_2	α	β	r_1	r_2	α	β
2006	0.8954	0.9560	0.4924	0.5076	1.7873	1.1186	0.4148	0.5852
2007	0.8077	0.9227	0.4856	0.5144	0.9617	1.0346	0.4909	0.5091
2008	0.9548	1.0536	0.4876	0.5124	1.0300	1.0197	0.4987	0.5013
2009	0.9439	1.0641	0.4850	0.5150	0.8690	0.9859	0.4854	0.5146
2010	1.1943	1.2413	0.4941	0.5059	1.4547	1.2579	0.4754	0.5246
2011	0.8253	0.9264	0.4873	0.5127	0.8508	1.0734	0.4721	0.5279
2012	0.9229	0.9837	0.4924	0.5076	0.8925	0.9964	0.4870	0.5130
2013	0.9639	1.0069	0.4946	0.5054	0.8720	0.9440	0.4910	0.5090
2014	0.9502	1.0063	0.4930	0.5070	0.9777	1.1019	0.4845	0.5155

年份	海洋交通运输业				滨海旅游业			
	r_1	r_2	α	β	r_1	r_2	α	β
2006	1.1313	1.1147	0.4979	0.5021	1.0847	1.1101	0.4968	0.5032
2007	1.1244	1.1037	0.4974	0.5026	1.1772	1.1525	0.4969	0.5031
2008	0.9930	1.1283	0.4831	0.5169	1.0117	1.0443	0.4959	0.5041
2009	0.7226	0.8021	0.4901	0.5099	1.2462	1.2463	0.5000	0.5000
2010	1.1657	1.1748	0.4989	0.5011	1.0952	1.1891	0.4883	0.5117
2011	1.0971	1.0897	0.4991	0.5009	1.1261	1.1517	0.4968	0.5032
2012	1.1086	1.1120	0.4996	0.5004	1.0403	1.0954	0.4931	0.5069
2013	1.0687	1.0614	0.4991	0.5009	1.0857	1.1179	0.4960	0.5040
2014	1.0171	1.0321	0.4981	0.5019	1.2003	1.2290	0.4964	0.5036

从总体上看，2006～2014 年我国海洋领域各产业的资本要素弹性系数 α 为 0.4～0.5，劳动力要素弹性系数 β 为 0.5～0.6。现有的国内外研究文献中 α 和 β 主要有以下三种取法：①国家发展改革委、国家统计局给定的资本、劳动力的产出弹性参考值，α=0.35，β=0.65；②得到较多认可的吴敬琏（2006）的研究方法，α=0.3，β=0.7；③研究学者用线

性回归等方法计算得出的 α 和 β。相对而言，本研究测算得出的资本要素弹性系数 α 较高，劳动力要素弹性系数 β 较低。其根本原因在于，相比于国民经济，海洋经济的发展更多地依赖于海域面积、海洋基本设施等资本要素，换言之，资本要素对海洋经济增长的敏感度比其他领域高。此外，我国海洋领域各产业的资本要素弹性系数 α 小于劳动力要素弹性系数 β，即资本发挥效能的程度要低于劳动力发挥效能的程度，这说明可能存在着潜在的资本要素闲置。因此，要提高海洋领域资本要素的使用效率，使其发挥最大效能。

具体来看，2006～2014 年海洋领域各产业的投入要素弹性系数变动情况略有不同。海水养殖业和海洋捕捞业的资本要素弹性系数有明显的上升趋势，这说明资本要素发挥效能的程度有所上升，劳动力要素发挥效能的程度变弱。事实上，海水养殖业和海洋捕捞业的主要资本分别是用于养殖和捕捞的海域面积，而这一资本属于稀缺资源，要进一步发展海水养殖业和海洋捕捞业，应提高这两个产业的就业人员素质。海洋船舶工业和海洋天然气产业的资本要素弹性系数总体上较低，且存在波动现象。此外，海洋盐业、海洋石油业、海洋交通运输业和滨海旅游业的资本要素弹性系数基本保持在 0.48～0.50，没有明显起伏。

5. 应用研究

将海洋领域各产业的基准数据代入海洋科技进步贡献率的改进模型，经调整和验证，得出我国 2006～2014 年海洋科技进步贡献率的平均值为 57.4%。

理论内涵探讨部分阐述过，海洋科技进步贡献率在短期内会剧烈波动。从海洋领域产出增长率来看，2006～2011 年单年数据呈现周期性波动，且周期的中心值有下降趋势。从海洋领域资本增长率来看，近年来呈现下降趋势。其原因可能是在海洋开发利用初期，人类不断突破新技术、创造新方法、开拓新领域，海洋开发向纵深发展，海洋领域的资本投入保持稳定增长。但由于海洋开发利用活动范围及海洋技术的限制，这一增长很难长期保持，如海水养殖面积等不可能保持持续高速增长。从海洋领域劳动力增长率来看，2006 年之后，单年数据呈现下降趋势，这与海洋领域人才需求愈发趋于高水平有关，廉价海洋劳动力逐渐被淘汰，劳动力增长率呈现下降趋势。

对于海洋科技进步贡献率而言，随着海洋统计数据日趋完善，有必要进一步开展模型优化和参数测度研究。本研究是对此的首次尝试，今后应深入探索。

展望未来，在理论研究层面，应加强对海洋科技指标的理论内涵研究，继续优化海洋科技进步贡献率等指标的测算模型，实现海洋科技指标对海洋政策的支撑与指导作用；在具体实践层面，应进一步发挥海洋科技的支撑引领作用，依靠海洋科技突破经济社会发展中的资源与环境约束，让海洋科技进步成为驱动海洋经济发展与转型升级的核心力量，为海洋强国建设提供充足的知识储备和坚实的技术基础。

6.1.3　区域海洋科技进步贡献率测度方法研究

基于区域海洋科技进步贡献率的定义和索洛余值法的改进模型，运用指数平滑法的思想消除滞后偏差，构建区域海洋科技进步贡献率测算公式；以山东省为例，对不同模型参数下“十五”和“十一五”期间山东省海洋科技进步贡献率进行测算，并对参数进行探讨；在此基础上，提出提升区域海洋科技进步贡献率的对策建议。

1. 概要分析

当前，海洋经济发展越来越依赖海洋科技，海洋科技进步已成为海洋经济发展的根本支撑和主导动力。2008 年发布的《国家海洋事业发展规划纲要》明确提出，要“强化海洋科技自主创新的支撑能力，保障海洋事业可持续发展”，之后发布的《国家海洋事业发展“十二五”规划》与《全国海洋经济发展“十二五”规划》更是将“海洋科技对海洋经济的贡献率”作为衡量区域综合经济实力的重要指标，充分体现了我国对海洋科技进步的重视。

然而，目前国内尚未形成权威的区域海洋科技进步贡献率测度方法，不利于海洋科技资源的合理配置。此问题的根源在于两方面，一是对海洋科技进步贡献率的研究较少，且研究方法各异；二是区域海洋经济统计数据不够系统，难以满足时间序列模型长时间序列测算要求。这直接导致区域海洋科技进步贡献率测度的权威结论缺失。针对此现状，有必要尽快形成科学、合理、操作性强的海洋科技进步贡献率研究方法和业务化测算体系，更好地推动沿海地区经济社会可持续发展。

本研究以索洛模型为基础，为消除该模型中投入与产出不同步产生的滞后偏差，运用指数平滑法，构建了区域海洋科技进步贡献率测算公式。在此基础上，以山东省为例对公式中的模型参数进行探讨，并对结论进行分析，给出提高区域海洋科技进步贡献率的建议。

2. 内涵定义

海洋科技进步贡献率的定义以海洋科技进步增长率的定义为基础，是指在海洋经济各行业中，海洋科技进步增长率在海洋经济增长率中所占的比例。而海洋科技进步增长率则是指人类利用海洋资源和海洋空间进行各类生产、服务活动时，在海洋中或以海洋资源为对象进行社会生产、交换、分配和消费等活动时，剔除资本和劳动力等生产要素以外其他要素的增长（刘大海等，2009）。

本研究所指区域海洋科技进步贡献率是指海洋科技进步贡献率在我国省级区域上的应用。

3. 公式构建

目前，用于科技进步贡献率测算的方法很多，可将其分为两大类：一类是指标体系评价法，另一类是生产函数测算法。

指标体系评价法是在充分调查分析现有资料的基础上，建立一套反映科技进步状况的指标体系，在考虑各个指标重要程度的条件下，通过一定的方法合成为一个综合指标，用来评价科技进步水平的高低。这种方法测度比较规范，所得结果比较客观，使用也比较方便。但是指标设计因人而异，主观性太强，不具有代表性。目前对海洋科技进步贡献率的研究结果差异很大，很难形成制定综合指标的确切依据，制约了指标体系评价法在海洋科技进步贡献率测算中的应用。

生产函数测算法基于生产函数建立，其原理是从系统角度剖析技术进步的作用。生产函数是一种技术关系式，反映的是封闭系统内部要素投入和产出之间的组合关系（谢富纪，2004）。这类方法的优点是需要的资料少，操作比较简单。由于这种类型的方法大多数是西方经济学家建立的，是自由竞争状态下市场经济的产物，它们以新古典经济学中的生产函数理论为依据，有许多假设条件不适合我国现阶段社会主义市场经济特点（龚六堂，2000）。因此，本研究选择使用最为广泛的柯布-道格拉斯生产函数模型作为基础模型加以研究。

4. 测量过程

综合考虑各方面因素，确定产出量、资本量和劳动力量的统计口径分别为海洋生产总值、固定资产投资总额和涉海就业人数。

根据2001～2012年的《中国海洋统计年鉴》和2000～2010年的《山东省国民经济和社会发展统计公报》，在用线性外推等拟合方法对原始数据进行补充修正后，可以得出2001～2010年各年的产出增长率、劳动力增长率及资本增长率，并由此得出“十五”和“十一五”期间山东省的海洋科技进步贡献率。

在模型变量确定和数据收集处理工作完成之后，下一步就是探讨不同模型参数下海洋科技进步贡献率的变化。

（1）α和β的探讨

α、β分别是资本投入的产出弹性和劳动力投入的产出弹性，从经济学的角度来说，它们指的是资本和劳动力要素投入增长对产出增长的作用。由于实际中，资本投入发生变化时，劳动力投入也会跟着变化，即当某要素投入量发生变化时，其他要素投入量是不变的假定前提是很难满足的，因此弹性值α和β并不具备实际意义。正是因为如此，索洛模型的一大难点就是参数的确定，数值的大小将会对测算结果产生很大的影响。

从现有的国内外研究文献来看，α和β主要有以下两种取法：一种为国家发展改革委、国家统计局给定的资本、劳动力的产出弹性参考值，α=0.35、β=0.65（卫梦星，2012）；另一种为吴敬琏（2006）的研究方法（袁靖和胡磊，2010），α=0.3、β=0.7。本研究对以上两种取值均进行计算，海洋科技进步贡献率如表6-7和表6-8所示。

表6-7 α=0.35、β=0.65时产出增长率、资本增长率、劳动力增长率及海洋科技进步贡献率（%）

年份	产出增长率	资本增长率	劳动力增长率	海洋科技进步贡献率
2001	13.94	15.05	0.79	58.53
2002	18.32	19.27	11.36	22.88
2003	48.56	51.67	5.90	54.86
2004	31.19	19.27	5.57	66.77
2005	24.74	38.90	5.98	29.26
2006	17.88	5.63	6.44	65.57
2007	21.70	12.59	6.45	60.37
2008	19.40	23.12	2.13	51.15
2009	8.86	23.29	1.62	−3.89

续表

年份	产出增长率	资本增长率	劳动力增长率	海洋科技进步贡献率
2010	21.55	22.32	2.46	56.33
2001～2005	27.35	28.83	5.92	49.04
2006～2010	17.88	17.39	3.82	52.07
2011～2012	15.65	14.61	2.44	57.19

注：表中 2011～2012 年数据为二次移动平均法的预测值

表 6-8 α=0.3、β=0.7 时产出增长率、资本增长率、劳动力增长率及海洋科技进步贡献率（%）

年份	产出增长率	资本增长率	劳动力增长率	海洋科技进步贡献率
2001	13.94	15.05	0.79	63.64
2002	18.32	19.27	11.36	25.04
2003	48.56	51.67	5.90	59.58
2004	31.19	19.27	5.57	68.96
2005	24.74	38.90	5.98	35.92
2006	17.88	5.63	6.44	65.33
2007	21.70	12.59	6.45	61.77
2008	19.40	23.12	2.13	56.54
2009	8.86	23.29	1.62	8.35
2010	21.55	22.32	2.46	60.95
2001～2005	27.35	28.83	5.92	53.22
2006～2010	17.88	17.39	3.82	55.86
2011～2012	15.65	14.61	2.44	61.94

注：表中 2011～2012 年数据为二次移动平均法的预测值

观察表 6-7 和表 6-8，可以得出如下结论。

1）α=0.35、β=0.65 时山东省“十五”期间海洋科技进步贡献率为 49.04%，“十一五”期间为 52.07%，呈上升趋势。

2）α=0.3、β=0.7 时山东省“十五”期间海洋科技进步贡献率为 53.22%，“十一五”期间为 55.86%，也呈上升趋势。

3）α 较小，即 β 较大时，海洋科技进步贡献率较大。

（2）γ 和 δ 的探讨

γ 和 δ 是当期产出和上期产出的加权值，是为消除滞后偏差而引入的模型参数。

由于目前的研究中没有采用加权的方法来消除产出滞后偏差，本研究对 γ 和 δ 的取值也在摸索的阶段，拟分以下三种取值：γ=0.9、δ=0.1；γ=0.5、δ=0.5；γ=0.1、δ=0.9。对以上三种取值进行计算，“十五”“十一五”期间的海洋科技进步贡献率分别如表 6-9 和表 6-10 所示。

表 6-9 模型参数不同取值时“十五”期间的海洋科技进步贡献率（%）

	γ=0.9、δ=0.1	γ=0.5、δ=0.5	γ=0.1、δ=0.9
α=0.35 β=0.65	49.36	48.99	50.21
α=0.3 β=0.7	53.19	53.52	54.30

表 6-10 模型参数不同取值时“十一五”期间的海洋科技进步贡献率（%）

	γ=0.9、δ=0.1	γ=0.5、δ=0.5	γ=0.1、δ=0.9
α=0.35 β=0.65	51.72	51.95	51.73
α=0.3 β=0.7	55.76	55.54	55.55

观察表 6-9 和表 6-10，可以得出如下结论。

1）γ=0.9、δ=0.1 且 α=0.35、β=0.65 时山东省“十五”期间海洋科技进步贡献率为 49.36%，“十一五”期间为 51.72%；γ=0.9、δ=0.1 且 α=0.3、β=0.7 时山东省“十五”期间海洋科技进步贡献率为 53.19%，“十一五”期间为 55.76%。

2）γ=0.5、δ=0.5 且 α=0.35、β=0.65 时山东省“十五”期间海洋科技进步贡献率为 48.99%，“十一五”期间为 51.95%；γ=0.5、δ=0.5 且 α=0.3、β=0.7 时山东省“十五”期间海洋科技进步贡献率为 53.52%，“十一五”期间为 55.54%。

3）γ=0.1、δ=0.9 且 α=0.35、β=0.65 时山东省“十五”期间海洋科技进步贡献率为 50.21%，“十一五”期间为 51.73%；γ=0.1、δ=0.9 且 α=0.3、β=0.7 时山东省“十五”期间海洋科技进步贡献率为 54.30%，“十一五”期间为 55.55%。

4）γ 和 δ 的值对海洋科技进步贡献率的影响并不大，且不呈明显的线性关系。

（3）小结

通过测算可以发现，海洋科技进步贡献率测算公式的模型参数 α、β 和 γ、δ 中，α、β 对海洋科技进步贡献率的影响更大。不论模型参数选取何组数值，山东省在“十五”和“十一五”期间，科技进步对海洋经济的贡献均呈上升趋势。这充分说明海洋科技进步对山东省海洋经济的快速发展起到了越来越重要的支撑作用。正是这种支撑作用促使 2011 年山东省海洋生产总值增长速度达到 17.32%（2001～2012 年《中国海洋统计年鉴》）。

5. 结论和建议

本节对不同模型参数下的区域海洋科技进步贡献率进行了公式改进和测算研究，并对测算结果进行了探讨分析，得出如下结论。

1）山东省海洋科技进步贡献率保持增长趋势，2011～2012 年贡献率已达 60% 左右。山东省拥有全国最雄厚的海洋科研力量，应该立足本土，抓住机遇，发挥海洋科技优势，继续保持海洋科技进步贡献率的高位运行，实现海洋经济持续、稳定、高效发展。

2）在对区域海洋科技进步贡献率的测算中，单年数据得出的结论很不稳定。这是因为，一方面，只有在较长一段时间内，科技进步对经济增长的拉动作用才能显现出来；另一方面，政策变动、自然灾害、宏观经济环境等原因会导致单年数据波动幅度较大，使测算结果失去参考价值。

3）区域海洋经济产出增长率分别与海洋科技进步贡献率及资本、劳动力的增长率呈正相关。鉴于当前涉海产业资本积累过程较为缓慢，而劳动力增长亦趋于饱和，单纯依靠要素投入的海洋经济增长模式必然难以持续。因此，要促使海洋经济健康快速可持续发展，必须加大海洋科技投入，推进海洋人才培养，促进海洋科技产业化，进一步提高区域海洋科技进步贡献率，实现海洋经济转型，着力打造海洋经济升级版，这是发展海洋经济、实现蓝色跨越的必然选择。

6.2 海洋科技成果转化率测算与评价

通过回顾科技成果转化率相关研究，归纳出科技成果转化率的内涵，并根据海洋领域实际情况，给出海洋科技成果转化率的定义；基于该定义，定量测算我国2000～2012年的海洋科技成果转化率；运用趋势外推法开展2015年、2020年、2030年、2050年我国海洋科技成果转化率预测研究，并进行对比分析；针对以上测算与预测研究结果，提出促进我国海洋科技成果转化的对策建议。

6.2.1 概要分析

作为海洋大国，我国越来越重视以海洋科技进步引领海洋经济发展。随着国家对海洋科技的政策支持和资金投入，我国在海洋领域已经取得了丰硕的成果。海洋科技成果作为一种知识形态，只有转化为现实生产力才能推动海洋经济的持续健康发展。2008年8月国家海洋局印发的《全国科技兴海规划纲要（2008—2015年）》明确指出，要“指导和推进海洋科技成果转化与产业化，加速发展海洋产业，支撑、带动沿海地区海洋经济又好又快发展”，同时也将我国海洋科技成果转化和产业化提升为国家战略。在这样的背景下，围绕海洋科技成果向现实生产力的成功转化、海洋科技成果转化水平的准确衡量等问题的研究，直接关系到我国海洋科技工作的发展，对促进海洋科技成果转化和产业化具有重大意义。因此，急需探索我国海洋科技成果转化率测算方法，定量分析我国海洋科技成果转化程度，以期进一步优化目前的海洋科技成果转化机制，提升海洋科技在经济、社会、生态领域的作用，支撑我国由海洋大国向海洋强国迈进。

但是，目前我国对海洋科技成果转化率的测算一直没有统一的认识，其原因主要是对海洋科技成果转化率的定义不清。这严重影响了对我国海洋科技成果转化水平的准确判断。本节针对以上突出问题，归纳当前学者对科技成果转化率定义的观点，尝试对海洋科技成果转化率进行测算，并运用趋势外推法对未来我国海洋科技成果转化率进行预测。

6.2.2 海洋科技成果转化率定义探讨

近年来，关于科技成果转化率的研究逐渐增多（甄守业等，2009；周瑞超，2013），但对于科技成果转化率含义的界定却不尽相同，主要可归纳为以下三种观点。

第一种观点认为，科技成果转化率是指已转化的科技成果占应用技术科技成果的比重。学者们从各自的专业角度，对何为“已转化的科技成果”有着自己的见解。王元地（2004）认为，科技成果转化并非指所有一切得到“转化”的科技成果，而应根据技术成熟度和市场对技术的可接受程度界定科技成果转化的层次，将真正能称为成品的科技产品纳入科技成果转化的范畴；张雨（2006）认为，只有需求者将应用技术成果与其他生产要素结合并用于生产后，得到的利益（直接利益或间接利益）比采用该项应用技术成果前更多，才能说明该项应用技术成果成功实现了转化；张美书和吴洁（2008）认为，科技成果必须获得实践的检验和社会的承认，并且具有一定学术价值或实用价值，科技成果转化则是指应用技术成果转化为商品并取得规模效益。

第二种观点认为，科技成果转化率是指已转化的科技成果占全部科技成果的比重。学者对这个观点中的“已转化的科技成果”也进行了探讨。程波（2007）认为，科技成果转化是指机构利用自身优势，为发展科学创新技术、提高生产力水平，进行的包括科研目标的确定、科技成果的转移、科技成果的产生、科技成果的使用等四个阶段的过程；赵蕾等（2011）认为，尽管基础理论成果和软科学成果无法直接应用于实际生产，相较于实际应用的技术成果，其成果转化的量化程度也偏低，但由于其在某个时期内对技术创新、产业结构调整与优化能够起到巨大的推动作用，因此科技成果转化还是应考虑这类成果的转化情况；常立农（2013）认为，科技成果转化主要涉及两个过程，一是将科技成果开发出来，并让其成为批量生产的产品；二是将批量生产的产品投放市场，也就是成果→开发→商品化过程。

第三种观点认为，科技成果转化率是指科技成果占全部研究课题的比重。

其中，第二种观点认为海洋科技成果包括基础理论成果和软科学成果，而事实上，海洋领域的大多数基础研究成果和部分软科学研究成果并不能直接应用于生产实际；第三种观点中涉及的两个数据来自两套不同的海洋统计数据，分别为海洋科技统计数据和海洋科技成果统计数据，由于两套数据的统计源不一致，测算结果不能正确地反映实际情况；而相对来说，第一种观点的支持者较多。因此，本研究建议采用第一种观点，对海洋科技成果转化率进行如下定义。

海洋科技成果转化率是指一定时期内涉海单位进行自我转化或转化生产，处于投入应用或生产状态，并达到成熟应用的海洋科技成果占全部海洋科技应用技术成果的比重。

根据该定义，可构建海洋科技成果转化率标准公式：

$$\text{海洋科技成果转化率} = \frac{\text{成熟应用的海洋科技成果}}{\text{全部海洋科技应用技术成果}} \times 100\% \tag{6-12}$$

6.2.3 海洋科技成果转化率测算

根据海洋科技成果转化率的标准定义，开展2000～2012年我国海洋科技成果转化率的测算研究。

1. 测算过程

基于海洋科技成果统计数据，运用海洋科技成果转化率标准公式进行计算。

2. 分析与讨论

根据该定义要求，2000～2012 年的海洋科技成果转化率约为 49%。而根据第十一届全国人大常委会副委员长陈至立在“2011 诺贝尔奖获得者北京论坛”的讲话，发达国家的科技成果转化率已达 80%。对比可知，我国海洋领域的科技成果转化水平与发达国家相比仍有一定差距。主要原因是海洋科技成果与生产企业的需求相脱节。我国涉海科研没有摆脱重研究、轻开发的固有模式，政府对海洋科技成果转化过程中的中间环节的投入较少，海洋科技成果与技术市场的关联不够，有效供给能力不强。同时，现行科技成果管理程序较为烦琐，且奖励政策不够完善，难以形成及时有效的激励。

6.2.4 海洋科技成果转化率预测

在整体把握目前我国海洋科技成果转化水平的基础上，进一步预测分析未来几十年我国海洋科技成果转化的发展潜力，有助于更好地掌握我国海洋科技成果转化水平与世界海洋强国之间的差距，可为进一步研究分析影响我国海洋科技成果转化能力的制约因素并提出对策建议奠定基础。本研究以我国海洋科技发展的历史和现状为出发点，以历年海洋科技工作积累的调查研究和统计数据资料为依据，对我国海洋科技成果转化水平的发展演变趋势进行分析，从而科学地推测海洋科技成果转化的未来发展演变情况。

1. 预测方法选择

目前，关于科技成果转化率研究的论文大多是主观判断，对其发展趋势更是缺少定量预测。因此，本研究采用定量化的预测方法对我国海洋科技成果转化率进行预测。

常用的定量化预测方法主要有指数平滑法、移动平均法和趋势外推法等。其中，趋势外推法是通过分析事物过去的发展过程，掌握事物的发展规律，依据这种规律推导、预测它的未来趋势和状态的定量预测方法，主要应用于数据没有跳跃式变化和决定事物发展的因素不变或者变化不大的预测。其优势在于，预测过程完全不依赖于主观判断，仅通过分析事物过去和现在的发展趋势来推断未来，因此，其结果往往比较客观。

综上，本研究选择趋势外推法对未来海洋科技成果转化率进行预测。

2. 预测过程

由于 2000～2013 年单年数据测算的海洋科技成果转化率波动较大，不具备渐进式的趋势，且成果转化本身存在滞后现象，因此本研究采用加和累积数据进行趋势预测，进而对趋势进行判断。基于加和累积数据所得海洋科技成果转化率测算值如表 6-11 所示，采用趋势外推法，得到对数趋势线。

表 6-11 基于加和累积数据所得海洋科技成果转化率测算值（%）

年份	测算值
2000	22.90
2001	29.76
2002	33.78
2003	36.62
2004	38.83
2005	40.64
2006	42.16
2007	43.49
2008	44.65
2009	45.70
2010	46.64
2011	47.50
2012	48.29
2013	49.03

根据对数趋势线进行预测，得到2015年、2020年、2030年、2050年我国海洋科技成果转化率分别为50.35%、53.04%、56.90%、61.83%。

3. 分析与讨论

按照预测的趋势发展，2015年我国海洋科技成果转化率可达50.35%，完成《全国海洋经济发展“十二五”规划》提出的2015年海洋科技成果转化率达到50%以上的目标，这充分说明“十二五”时期我国海洋科技创新能力得到进一步提升，海洋可持续发展能力得到进一步增强；到2020年、2030年，我国海洋科技成果转化率的预测值分别为53.04%、56.90%，即将突破60%大关；而至2050年，预测值为61.83%，正在逐步接近发达国家的水平。

根据预测结果，我国海洋科技成果转化率处于稳步上升状态，发展趋势良好，但相比于其他一些领域80%的转化率来说（张树良，2014），仍有进一步提高的空间。

6.2.5 对策建议

综合以上测算和预测结论，结合我国海洋科技成果转化现状，本研究提出以下对策建议。

1）健全海洋科技成果相关制度体系。健全我国海洋科技成果产权制度，通过完善海洋科技成果的产权登记程序，完成海洋科技成果的产权信息公布。完善国家和地方的海洋科技成果奖励政策，优化现有海洋科技成果转化的激励机制，激发科研院所研发新技术、新产品的积极性，提高海洋科技成果转化的效率，实现海洋科技成果激励机制的科学化和高效化。

2）强化海洋科技成果与技术市场的关联。完善有关技术市场管理的政策与法规，对技术市场依法加强管理，实现技术交易活动的法制化和规范化。建立畅通的技术供求信息网络系统，引导涉海科研单位深入了解生产企业的需求，将技术力量投向社会需要的方向。建立健全海洋科技成果信息资料库和海洋科技成果信息发布制度。

3）加强海洋科技成果转化在项目设计实施中的布局。在国家各项研究项目的顶层设计和验收鉴定中，强调海洋科技成果的转化与产业化。促进成果转化中各个环节的流通，形成有效衔接，达成海洋科技成果转化和产业化的链条式服务。在重大项目中，形成有效示范案例，推动海洋科技成果转化规范进行。对成功转化的成果适当推广，通过经费补贴等方式引导海洋科技成果转化体系的建立。

第 7 章

海洋经济协调发展与海洋产业竞争力评价

随着陆地资源的过度开发，利用海洋资源和空间、发展海洋经济逐渐成为人类谋求可持续发展的必然选择。与陆域经济相比，发展海洋经济具备诸多优势，海洋中拥有种类众多、储量丰富的重要资源，目前利用程度较小，具有巨大的开发潜力与发展空间。海洋经济的协调发展需要多种支撑因素，包括资本、人力、科技、政府管理机制等，其中，科技创新已成为最重要的支撑因素，关系到区域协调发展能否快速实现。本章就科技创新对区域经济协调发展的支撑作用进行论述，并提出建设区域科技创新系统的对策。

近年来，我国海洋经济总体规模不断扩大，但经济高速发展也带来了区域海洋产业发展不平衡、产业结构不合理、资源浪费与环境污染等问题，迫切需要对沿海地区区域海洋产业竞争力进行评价和比较，找出薄弱环节，提出具体解决对策。区域海洋产业竞争力评价是对沿海地区海洋产业现状的梳理和未来发展趋势的预测，其实证分析对更加深入地认识区域海洋经济，以及制定科学合理的区域海洋经济发展战略，具有重要的理论和现实意义。

7.1 海洋经济协调发展

区域经济发展战略是国家发展战略的重要组成部分。我国在改革开放初期采取的是区域非均衡发展战略，使我国东部沿海地区依托区位优势和政策优势获得了优先发展机遇，促进了东部沿海地区经济的快速增长。但与此同时，也带来了区域差距过大、行业收入差距明显、城乡二元化等一系列问题。为推动经济持续、健康、快速发展，我国在“十一五”规划中明确提出新的区域协调发展战略，作出“落实区域发展总体战略，形成东中西优势互补、良性互动的区域协调发展机制”的战略部署。可以看出，区域经济协调发展已经被纳入国家发展战略的重点，也成为人们关注的焦点问题。

7.1.1 我国区域经济发展的历史和时代背景

自新中国成立以来，我国的区域经济发展经历了“均衡发展战略”“沿海经济发展战略”“合理布局和协调发展战略”三个阶段，不同的战略选择基于不同的历史背景，了解这三个发展阶段的特征及背景，将对进一步的研究起到基础性作用。

1. 改革开放前的“均衡发展战略”阶段

新中国成立之初，沿海各省（自治区、直辖市）的工业产值占全国工业总产值的70%以上，为了改变沿海与内陆发展不均衡的状况，我国把区域经济建设的重点放在了内陆地区。1953～1978年，国家突出强调内地与沿海均衡发展，实施“均衡发展战略”，对中西部地区进行大规模开发，投资的重点放在中西部地区。这一时期我国的区域经济发展主要有如下特点：其一，当时的指导思想是每个地区都要有完整的工业体系和经济体系，主要生产要素必须区内平衡，各地区与中央之间垂直的行政关系被高度强化；其二，建设重点放在内陆地区，政府在内地兴建了一大批技术成熟的工业企业，建设、改造了电网、路网等基础设施，改善了西部经济发展的基础条件。

2. 20世纪80年代以东部沿海地区为重心的“沿海经济发展战略”阶段

改革开放以后，国家实施的是以东部沿海地区为重点的非均衡区域经济发展战略，即“沿海经济发展战略”，将国家区域政策的重心向东部沿海地区倾斜。这一时期我国的区域经济发展主要呈现以下特点（如乃卜等，2005）：其一，区域经济发展的重点逐渐东移，沿海地区发展速度加快，进一步拉大了内地与沿海经济发展上的差距；其二，国家在这一时期采取的是“加速沿海经济发展，带动内地经济开发”的战略方针，力图通过由东向西逐步推进，使3个地区齐头并进，把东部地区和中西部地区的开发很好地结合起来，优势互补。

3. 目前的“合理布局和协调发展战略”阶段

随着时代的发展，进入20世纪90年代后，区域经济协调发展的思想在中国被提出，并开始被广泛接受。

1995年9月，党的十四届五中全会首次提出要把缩小地区发展差距、坚持区域经济协调发展作为一项战略任务来抓。这次会议明确指出“从‘九五’开始，要更加重视支持中西部地区经济的发展，逐步加大解决地区差距继续扩大趋势的力度”。

1999年9月，党的十五届四中全会正式提出西部大开发战略。该战略的出台，标志着区域经济协调发展理论已成为指导我国区域经济发展的基本理论。

2003年10月，十六届三中全会提出“要加强对区域发展的协调和指导，积极推进西部大开发，有效发挥中部地区综合优势，支持中西部地区加快改革发展，振兴东北地区等老工业基地，鼓励东部有条件地区率先基本实现现代化”。该战略的提出意味着“合理布局和协调发展战略”的全面启动，揭开了“十一五”时期全国范围内区域经济协调发展的序幕。

“十一五”规划在以往理论的基础上，升华出科学发展观和社会主义和谐社会理论，使区域协调发展的理论转化为生动的实践（高志刚，2003）。规划在整体上做出的构想是，启动国民经济空间规划和区域规划，实施“东部腾飞，西部开发，东北振兴，中部崛起”战略。制定侧重于块块调控的区域政策，重点构建各具特色和功能各异的区域经济体系，改革长期以来单一的区域考核标准和指标体系，基本解决各类问题地区的基本问题（肖金成和刘勇，2005）。

可以预见，在今后相当长的一段时间内，中国区域政策的主旋律仍是促进区域经济协调发展。因此，研究如何促进区域经济协调发展将成为一个关键性问题。要解决这一问题，首先必须明确什么是区域经济协调发展。

7.1.2 区域经济协调发展的内涵

"协调"的含义是"配合适当、步调一致"。所谓协调发展，即促进有关发展各系统、各要素的均衡、协调，充分发挥各要素的优势和潜力，使每个发展要素均满足其他发展要素的要求，各要素实现整体功能最大化，推动经济社会持续、均衡、健康发展。

如何定义区域经济协调发展，学术界有不同的看法（庞娟，2000）。观点一：协调发展是从非均衡发展中求得相对均衡。观点二：协调发展的核心内容是协调区域间的产业分工关系和利益关系，建立和发展区域经济的合理分工体系。观点三：区域经济协调发展是一个动态的目标，有两层含义，一是发挥各地优势，形成合理的地域分工，促进经济整体效益的提高：二是将区域经济差异控制在适度、合理的范围内，以促进经济整体效益的提高。

还有一种观点是，协调发展战略模式既强调区域协调发展的必要性，又强调重点区域对国民经济发展的支持和带动作用，是"协调"和"重点"相互交织、彼此作用的结果。没有"协调"，"重点"就不可能得到超前发展；没有"重点"，"协调"也就成为毫无动力和生机的平均主义。

此外，区域经济协调发展的内涵还可以归纳为两点：一是由于各区域的自然条件、资源禀赋、社会经济特点等相差甚大，为提高资源配置的效率，保持国民经济适度增长，必须集中有限的人、财、物，采取重点开发与布局的模式，在资源分配和政策投入上对重点开发地区和重点产业实行倾斜；二是由于国民经济是一个有机整体，各区域、各产业之间存在一定的有机联合和相互依存关系，因此，各区域、各产业的发展要保持协调，即各区域、各产业间的发展水平的相对差异应逐渐有所缩小或至少应把区域间差异的扩大幅度控制在一定限度内。

目前，对区域经济协调发展内涵定义相对比较全面的一种观点认为，区域经济协调发展包括各区域经济总量的协调、产业结构的协调、经济布局的协调、经济关系的协调和发展时序的协调。但根据环境经济学的思想，区域经济协调发展的内涵除上述内容外，还应包含另一个层面，即区域经济发展与自然、社会环境相协调，这类协调又可分为经济发展与自然环境的协调及经济发展与社会环境的协调。

7.1.3 我国区域经济协调发展面临的问题

近年来，我国区域经济发展取得了举世瞩目的成就。但不可否认，东部、东北和中西部的区域经济发展仍存在较大差距，在协调发展方面，我们还有很长的一段路要走。目前，我国东部、东北和中西部的区域经济协调发展面临许多问题，而这些问题的解决在很大程度上依赖于先进科技的支撑。以下对几大区域面临的区域经济协调发展问题及其科技需求进行论述。

1. 东部地区

（1）东部沿海城市繁华的困境

东部地区的3个城市群，即长江三角洲地区、珠江三角洲地区与环渤海地区，已经发展成为经济与技术密集区，许多重要城市出现了严重的发展膨胀问题，如果不尽快采取相关措施引导其产业结构与产业布局调整，这些城市将会陷入“繁荣的困境”之中。

（2）东部地区又好又快发展的科技需求

要继续发挥东部地区的引擎作用，就要优先发展高新技术产业，淘汰转移或改造升级传统产业；转变经济增长方式，提高经济增长质量，逐步提高科技进步在经济增长中的贡献率；推进原始创新，通过关键技术的联合攻关，推动高新技术产业发展和传统产业升级，依靠科技手段缓解区内资源、环境的双重压力。

2. 东北地区

（1）东北老工业基地经济发展滞后

由于产业结构没有及时调整，东北地区正面临着严重的老化问题，具体表现为：科技资金投入少，本应成为科技创新主体的单位无条件、无能力、无积极性进行科技活动。老工业基地结构调整不及时，相继进入老年阶段。部分地区的矿产资源，如煤炭、森林等资源，濒临枯竭，矿产资源开采成本大幅上升。一些骨干产业，如森林、煤炭、有色金属等已经处于衰退状态；失业工人增多，再就业压力大，“四矿”问题亟待解决等。

（2）振兴东北老工业基地的科技需求

应利用东北地区工业基础好、科技优势明显、存量资产巨大、基础设施条件较完备等有利条件，从体制和机制创新入手，加快技术引进和吸收，鼓励技术再创新，加强先进技术推广，攻克关键技术难关，促进传统产业升级改造，淘汰落后产能，节能降耗，发展资源节约型产业，将东北老工业基地改造成为技术先进、结构合理、机制灵活、竞争力强的新型产业基地。

3. 中西部地区

（1）中西部地区的落后问题短期内难以解决

如何振兴中西部落后地区经济发展，是中国面临的一大难题。该区域落后问题具体表现为：工业基础薄弱，水利设施建设落后，公路、铁路等路网密度低，电网建设落后，电话普及率较低，生态环境脆弱，森林植被覆盖率低，水土流失严重，科技教育发展滞后，思想观念落后。

（2）推动中西部经济发展的科技需求

应加大对中西部地区科研经费的投入，充分发挥中西部地区资源特色和比较优势，促进产业结构调整，鼓励中西部人才引进，使中西部实现跨越式发展。同时，要进一步加强区域间的经济技术合作，充分利用和发挥先进地区对落后地区的对口支援和带动作用。通过先进适用技术的推广示范，新建环境友好型产业，走新型工业化道路。

7.1.4 对策建议

为促进我国区域科技创新系统的建设，更好地为区域经济发展提供科技支撑，提出如下对策建议。

1. 创新科技管理体制，推进科技成果转化

长期以来，我国的科技成果转化率不高，根源在于我国科技管理体制落后。为促进科技成果的转化和推广，应进一步健全我国的科技成果转化激励机制，加快建立完善的科技评价制度、分配制度、奖励制度和科研管理制度；强化知识产权的保护和管理，保障创造性劳动的合理收益；建立开放的竞争机制，实现科技计划尤其是重大技术攻关对全社会开放，吸引企业及其他社会力量共同参与；推进科研机构开放管理，积极促进信息和人才的流动，在更大范围内实现科技资源和科技信息的扩散、共享与整合。

2. 促进关键高新技术的联合攻关，发展高新技术产业

发展高新技术产业，须由政府进行政策性引导和宏观调控，确定不同区域优先发展的高新技术产业，形成区域性的技术集群，促进关键技术和重大技术的联合攻关。同时，要引导企业进行自主创新，加强高新技术的消化吸收及再创新，减少对引进技术的依赖，以高新技术产业发展带动区域经济协调发展。

3. 促进先进适用技术的推广示范，加快传统产业升级

应依托区域经济协调发展的科技需求，改变传统思路，加强技术交流，加快高新技术向传统产业的渗透、融合和更替，通过高新技术的扩散和移植将一批大中型工业企业改造成为高新技术企业，缓解和突破“科技瓶颈”的制约，促进传统产业的产品结构调整，节能降耗，实现传统产业升级。

4. 加强区域间交流，促进产业转移

产业转移实质是技术和资本扩散的过程。通过区域间产业转移，存在技术经济水平梯度差异的两个区域按互补性原则，将一个区域内失去比较优势的产业转移到具有比较优势的区域，使各区域的产业类型和水平与自身的资源禀赋、要素价格和经济发展总体水平相适应（常州高新区课题组，2006）。

政府应加强区域间的交流，促使在发达地区失去优势的产业转移到中西部落后地区，通过产业转移，提高落后地区企业的科技水平、规模经济水平、竞争力和工业产品的技术含量；同时，缓解发达地区经济建设与环境保护之间的矛盾，从而实现区域共同发展。

5. 创建工业与科技园区

规范并完善已有园区，积极创建新的工业与科技园区；强化园区内企业的自主创新主体地位，激励企业进一步加强自主创新；重点支持园区中自主创新性强、技术含量高、具有竞争力、市场前景广阔的研发项目；吸引各类投资主体，促使产业集群和技术集群

的形成，为区域科技创新活动提供强有力的支撑。

6. 充分发挥学术团体的平台作用

经济发展和科技进步需要人才智力支撑，基于区域经济发展特点，人才和技术的作用尤为重要。与大学、科研机构等其他科学共同体相比，学术团体具有人才荟萃、智力密集、交流广泛等特点，学术团体是学术交流和人才培养的重要平台。因此，要以各类科技园区、基地和实验室为载体，积极发挥学术团体的桥梁和纽带作用，加强学术交流，提高自主创新能力，加快人才培养，促进区域经济协调健康发展。

7. 加强区域资源环境保护方面的科学研究

区域经济协调发展也包含经济发展与自然、社会环境的协调发展。应提高对区域资源环境保护方面科研工作的重视程度，制定相应的鼓励政策，加大资金、人才投入，来保障相关科研工作的开展，从而保证区域经济的可持续发展。

7.2 海洋产业竞争力评价

国内外对产业竞争力的研究多是针对理论研究与评价技术。国外学者较早就已开展产业竞争力方面的研究，哈佛大学教授迈克尔·波特是首位从产业层面研究竞争力的，他提出的钻石模型理论及后来Cartwright、Dunning、Rugman、D’Cruz、Dong-Sung Cho等在钻石模型基础上的改进和完善，为形成系统的产业竞争力理论和评价方法奠定了基础。国内学者对产业竞争力研究起步较晚，研究成果较显著的学者有金碚、邹薇、郭克莎和郑传均等。目前，国外学者对海洋产业的研究主要集中在海洋产业发展模式上，一些发达海洋国家的学者运用数学、统计学和计量经济学方法对海洋产业进行系统、定量的分析研究（殷克东和王晓玲，2010）。国内对海洋产业竞争力有较深入研究的学者有殷克东和武鹏等。总的来说，海洋产业竞争力研究与陆域产业竞争力研究相比要薄弱得多，仅处于起步阶段，还需要进一步深入。

7.2.1 海洋产业竞争力的内涵

“竞争力”一词最早伴随着国际贸易的发展而产生，李嘉图（2009）在研究国际贸易理论时，从贸易资源禀赋角度，将竞争力定义为一种比较优势。此后，诸多学者、组织和机构都对竞争力进行了研究。美国总统产业竞争力委员会从国家层面出发，将国家竞争力定义为“一个国家可以在自由、公平的市场条件下，生产经得起市场检验的商品和劳务，并提高其公民实际收入的能力”（Superintendent of Documents, U.S.，1985）。迈克尔·波特（2005）从效率的角度出发，将竞争力定位为生产力或生产率。金碚（1996）认为，产业国际竞争力是生产力、销售能力和盈利能力的综合能力，即产业国际竞争力是“在国际自由贸易条件下，一国特定产业以其相对于他国的更高生产力，向国际市场提供符合消费者或购买者需求的更多产品，并持续获得盈利的能力”。由于研究目的、角度、方法及各自所处的时代、社会和文化等背景不同，不同学者对竞争力的定义存在很大的分歧，目前国内外关于竞争力的定义尚未达成普遍一致的认识。

尽管竞争力的内涵具有多角度、多层次的特点，且随着经济社会的发展而不断更新、完善，但不同定义的竞争力有一个共同点，即竞争主体在稀缺资源背景下及一定竞争范围内拥有比其他主体获得更高利益的能力，在市场经济中，即竞争主体能否以更低价格、更高质量、更优服务的产品，持续占领市场的能力（罗辑和张其春，2008）。区域海洋产业竞争力则是指在海洋产业作为竞争范畴时，相对其他区域竞争主体，获得更大利益与发展空间的能力。

值得一提的是，美国、日本和韩国等在提到海洋产业时，较多是针对某些具体的海洋产业，如港口物流、水产等，而我国海洋产业的提法将各种海洋产业进行综合，即海洋产业有着包含海洋三次产业在内的综合内涵。为与其接轨，关于我国海洋产业竞争力的定义也应是一个广义概念。综上，本书将区域海洋产业竞争力定义为：区域内海洋产业在区域整体实力支撑的基础上，相对于另一区域能够获得更高、更持久的经济效益的能力。其内涵是指包含主要海洋产业在内的综合产业竞争力，而非针对某一特定海洋产业。

7.2.2　区域海洋产业竞争力评价体系

区域海洋产业竞争力评价体系构建是区域海洋产业竞争力定量评价的基础，科学合理的指标体系设计对于评价区域海洋产业竞争力，进而制定正确的区域海洋经济发展政策具有重要意义。区域海洋产业竞争力评价的指标体系应在全面性、合理性和数据可行性等原则指导下，按照科学的系统性方法，在分析海洋产业竞争力影响因素的基础上进行构建。一方面，海洋产业包含在产业范畴内，其发展受到一般产业因素的影响；另一方面，海洋产业发展依托于海洋，因而其也受到海洋因素的影响。因此，区域海洋产业竞争力评价指标体系构建要综合考虑产业竞争力影响因素与海洋产业特征。

1. 产业竞争力影响因素分析

产业竞争力影响因素主要包括产业科技水平、产业人力资本、区域制度背景、产业结构及产业资源等（罗辑和张其春，2008）。

1）产业科技水平表现为产业的创新效率。熊彼特（2008）将创新定义为生产函数的变动，或是生产要素与生产条件的新组合，包括5种形式：①引入一种新产品；②采用一种新的生产方法；③开辟一个新市场；④获得一种原料或者半成品的新来源；⑤采取一种新的组织方式。因此，科技创新既包括对原有知识的更新或获得新的科学知识的过程，又包括对原有技术的重大改变或是发明一种新生产工艺，提高生产力，提高产品质量或者生产更满足市场需求的新产品的过程。

2）产业人力资本涉及产业劳动者数量及其综合素质。人力资本是指劳动者在后天通过教育、培训等方式带来的非物质形态资本，以无形资产的形式表现。产业的高人力资本竞争力有利于促进产业结构不断升级、推动产业形成人力比较优势、为产业形成规模经济提供劳动力条件，从而带动产业竞争力的提升。

3）区域制度背景泛指产业所处区域的制度条件。总的来说，制度是一个涵盖范围很广的概念，其具体表现形式包括法律法规、社会文化和道德规范等，制度条件影响着产业的方方面面，例如，产权制度往往通过影响资源的利用方式和出让方式来影响产业竞争力。

4）产业结构是指产业的组成部分及各个部分之间相互联系和制约的关系，一般可分为第一产业、第二产业和第三产业。产业结构能够在一定程度上影响要素资源的产业间配置，进而影响产业竞争力。

5）产业资源是指区域在生产所需资源方面的富集程度。资源的富集程度对区域优势产业、主导产业、支柱产业的形成有重大影响，某些关键资源的稀缺，可能对产业发展形成木桶效应，造成资源制约。

2. 海洋产业特征分析

我国政府在《海洋及相关产业分类》（GB/T 20794—2021）中将海洋产业定义为“开发、利用和保护海洋所进行的生产和服务活动”。根据海洋产业的定义，其产业特征来源于产业生产的空间和资源特征，其影响因素主要表现为海洋产业创新、涉海产业人力资本、海洋产业发展的政策法规、海洋产业结构和海洋自然资源等。

3. 区域海洋产业竞争力评价指标体系构建

在上述研究的基础上，构建省级海洋产业竞争力评价的指标体系，见表 7-1。

表 7-1 省级海洋产业竞争力评价指标体系

一级指标	二级指标	分析结果
区域经济实力竞争力	人均总产值	★
	人均总产值增长率	★
	海洋产业财政支出	★
	海洋产业财政支出占地方财政支出的比重	★
区域基础设施竞争力	公路里程	★
	铁路里程	★
	电话覆盖率	★
	用电覆盖率	★
	用水覆盖率	★
区域金融资本竞争力	金融机构组成结构	★
	金融机构数目占全省金融机构数目的比重	☆
	保险金额	★
	金融机构存款总余额	★
海洋产业发展基础竞争力	海洋渔业资源总量	☆
	海洋矿产资源总量	☆
	港口航道资源总量	☆
	海洋旅游资源总量	★
	海洋产业发展政策	☆
	海洋产业发展文化背景	☆
海洋产业结构竞争力	海洋产业结构	★

续表

一级指标	二级指标	分析结果
涉海劳动竞争力	海洋产业就业人数	★
	海洋产业就业人数占地区就业人数的比重	★
	海洋产业就业人数增长率	★
	海洋专业技术人员数	★
	海洋专业技术人员数占地区海洋就业人数的比重	★
	海洋相关专业高等教育在校生人数占地区总人数的比重	★
	海洋相关专业高等教育在校生人数	★
海洋产业资本竞争力	海洋产业全员劳动生产率	★
	海洋产业增加值	★
	海洋产业增加值增长率	★
	海洋产业资产贡献率	★
	海洋产业产值利税率	★
	海洋产业固定资产产值率	★
	海洋产业（产品）产销率	★
海洋科技竞争力	海洋科研课题数	★
	海洋科技发明专利拥有数	★
	海洋科技人员数量	★
	海洋科技人员人均科研经费支出	★
	海洋科研经费占地区研发经费的比重	★
	海洋科技成果转化率	★

★为必选指标，☆为可选指标

需要强调的是，对于不同层级的区域海洋产业竞争力的比较，建立的指标体系是不同的（周玉江，2010），需要针对具体情况对评价指标体系进行相应调整，例如，如果比较的是国家间的竞争力，那么需要考虑的因素中应该包含国家的经济发展阶段、市场运行体制、国内外投资和对外开放程度等，而如果比较的是省、市间的竞争力，显然，国内外投资等指标需要进行调整替换。

7.2.3 区域海洋产业竞争力评价实证研究

区域海洋产业竞争力评价属于多因素综合评价，其评价方法从性质上可以分为两类，即定性分析方法和定量分析方法，前者包括专家会议法、德尔菲法和层次分析法，后者包括主成分分析法、变异系数法和熵值法，考虑到变异系数法和熵值法对于上述指标体系并不适用，而主成分分析法经多次应用效果良好，因此选择主成分分析法进行竞争力的评价。

具体评价运用 SPSS 软件完成，以中国沿海省（自治区、直辖市）为海洋产业竞争力评价对象，数据来源于国家统计局网站和《中国海洋统计年鉴》（2005～2009 年）。通过 SPSS 软件分析得到 5 个主成分 F1、F2、F3、F4 和 F5 及各个主成分的因素构成，其特征值分别为 8.487、3.565、2.968、2.059 和 1.408，累计贡献率达到 88.03%。将标准化后的数据代入各个主成分评价和综合评价模型中，得到各个省（自治区、直辖市）海洋产业竞争力的综合排名。

分析运算结果表明，我国沿海 11 个省（自治区、直辖市）中，海洋产业竞争力排名前三的依次是上海、山东和广东（表 7-2）。上海作为我国的经济中心，具备雄厚的经济实力，其社会基础设施、金融融资能力尤为突出，且海洋人才相对集中，海洋科技实力强，具备发展海洋产业的有利条件；山东、广东是海洋产业大省，具备丰富的海洋资源、稳定的经济基础和丰裕的海洋人才储备，有较强的海洋产业竞争力。经验证，评价结果符合我国区域海洋经济发展实际。

表 7-2　我国沿海 11 省（自治区、直辖市）海洋产业竞争力综合得分及排名

省（自治区、直辖市）	综合得分	排名
天津	0.512 16	5
河北	−1.069 40	9
辽宁	−0.361 80	7
上海	1.768 96	1
江苏	0.831 22	4
浙江	0.079 31	6
福建	−0.586 80	8
山东	1.697 93	2
广东	1.495 77	3
广西	−2.060 80	10
海南	−2.306 60	11

7.2.4　对策建议

《中华人民共和国国民经济和社会发展第十二个五年规划纲要》明确提出“推进海洋经济发展”。针对海洋产业特点，笔者提出了适用于区域海洋产业竞争力的评价方法，并对中国沿海 11 个省（自治区、直辖市）开展实证研究，基于以上评价分析提出以下对策和建议。

1. 加强海洋统计工作，拓宽海洋统计范围

准确全面的海洋经济统计数据是进行区域海洋产业竞争力评价的基础，为提高竞争力评价和相关决策的准确性，建议国家加强海洋经济统计，进一步理顺海洋统计体系，稳定海洋统计队伍，提高海洋统计频率，拓宽海洋统计范围，不仅为竞争力评价提供基础，还为其他与海洋产业相关的管理和决策工作提供数据基础和技术依据。

2. 合理利用海洋资源，发展优势海洋产业

落实“十二五”规划纲要的部署，秉承可持续发展原则，合理开发利用海洋资源，与资源优势相结合，大力发展各城市优势海洋产业，重点发展海洋油气、海洋运输、海

洋渔业和滨海旅游等产业，培育壮大海洋生物医药、海水综合利用及海洋工程装备制造等新兴产业。例如，海南是我国唯一的热带岛屿省份，具备良好的旅游资源，其自然风光在国内外都享有美誉，应充分发挥海南的区位和资源优势，大力开发海洋旅游资源，建设海南国际旅游岛，打造有国际竞争力的旅游胜地。

3. 提高海洋科技水平，改变海洋经济增长方式

发挥海洋科技工作的支撑和引领作用，大力推进科技兴海工作，加强海洋基础性、前瞻性、关键性技术研发，提高海洋科技水平，增强海洋开发利用能力。重点提高海洋产业的科技含量和核心竞争力，支持技术含量高、产业化前景广阔的海洋生物医药、海洋能、海水淡化及深海采矿业的发展，建设海洋科技园区和高新技术产业示范基地，加快海洋高新技术的研发转化速度，提高海洋科技进步对海洋经济的贡献，从技术上促成海洋经济增长方式的转变。

4. 改善海洋产业结构，优化海洋经济空间布局

合理分配海洋三次产业比重，努力发展海洋生物医药和海洋船舶制造等海洋二次产业，鼓励发展就业弹性大、附加值高的海洋第三产业，抑制乃至依法关闭高消耗、高污染、低效益的海洋第一产业的部分企业，增强可持续开发利用能力；优化配置海洋生产要素和资源，加强围填海管理和产业用海平面设计，深化港口岸线资源整合和优化港口布局；制定实施海洋空间规划，优化海洋经济空间布局，提高海洋产业的区域竞争力。

5. 加强陆海统筹，实施海洋产业宏观调控

加强统筹协调，完善海洋产业宏观调控制度。强化海域开发利用和环境保护，健全海域使用权市场机制；完善海岛保护规划制度，推进无居民海岛的保护性利用，扶持边远海岛发展；加强海洋产业生产过程中的环境监控与保护，统筹海洋环境保护与陆源污染防治，对受损害的海洋生态系统进行重点整治修复；控制近海资源过度开发，鼓励深远海开发活动，规范海域和海岛的开发与利用；完善海洋产业相关的法律法规和政策，加大海洋产业调控力度，维护海洋经济活动秩序。

第 8 章

海洋创新与海洋经济的关系

海洋是连接世界各国的蓝色桥梁，海洋经济是国民经济的重要组成部分和新的增长点，在海洋强国建设对科技创新需求日益强烈的当下，充分发挥科技对海洋经济发展的支撑引领作用尤为重要，海洋科技创新与经济协调发展已经成为海洋强国建设和经济可持续发展的关键性因素。因此，评价国家海洋创新能力与海洋经济的协调性是海洋强国建设中亟须厘清的重要任务，分析判断国家海洋创新与海洋经济的协调发展趋势，提出高效的协调发展对策建议，将为海洋科技发展向创新引领型转变和海洋经济高质量发展提供理论与科学依据。海洋科技创新影响海洋经济发展方式，并与海洋经济实现高质量发展间具有重要关系。协整理论评价模型是探究我国海洋科技创新与海洋经济发展的重要依据，这里主要针对国内科技创新与产业结构、经济发展相关关系方面开展研究，讨论海洋科技创新、海洋经济发展与海洋产业结构转型升级之间的长期均衡与短期动态关系，综合分析海洋科技创新对于推进海洋产业结构转型升级、壮大我国海洋经济实力、加快“向海洋进军”进程的突出现实意义。

我国“十四五”规划对提升三大海洋经济圈发展水平及深化与周边国家涉海合作提出更高要求。在新的战略背景下，如何识别三大海洋经济圈的战略优势并将其最大化，以更好地发挥其经济功能之外的战略功能，以及三大海洋经济圈又如何对接“一带一路”，以输出改革成果，推动构建海洋命运共同体，增进海洋福祉，成为急需探讨的重要课题。在全面开放的大战略背景下，认真学习贯彻二十大精神，推动海洋经济全面对外开放，对形成海洋经济全面开放新格局具有重要意义。

8.1　我国海洋创新与海洋经济协调关系测度研究

海洋科技创新与海洋经济发展可以作为两个重要系统，构建两个系统的评价指标体系时，在海洋科技创新与海洋经济各项投入产出指标的基础上，创新性地增加了海洋创新绩效和海洋经济潜力分指标，有效地对海洋创新的效率及海洋经济发展的质量和潜力予以考量。在协调度模型基础上采用均方差法测算评价指标体系中各个指标的权重，进而测算 2004～2018 年我国海洋创新与海洋经济的协调度和协调发展度。

研究结果表明，我国海洋科技创新与海洋经济发展水平逐年提高，协调关系由中度失调衰退转变为良好协调发展，协调程度变化大致分为两个阶段：2004～2006 年海洋科技创新滞后于海洋经济发展；2007～2018 年海洋科技创新驱动海洋经济发展。在此基础上，提出加大海洋创新投入与提高海洋创新绩效的创新发展建议、加快海洋经济结构调整与产业升级的海洋经济发展对策、统筹海洋创新与海洋经济协调发展等对策建议。

8.1.1 海洋创新与海洋经济协调关系的重要性

党的十八大强调“科技创新是提高社会生产力和综合国力的战略支撑，必须摆在国家发展全局的核心位置”。强调创新是民族和国家发展的不竭动力，要坚持走中国特色自主创新道路、实施创新驱动发展战略。海洋创新是国家创新的重要组成部分，是新型国家创新体系中具备前瞻性和战略性的重要领域。21世纪以来，经略海洋已成为时代趋势，海洋科技创新发展迅猛，对海洋经济发展的贡献不断提升。国家“十二五”规划将海洋经济提到了战略高度，沿海地区相继提出海洋经济发展规划，党的十八大报告强调要发展海洋经济，党的十九大报告又指出“坚持陆海统筹，加快建设海洋强国”。

国内学者针对经济和创新的协调度研究，既有聚焦于国家和区域层面的分析，又有针对海洋领域经济与科技的协调分析。国家和区域层面的分析，有针对模型的研究，也有注重评价分析的研究。例如，孟庆松等（1998）针对科技-经济系统协调度模型进行了研究；吴丹和胡晶（2017）针对科技-经济-生态系统协调度模型进行了研究；仵凤清等（2008）建立了经济系统和科技系统的评价指标体系，并从国家整体和省级区域两个层面探讨了科技与经济的协调关系；程华等（2013）以广东省为例探讨了区域科技与经济发展水平的协调度；张晓晓等（2013）从协同学视角分析了区域科技-经济系统协调性；郭江江等（2012）从省际差异的宏观角度对全国29个省（自治区、直辖市）的科技与经济社会发展协调程度进行了分析；刘凤朝等（2006）通过回归拟合和协调度的计算，对辽宁省经济-科技系统发展的协调状况进行了定量分析；王维等（2014）基于我国18个较大城市的面板数据进行了区域科技人才、工业经济与生态环境协调发展的研究；牛方曲和刘卫东（2012）对中国区域科技创新资源分布及其与经济发展水平协同测度进行了研究。

近几年在创新驱动发展和海洋强国战略的推动下，有学者不断关注海洋领域中科技与经济的协调关系。例如，殷克东等（2009）、谢子远（2014）运用主成分分析法科学评估了海洋科技创新与海洋经济可持续发展之间的关系；王泽宇和刘凤朝（2011）通过建立协调度模型，从宏观上对海洋经济发展与海洋科技创新之间的协调度进行了度量；张璐和张永庆（2019）以创新理论、区域经济理论和可持续发展理论为基础，测算了山东省2006～2014年海洋科技创新与海洋经济发展的协调性状况及变化趋势，得出山东省协调度类型由中度失调衰退且海洋科技创新滞后型转变为良好协调发展且海洋经济滞后型的结论。这些研究对协调度模型的创新指标设置大多从投入产出角度出发选取海洋创新绝对数指标，如海洋科研机构数量、科研机构课题数等，而对于海洋创新绩效方面未做考虑，对创新指标的评价尚需完善。除此之外，现有研究对海洋经济发展基本为静态评价，只关注现有海洋经济发展水平，未考虑海洋经济未来发展潜力。

本章参考了王米垚（2017）对协调度的定义，构建海洋科技创新与海洋经济发展子系统，并创新性地加入了海洋创新绩效和海洋经济潜力分指数，将海洋科技成果的转化效率和海洋经济的未来潜力作为海洋创新和海洋经济发展的重要考量，运用均方差法及协调度模型对两个子系统的综合得分和协调度进行测度，分析海洋科技创新与海洋经济发展的变化趋势，更全面地评价我国海洋创新和海洋经济及二者之间的协调关系，为我国海洋创新推动海洋经济高质量发展提供理论支持和对策建议。

8.1.2 指标体系与模型构建

评价国家海洋创新能力与海洋经济协调关系，涉及海洋科技创新与海洋经济发展两个子系统，这两个子系统间存在复杂性与多维性，因此选择最能恰当反映海洋科技创新和海洋经济发展的相关指标是讨论国家海洋创新能力和海洋经济协调度的重要前提。协调度模型参考了郭江江等（2012）运用的协调性模型，并加以改进，用均方差法对指标体系进行加权，得到海洋科技创新与海洋经济发展的综合得分，进而分析二者的协调关系。本章还将协调度与系统发展水平综合起来，进一步探究了系统中海洋科技创新与海洋经济发展的协调发展度问题。

1. 指标体系

指标选择的基本原则是简明性、针对性、可持续性（李晓璇等，2016）。代表海洋科技创新和海洋经济发展的指标较多，为便于指标数据的收集和整理，在选择指标时应尽量简洁明了、有针对性，同时要保证指标的代表性和数据的可获得性，并且还要恰当地反映出科技创新和经济发展的水平与变化趋势。

本章对国家海洋创新能力和海洋经济这两方面的评价进行结构分解，构建各有侧重又相互联系的海洋科技创新与海洋经济发展两个子系统（王米垚，2017）来综合反映二者的协调关系。每个子系统由 3 个分指数构成，每个分指数有相应的指标支撑，能够更好地考量海洋创新效率及海洋经济发展的质量和潜力，具体指标体系如表 8-1 所示。海洋科技创新子系统的分指数构成方面，用海洋科技经费、课题及人力资源等指标测度海洋创新投入分指数，用海洋科技论文、著作与专利等指标测度海洋创新产出分指数，并增加海洋创新绩效分指数，用成熟应用的海洋科技成果占比、海洋科技进步贡献率和海洋劳动生产率 3 个指标测度。海洋经济发展子系统的分指数构成方面，用海洋生产总值和海洋产业增加值等指标测度海洋经济规模分指数，用主要海洋产业占比等指标测度海洋经济结构分指数，并增加海洋经济潜力分指数，用海洋生产总值增长速度、海洋生产总值占国内生产总值的比重和单位能耗的海洋经济产出 3 个指标测度。

表 8-1 国家海洋科技创新与海洋经济发展指标体系

子系统	分指数	指标
海洋科技创新（A）	海洋创新投入（A_1）	海洋研究与发展经费投入强度（C_{11}）
		海洋研究与发展人力投入强度（C_{12}）
		海洋科技活动人员中高级职称人员所占比重（C_{13}）
		海洋科技活动人员占海洋科研机构从业人员的比重（C_{14}）
		万名海洋科研人员承担的课题数（C_{15}）
	海洋创新产出（A_2）	亿美元海洋经济产出的发明专利申请数（C_{21}）
		海洋科研机构万名 R&D 人员的发明专利授权数（C_{22}）
		海洋科研机构本年出版科技著作（C_{23}）
		万名海洋科研人员发表的科技论文数（C_{24}）
		海洋领域国外发表的论文数占总论文数的比重（C_{25}）

续表

子系统	分指数	指标
海洋科技创新（A）	海洋创新绩效（A_3）	成熟应用的海洋科技成果占比（C_{31}）
		海洋科技进步贡献率（C_{32}）
		海洋劳动生产率（C_{33}）
海洋经济发展（B）	海洋经济规模（B_1）	海洋生产总值（C_{41}）
		沿海地区人均海洋生产总值（C_{42}）
		海洋产业增加值（C_{43}）
	海洋经济结构（B_2）	主要海洋产业占比（C_{51}）
		海洋生产总值中第三产业占比（C_{52}）
		海洋科研教育管理服务业占海洋生产总值的比重（C_{53}）
	海洋经济潜力（B_3）	海洋生产总值增长速度（C_{61}）
		海洋生产总值占国内生产总值的比重（C_{62}）
		单位能耗的海洋经济产出（C_{63}）

2. 协调度模型构建

本章对 2004～2018 年海洋科技创新和海洋经济发展子系统的指标数据进行标准化处理，并运用客观赋权法中的均方差法（张璐和张永庆，2019）对指标赋权，其中，海洋科技创新子系统的分指数 A_1、A_2 和 A_3 权重分别为 0.3546、0.4089 和 0.2365，海洋经济发展子系统的分指数 B_1、B_2 和 B_3 权重分别为 0.3590、0.3102 和 0.3308，两个子系统各项指标权重结果见表 8-2。通过测算指标、分指数，进而得到海洋科技创新和海洋经济发展两个子系统的综合得分，分别用 S_u 和 S_e 表示。

表 8-2　2004～2018 年国家海洋科技创新与海洋经济发展指标权重

指标	C_{11}	C_{12}	C_{13}	C_{14}	C_{15}	C_{21}	C_{22}	C_{23}	C_{24}	C_{25}	C_{31}
权重	0.0806	0.0757	0.0652	0.0602	0.0729	0.0838	0.0820	0.0853	0.0734	0.0843	0.0714
指标	C_{32}	C_{33}	C_{41}	C_{42}	C_{43}	C_{51}	C_{52}	C_{53}	C_{61}	C_{62}	C_{63}
权重	0.0838	0.0812	0.1144	0.1156	0.1290	0.0891	0.1217	0.0994	0.1128	0.0905	0.1275

得到海洋科技创新和海洋经济发展综合得分后，运用协调度评价模型计算海洋科技创新与海洋经济发展的协调程度，测算模型如下：

$$C=\left[\frac{S_{ui}\times S_{ei}}{\left(\frac{S_{ui}+S_{ei}}{2}\right)^2}\right]^K \tag{8-1}$$

式中，S_{ui} 和 S_{ei} 分别为第 i 年海洋科技创新子系统和海洋经济发展子系统综合得分；C 为协调度；K 为调节系数（$K\geqslant2$），本章取 K=2。C 反映了国家海洋科技创新与海洋经济发展协调性的数量程度。C 越接近 1，说明海洋科技创新与海洋经济发展协调度越高；反之，协调度越低。

然而，协调度反映了在一定条件下，国家海洋科技创新与海洋经济发展组合协调的数量程度与变动关系，不能反映国家海洋科技创新和海洋经济发展的协调发展趋势。因此，本章还将协调度与系统发展水平综合起来，进一步探究系统中海洋创新与海洋经济的协调发展度（用 D 表示），既能度量海洋科技创新能力的高低与海洋经济协调水平的高低，又能体现海洋科技创新能力与海洋经济发展的整体协同效应或贡献，测算公式如下：

$$D=\sqrt{C\times\left(\alpha S_{ui}+\beta S_{ei}\right)} \tag{8-2}$$

式中，α 和 β 均为待定系数，且满足 $\alpha+\beta=1$。具体可以利用专家系统确定，本章认为海洋科技创新与海洋经济发展同等重要，故取 $\alpha=1/2$、$\beta=1/2$，令 $T=\alpha S_{ui}+\beta S_{ei}$（$T$ 为综合得分指数），则 D 可表示为

$$D=\sqrt{C\times T} \tag{8-3}$$

根据协调发展度的大小，将国家海洋创新能力与海洋经济的协调发展状况划分为五大类，见表 8-3。

表 8-3　国家海洋创新能力与海洋经济的协调发展度等级划分

协调发展度	类型	第一层次	第二层次
0.8～1.0	良好协调发展	$S_{ei}>S_{ui}$	良好协调发展，海洋创新滞后
		$S_{ei}=S_{ui}$	良好协调发展，海洋创新与海洋经济同步
		$S_{ei}<S_{ui}$	良好协调发展，海洋经济滞后
0.6～0.8	中度协调发展	$S_{ei}>S_{ui}$	中度协调发展，海洋创新滞后
		$S_{ei}=S_{ui}$	中度协调发展，海洋创新与海洋经济同步
		$S_{ei}<S_{ui}$	中度协调发展，海洋经济滞后
0.4～0.6	勉强协调发展	$S_{ei}>S_{ui}$	勉强协调发展，海洋创新滞后
		$S_{ei}=S_{ui}$	勉强协调发展，海洋创新与海洋经济同步
		$S_{ei}<S_{ui}$	勉强协调发展，海洋经济滞后
0.2～0.4	中度失调衰退	$S_{ei}>S_{ui}$	中度失调衰退，海洋创新滞后
		$S_{ei}=S_{ui}$	中度失调衰退，海洋创新与海洋经济同步
		$S_{ei}<S_{ui}$	中度失调衰退，海洋经济滞后
0～0.2	严重失调衰退	$S_{ei}>S_{ui}$	严重失调衰退，海洋创新滞后
		$S_{ei}=S_{ui}$	严重失调衰退，海洋创新与海洋经济同步
		$S_{ei}<S_{ui}$	严重失调衰退，海洋经济滞后

8.1.3　海洋创新与海洋经济协调实证分析

本章所选海洋科技创新和海洋经济发展两个子系统相关指标的数据来源于科学技术部科技统计数据、《国家海洋创新指数报告 2017～2018（英汉修订版）》、《中国海洋统计年鉴 2017》、《国家海洋创新指数报告 2019》和《中国海洋经济统计公报》（2004～2019年）。首先对数据进行标准化处理，用均方差法计算海洋科技创新子系统和海洋经济发展子系统下各指标的权重，并测算两个子系统的综合得分，进而计算 2004～2018 年二者的综合得分及协调度。

1. 海洋科技创新子系统分析

2004～2018 年，我国国家海洋科技创新总体上处于稳步增长状态，综合得分从 0.05 增加到 0.86，年均增长率为 23.19%。构成海洋科技创新子系统的分指数得分也在不断增加，其中，海洋创新产出的增速最快，其次是海洋创新绩效，最后是海洋创新投入。2018 年海洋创新投入分指数得分是 2004 年的 13.14 倍，年均增长率为 20.2%；海洋创新产出分指数得分增速较为明显，年均增长率为 26.69%；海洋创新绩效分指数得分年均增长率为 23.39%。2004～2010 年，海洋创新投入分指数得分和海洋创新产出分指数得分均逐年提高并且较为接近（图 8-1）；2011～2018 年，海洋创新产出分指数得分明显高于海洋创新投入分指数得分，为海洋科技创新的提升做出了突出贡献。

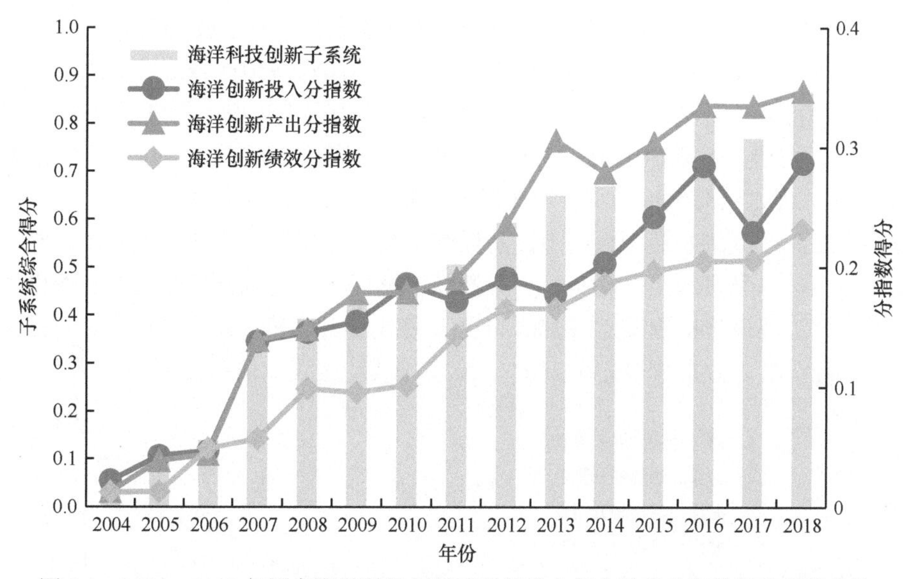

图 8-1　2004～2018 年国家海洋科技创新子系统综合得分及其分指数得分变化趋势

1）海洋创新投入大幅提升。海洋创新投入分指数得分由 2004 年的 0.02 增长到 2018 年的 0.29。其中，海洋研究与发展经费投入强度得分由 0.02 增加到 1，海洋研究与发展人力投入强度得分由 0.02 增加到 1。海洋研究与发展经费投入强度、海洋研究与发展人力投入强度不断增加和海洋科技活动人员占海洋科研机构从业人员的比重提高是我国海洋科技创新子系统综合得分快速提升的直接原因。

2）海洋创新产出显著增加。海洋创新产出分指数的权重在海洋科技创新子系统中最高，权重略高于 0.40，其增长对子系统综合得分的增长贡献最大。2014 年我国海洋创新产出得分有所下降，之后实现稳定增长，对海洋科技创新子系统的稳步增长做出了突出贡献。在构成分指数的指标中，海洋科研机构本年出版科技著作大幅增加，海洋科研机构万名 R&D 人员的发明专利授权数、海洋领域国外发表的论文数占总论文数的比重两个指标也有显著提高。随着国家政策的风向标转向海洋，越来越多的学者投身于海洋科技创新的研究，许多海洋科技创新项目取得重大进展，海洋创新产出明显增加，如“蓝鲸 1 号”南海试采可燃冰、“蛟龙号”探海等标志着一批涉海关键技术和重要装备建设取得突破。

3）海洋创新绩效明显提高。海洋创新绩效分指数得分由2004年的0.01提高至2018年的0.23，构成该分指数的三个指标均有大幅增长，其中，海洋劳动生产率2018年是2004年的5.05倍，年均增长率达12.26%，对海洋科技创新综合得分的提高有显著的正向贡献，海洋科技进步贡献率和成熟应用的海洋科技成果占比两个指标年均增长率分别为2.70%和2.25%，可见，海洋科技创新成果的利用效率提升速度仍需加快。海洋创新绩效在海洋科技创新子系统中权重最低，与海洋创新投入和海洋创新产出相比，得分也最低，仍有很大提升空间。

2. 海洋经济发展子系统分析

从图8-2可以看出，2004～2018年海洋经济发展子系统综合得分整体上呈增加趋势，从0.18增加到0.82，年均增长率为11.25%，海洋经济发展有了较大提升。近年来，国家对海洋经济发展非常重视，政策扶持力度较大，我国沿海地区经济发展瞄准潜力巨大的海洋资源，着重加快发展海洋产业，这些政策和措施很大程度上促进了海洋经济发展。2003年5月，发展改革委、国土资源部、国家海洋局组织制订的《全国海洋经济发展规划纲要》，旨在促进沿海地区经济合理布局和产业结构调整，保持我国国民经济持续健康快速发展。在海洋经济发展子系统中，海洋经济规模分指数得分比其他两项要高，其变化幅度也最大，且呈直线上升趋势，为海洋经济发展子系统综合得分的增长做出了突出贡献。海洋经济规模分指数得分在2009年后呈稳定上升趋势，这说明海洋经济结构不断优化。海洋经济潜力分指数得分在2004～2011年波动较大，但在2011年后趋于平稳。

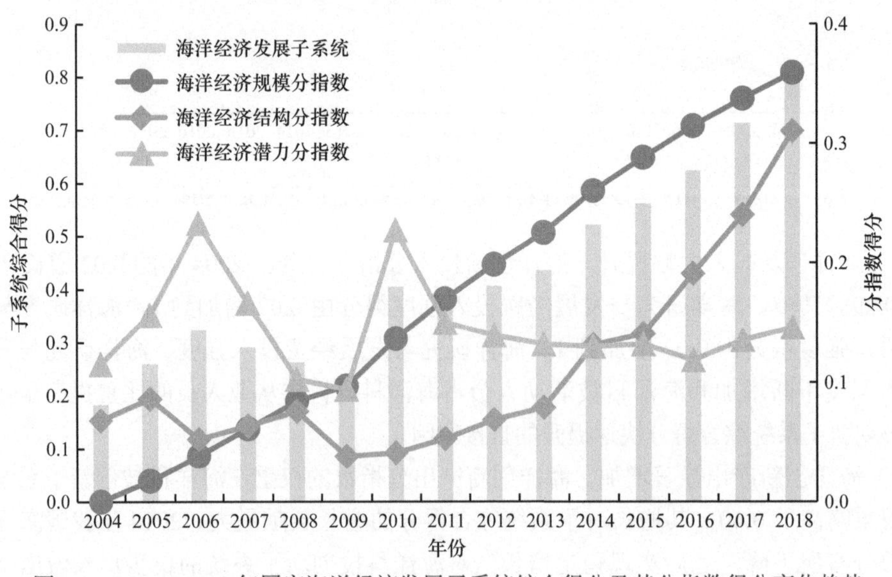

图8-2 2004～2018年国家海洋经济发展子系统综合得分及其分指数得分变化趋势

（1）海洋经济规模扩大明显

从海洋经济总量迅速增加、海洋经济以较快的年增长率快速发展等角度都可得知海洋经济规模的扩大。海洋经济规模分指数权重在海洋经济发展子系统中最高，并且分指数下各个指标权重也较为平均，为海洋经济发展子系统综合得分的增加做出了较大贡献。具体来看，海洋生产总值、沿海地区人均海洋生产总值和海洋产业增加值的增加是我国海洋经济发展子系统综合得分增加的直接原因。随着海水养殖、海洋石油等新兴海洋产业的兴起，海洋生产技术和海洋勘探技术快速发展，促进了海洋生产力的提高，为国家海洋经济发展增添了活力。

（2）海洋经济结构亟待优化

我国海洋经济结构分指数得分 2004 年为 0.07，2018 年为 0.31。海洋经济结构分指数得分在 2004～2007 年高于海洋经济规模分指数得分，在 2008～2018 年低于海洋经济规模分指数得分。2004～2016 年，海洋经济结构中的主要海洋产业占比一直维持在 40%左右，海洋科研教育管理服务业占海洋生产总值的比重在 18% 上下波动，这是我国海洋经济结构分指数得分仅在一定范围内波动的重要原因。但从近三年来看，海洋经济结构中的主要海洋产业占比均超过 40% 并呈增长趋势，海洋科研教育管理服务业占海洋生产总值的比重超过 20% 且增速较快，从而拉动了海洋经济结构分指数在 2016～2018 年快速提高，这说明海洋经济结构在近三年优化趋势明显。因此，发展主要海洋产业、鼓励海洋科研教育管理服务业壮大、优化海洋经济结构是实现我国海洋经济高质量发展的可持续动力。

（3）海洋经济潜力有待激发

我国海洋经济潜力分指数得分 2004 年为 0.12，2018 年为 0.15，总体来看海洋经济潜力分指数得分波动较大，在 2006 年和 2010 年有过两次峰值，但 2014 年以来一直维持在较低水平。单位能耗的海洋经济产出的逐年上升一定程度上有助于激发海洋经济潜力，但是我国海洋生产总值增长速度有所放缓，加上海洋生产总值占国内生产总值的比重增长幅度不大，使我国海洋经济潜力分指数得分一直出现波动变化。

3. 国家海洋创新与海洋经济协调关系分析

根据公式测算 2004～2018 年国家海洋创新与海洋经济的协调度和协调发展度，结果见表 8-4，海洋科技创新与海洋经济发展两个子系统得分有一定趋势和变化，大致分为两个阶段：第一阶段是 2004～2006 年，海洋科技创新滞后于海洋经济发展；第二阶段是 2007～2018 年，海洋经济发展滞后于海洋科技创新。根据协调类型大致可分为 4 个阶段：第一阶段是 2004～2005 年，处于中度失调衰退阶段，海洋科技创新滞后于海洋经济发展；第二阶段是 2006～2009 年，处于勉强协调发展阶段，2006 年海洋科技创新滞后，2007 年开始海洋经济发展滞后；第三阶段是 2010～2015 年，处于中度协调发展阶段；第四阶段是 2016～2018 年，进入良好协调发展阶段，但海洋经济发展仍滞后于海洋科技创新。结合国家海洋创新与海洋经济协调关系（表 8-4，图 8-3）可以发现：总体来看，国家海洋创新与海洋经济的协调度和协调发展度呈上升趋势，且协调度大于协调发展度。

表 8-4 2004～2018 年国家海洋创新与海洋经济的协调度和协调发展度

年份	S_{ui}	S_{ei}	C	T	D	协调类型
2004	0.0467	0.1832	0.4187	0.1149	0.2194	中度失调衰退，海洋科技创新滞后
2005	0.0940	0.2599	0.6087	0.1769	0.3282	中度失调衰退，海洋科技创新滞后
2006	0.1395	0.3236	0.7089	0.2315	0.4052	勉强协调发展，海洋科技创新滞后

续表

年份	S_{ui}	S_{ei}	C	T	D	协调类型
2007	0.3339	0.2913	0.9907	0.3126	0.5565	勉强协调发展，海洋经济发展滞后
2008	0.3922	0.2627	0.9233	0.3274	0.5498	勉强协调发展，海洋经济发展滞后
2009	0.4285	0.2291	0.8246	0.3288	0.5207	勉强协调发展，海洋经济发展滞后
2010	0.4662	0.4049	0.9901	0.4356	0.6567	中度协调发展，海洋经济发展滞后
2011	0.5056	0.3727	0.9548	0.4392	0.6475	中度协调发展，海洋经济发展滞后
2012	0.5920	0.4066	0.9323	0.4993	0.6823	中度协调发展，海洋经济发展滞后
2013	0.6492	0.4358	0.9241	0.5425	0.7080	中度协调发展，海洋经济发展滞后
2014	0.6690	0.5214	0.9695	0.5952	0.7596	中度协调发展，海洋经济发展滞后
2015	0.7427	0.5606	0.9613	0.6517	0.7915	中度协调发展，海洋经济发展滞后
2016	0.8245	0.6238	0.9620	0.7241	0.8346	良好协调发展，海洋经济发展滞后
2017	0.7689	0.7128	0.9971	0.7408	0.8595	良好协调发展，海洋经济发展滞后
2018	0.8649	0.8152	0.9982	0.8400	0.9157	良好协调发展，海洋经济发展滞后

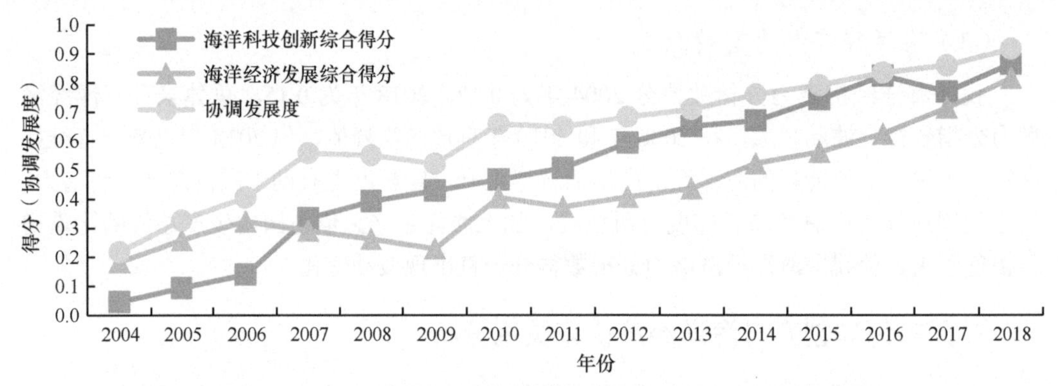

图 8-3 2004～2018 年国家海洋科技创新与海洋经济发展协调关系

协调度表示系统内各部分的协调性，即海洋科技创新与海洋经济发展的协调程度。2004～2018 年，我国海洋科技创新与海洋经济发展协调度有较大提高，年均增长率为 6.4%。其中，2004～2006 年协调度较低，这期间我国海洋科技创新与海洋经济发展存在显著的不协调。2007 年我国海洋科技创新与海洋经济发展协调度有大幅提高，由表 8-4 可以看出，我国 2007 年海洋科技创新与海洋经济发展综合得分十分接近，因此海洋科技创新与海洋经济发展的协调度较高，之后二者协调度维持在一个较高水平上波动增长。

从我国海洋创新与海洋经济的协调发展度来看，2004 年协调发展度最低，为 0.2194，2018 年协调发展度最高，为 0.9157，年均增长率为 10.75%。相比于协调度，协调发展度在考虑海洋科技创新与海洋经济发展协调程度的基础上，纳入了对二者当前发展水平的考量。也就是说，海洋科技创新子系统与海洋经济发展子系统综合得分越高、越接近，协调发展度的数值越接近于 1，反之，越接近于 0。由表 8-4 可知，2004～2018 年我国海洋科技创新与海洋经济发展水平有较大提高，二者的协调发展程度也有显著提升，除 2008～2009 年和 2011 年稍有回落外，协调发展度呈现逐年上升的稳定趋势，海洋科技创新与海洋经济发展从中度失调衰退状态逐渐转变为良好协调发展状态。通过 S_{ei} 与 S_{ui}

的比较可知，2004～2006 年海洋科技创新滞后于海洋经济发展，2007 年后海洋科技创新驱动海洋经济发展。

2004～2006 年，海洋科技创新滞后于海洋经济发展。可以从以下三方面考虑海洋科技创新滞后的原因：一是海洋科研人员结构组成需要优化，海洋科技活动人员中高级职称人员所占比重的权重偏低，该指标的得分较低导致海洋创新投入分指数得分偏低，相对落后于海洋经济发展；二是海洋领域科技论文数相对较少，万名海洋科研人员发表的科技论文数得分较低，导致海洋科技创新子系统综合得分小于海洋经济发展子系统综合得分；三是成熟应用的海洋科技成果占比低，海洋科技成果的转化程度较低，这也是导致海洋科技创新落后于海洋经济发展的重要原因。

从 2007 年开始，海洋科技创新领先于海洋经济发展。可从以下三个方面考虑海洋科技创新领先、海洋经济发展滞后的原因：一是国家政策的支持，为落实“实施海洋开发”和“发展海洋产业”的战略部署，2008 年 8 月国家海洋局印发了《全国科技兴海规划纲要（2008—2015 年）》，该纲要的发布和实施有效促进了海洋科技成果转化与产业化，为提高海洋创新能力、带动海洋经济又快又好发展指明了方向；二是海洋经济结构不协调，主要体现在主要海洋产业占比、海洋生产总值中第三产业占比、海洋科研教育管理服务业占海洋生产总值的比重均较低，进而导致海洋经济结构分指数偏低；三是海洋经济潜力有待挖掘，海洋生产总值占国内生产总值的比重得分较低，单位能耗的海洋经济产出也急需提高，我国需要在海洋经济产值提高的基础上，结合海洋科技创新的推动，最大限度释放海洋经济潜力。

2004 年以来，海洋科技创新与海洋经济发展的协调度和协调发展度有了显著提高，2018 年二者的协调度较高，这说明国家海洋科技创新与海洋经济发展已具有高度的一致性；协调发展度虽然小于协调度，但数值也较大，这说明二者发展水平较为接近，且近年来二者发展水平的差距在减小，由原来的低水平向高水平发展迈进，由原来的不协调不均衡向协调均衡发展迈进。但是，目前我国海洋科技创新和海洋经济发展仍有很大的进步空间，加大海洋创新投入、提高海洋创新绩效和优化海洋经济结构依然是我国建设海洋强国道路上的重要任务。

8.1.4 分析结论与对策建议

1. 分析结论

本节对国家海洋科技创新和海洋经济发展两个子系统的协调性进行了评价，构建指标体系测度两个子系统的协调度和协调发展度，并进行了深入分析，得出如下结论。

1）2004～2018 年我国海洋科技创新子系统综合得分稳步增长，海洋创新绩效仍存在较大提升空间。海洋创新投入、海洋创新产出、海洋创新绩效三个分指数的增速均较大，其中海洋创新投入分指数得分的增速在三者中最小。2004～2010 年，海洋创新投入分指数得分和海洋创新产出分指数得分均逐年提高并且较为接近；2011～2018 年，海洋创新产出分指数得分明显高于海洋创新投入分指数得分，为海洋科技创新的提高做出了突出贡献；海洋创新绩效分指数得分最低，仍存在较大提升空间。

2）2004～2018 年海洋经济发展子系统综合得分逐年增加，海洋经济有了较大发展，但海洋经济潜力急需快速提升，海洋经济结构仍需优化。海洋经济规模分指数得分直线上升，相比于其他两个分指数得分涨幅最大；海洋经济潜力分指数与海洋经济结构分指数得分虽总体呈现上升趋势，但在一定范围内上下波动；海洋经济潜力得分在2011年后一直较低，海洋经济结构虽然有较大改善，但得分相较于海洋经济规模仍较低，因此，这两个指标存在较大提升空间。

3）国家海洋科技创新与海洋经济发展的协调度从2004年的中度失调衰退状态逐渐转变为2018年的良好协调发展状态，二者的协调程度变化大致分为两个阶段：2004～2006年海洋科技创新滞后于海洋经济发展；2007～2018年海洋科技创新驱动海洋经济发展。2018年，二者协调发展度超过0.90，并且相对2014年二者的协调度和协调发展度均有显著提高。但是目前，二者仍有很大的进步空间，提高海洋科技创新能力并促进海洋经济高质量发展依然是我国建设海洋强国的重中之重。

2. 对策建议

海洋科技创新和海洋经济发展的协同发展能够有效地提高二者的协调度水平，无论是哪个子系统单方面发展，若不能满足协调发展规律，均会降低二者的协调度水平，从而不利于二者协调发展。基于以上研究结果，提出如下对策建议。

1）加大海洋创新投入，提高海洋创新绩效。合理增加海洋科研经费投入，使科研经费最大限度地发挥效能；在提高海洋人力资源投入强度的基础上，优化海洋科研人员学历、职称、学科和年龄结构，多建立学历结构合理、职称梯次分明、学科交叉有序和年龄结构优化的海洋科研团队；提高海洋科技成果转化效率，维持海洋科技进步贡献率的高位运行，充分利用先进技术提高海洋劳动生产率，激发我国海洋创新活力，使海洋科技创新真正向创新引领型转变，切实推动海洋经济发展。

2）加快海洋经济结构调整和产业升级，激发我国海洋经济潜力。有计划、有步骤地转变海洋经济增长方式，大力发展海洋新兴产业和高科技产业；推进我国海洋经济结构调整，在提高主要海洋产业发展水平和效率的同时，加快发展海洋新兴产业，尤其是以海洋高技术为支撑的战略性新兴产业；通过引进并利用国外先进的海洋开发技术和提高关键技术的自主研发能力等方式提高单位能耗海洋经济产出，通过产业技术创新联盟合作等形式激发我国海洋经济发展潜力，共同促进海洋经济快速发展。

3）统筹海洋科技创新与海洋经济发展。加快落实创新驱动发展战略在海洋领域的实施应用，真正实现海洋科技创新驱动海洋经济发展；以技术需求为驱动力，发挥涉海企业的主观能动性，使其真正成为创新主体；发挥海洋科技成果在海洋科技创新和海洋经济发展中的纽带作用，逐步改变科技成果转化模式，使以企业为创新主体推动海洋科技成果转化的模式成为常态；提高海洋科技产业化率，发挥市场作用，使创新主体在第一时间将科技成果转化为生产力，提升海洋科技对海洋产业发展的贡献率，提高海洋科技创新与海洋经济发展的协调度水平。

8.2 我国海洋创新与海洋经济高质量发展协整分析

从海洋科技创新、海洋产业结构、海洋经济规模三方面分别选取指标，基于2004～2018 年的相关数据，运用自回归分布滞后（auto-regressive distributed lag，ARDL）模型，分析我国海洋科技创新与海洋经济发展、海洋产业结构转型升级之间的协整关系。此外，结合格兰杰因果关系检验结果进行深入讨论，探究我国海洋科技创新与海洋经济高质量发展间的因果关系。

研究发现，海洋科技创新投入和产出的增加能够提高海洋生产总值，海洋产业结构优化对海洋经济发展有正向推动作用，海洋经济发展也是海洋科技创新、海洋产业结构优化升级的格兰杰原因。而与海洋科技创新投入相比，当前海洋科技创新产出对海洋产业结构转型升级及海洋经济发展的作用较小。据此，本节提出贯彻海洋创新驱动发展战略、加快科技成果转化的同时兼顾海洋生态文明建设等政策建议。

8.2.1 概述

海洋在我国的国家战略地位日渐突出。发展海洋经济、海洋科研是推动我们强国战略很重要的一个方面;《关于发展海洋经济 加快建设海洋强国工作情况的报告》也提到“要着力改变海洋经济粗放发展的现状，走高质量发展之路，进一步提高海洋开发能力，优化海洋产业结构，构建现代海洋产业体系”“牢牢掌握海洋科技发展主动权，着力推动海洋科技向创新引领型转变”。建设海洋强国是实现中华民族伟大复兴的重大战略任务，要推动海洋科技实现高水平自立自强，加强原创性、引领性科技攻关。海洋科技创新对于海洋产业结构优化升级、海洋经济快速健康发展发挥着驱动性和建设性作用。

目前，国内专家学者对于科技创新与产业结构、经济发展的相关关系方面开展了相关研究。从研究范围上看，广东科技创新转化效率与经济增长之间不具备长期稳定的均衡关系（吴二娇，2011）；湖南科技创新和产业结构之间存在长期协整关系，但科技创新对产业结构的影响具有时滞性（周忠民，2016）；长江经济带科技创新可有效促进沿线城市绿色全要素生产率提升，科技创新、对外开放、经济高质量发展之间的关系表现出显著的空间异质性（吴传清和邓明亮，2019）。从研究方法上看，海洋绿色 Malmquist 指数可作为判断中国 11 个沿海省（自治区、直辖市）海洋全要素生产率增长率的重要标杆（胡晓珍，2018）；海洋经济转型评价指标体系和空间杜宾模型可用来分析中国 11 个沿海省（自治区、直辖市）海洋经济转型空间性和趋势发展（韵楠楠和李博，2019）；因子分析、协整检验和 VAR 模型可作为中国国内生产总值（GDP）与科技创新成果存在协整关系且互为因果判断的重要标准（刘锋等，2014）；三阶段数据包络分析（DEA）方法与空间面板模型能够有效测度中国 11 个沿海省（自治区、直辖市）的海洋科技创新对海洋经济增长的效率（吴梵等，2019）。可见，多方法、多角度探究海洋科技创新与海洋经济高质量发展之间的量化互动关系，深入分析海洋科技创新如何推进海洋产业结构转型升级，进而拉动海洋经济发展，对于壮大我国海洋经济实力、加快“向海洋进军”的进程具有突出的现实意义。

8.2.2 数据来源与研究方法

1. 变量建立与数据来源

针对海洋经济高质量发展，选取海洋经济规模和海洋产业结构两个子系统进行表征。海洋经济规模代表海洋经济的发展体量，用海洋生产总值（GOP）衡量（表 8-5），海洋生产总值越大，海洋经济体量与规模越大，这一子系统在“数量”上测度我国海洋经济发展。海洋产业结构子系统具体可分为产业转型和产业升级两方面，产业转型指传统的第二产业改变粗放的生产方式、提高生产效率或转型为第三产业，产业升级用来说明海洋高科技产业、新兴产业的发展。这里采用海洋第三产业产值与第二产业产值之比衡量海洋产业转型效果，采用海洋第三产业产值增长率衡量我国海洋产业升级效果，这一子系统是对海洋经济发展“质量”的测度，海洋经济高质量发展既体现“数量”的增加，又代表“质量”的提升。

表 8-5 变量名称

子系统	变量名
海洋科技创新	海洋科技创新投入（INP）
	海洋科技创新产出（OUP）
海洋产业结构	海洋第三产业产值与第二产业产值之比（RAT）
	海洋第三产业产值增长率（GRT）
海洋经济规模	海洋生产总值（GOP）

海洋科技创新包含海洋科技创新投入和海洋科技创新产出两个变量，其中，海洋科技创新投入得分为“海洋研究与发展经费投入强度”“海洋研究与发展人力投入强度”两个指标得分之和；海洋科技创新产出得分为“万名 R&D 人员的发明专利授权数”“本年出版科技著作”“万名海洋科研人员发表的科技论文数”三个指标得分之和。这里选取 2004～2018 年数据为样本，分析海洋科技创新、海洋产业结构和海洋经济规模两两间的相互关系，数据来源于《国家海洋创新指数报告 2019》及其他相关科技统计数据和历年《中国海洋经济统计公报》。

2. 模型建立

通过建立 ARDL-ECM 模型，研究海洋科技创新与海洋经济发展、海洋产业结构、海洋经济规模三组变量的长期均衡与短期动态关系。自回归分布滞后（ARDL）模型检验协整关系，适用于小样本数据的协整检验，能够增强模型的稳健性，模型更灵活，不再要求时序变量同为 I（0）或同为 I（1）过程；若存在解释变量为内生变量的情况，ARDL 模型的协整关系估计不受影响。

ARDL-ECM 模型建立步骤如下。第一步，运用单位根检验法检验时序变量的平稳性，确定序列单整阶数，变量符合零阶单整 I（0）或一阶单整 I（1），则可以进一步建模。第二步，构建 ARDL 模型：

$$\Delta y_t = a_0 + \sum_{i=1}^{m} a_{1i} \Delta y_{t-i} + \sum_{j=1}^{n} a_{2j} \Delta x_{t-j} + a_3 y_{t-1} + a_4 x_{t-1} + \mu_t \tag{8-4}$$

式中，μ_t 为白噪声；m、n 分别代表被解释变量与解释变量的滞后阶数，根据西沃兹信息准则（SIC）确定自变量与因变量的滞后阶数；a_0 为常数项；a_{1i} 和 a_{2j} 代表短期动态关系；a_3 和 a_4 代表长期动态关系或协整关系；t 为趋势项。协整检验的原假设是两变量之间不存在长期均衡关系，即原假设 H_0：$a_3=a_4=0$，备择假设 H_1：$a_3\neq a_4\neq 0$。结合 F 统计量判断，当 F 统计量小于下临界值时，则接受原假设，变量间不存在长期协整关系；若 F 统计量大于上临界值，则拒绝原假设，变量间存在长期协整关系；若 F 统计量介于两临界值之间，根据序列的单整阶数进一步判断。

确定变量间存在长期均衡关系后，得到长期均衡关系式：

$$y_t = a_0 + \sum_{i=1}^{m} a_{1i}\Delta y_{t-i} + \sum_{j=1}^{n} a_{2j}\Delta x_{t-j} + \mu_t \tag{8-5}$$

然后进行模型建立的第三步，建立短期误差修正模型（ECM）：

$$\Delta y_t = a_0 + \sum_{i=1}^{m} a_{1i}\Delta y_{t-i} + \sum_{j=1}^{n} a_{2j}\Delta x_{t-j} - \delta \mathrm{ECM}_{t-1} + \mu_t \tag{8-6}$$

式中，ECM_{t-1} 是滞后误差修正因子；δ 代表自我修正速度，一般情况下有 $0<\delta<1$。需要说明的是，当变量间不存在长期均衡关系、无法构建长期均衡关系式时，短期动态关系及误差修正模型也无法成立。

8.2.3 实证结果分析

1. 平稳性检验

在协整检验之前，需要对变量进行平稳性检验。这里采用单位根检验中常用的 ADF 检验法，根据 SIC 原则确定滞后阶数为 3，检验结果见表 8-6，5 个变量序列的单整阶数均不大于 1，满足 ARDL 检验条件。分析 5 个变量两两间关系的时序图（图 8-4），粗略判断变量间的协整关系，其中，海洋科技创新投入与海洋生产总值、海洋科技创新产出与海洋生产总值之间的协同关系最为显著，可以初步判断具有正向协整关系；海洋第三产业产值增长率与海洋生产总值及海洋科技创新投入、海洋科技创新产出也具有协同关系。而海洋科技创新和海洋经济规模与海洋产业结构转型之间由于变量存在较大波动，无法直观判断其协整关系。

表 8-6 变量平稳性检验结果

变量名	对数序列	一阶差分对数序列
海洋科技创新投入（INP）	非平稳	平稳**
海洋科技创新产出（OUP）	非平稳	平稳*
海洋生产总值（GOP）	平稳**	—
变量名	原始数列	一阶差分序列
海洋第三产业产值与第二产业产值之比（RAT）	非平稳	平稳*
海洋第三产业产值增长率（GRT）	平稳**	—

*、** 分别表示相应变量在 1%、5% 的显著水平下是平稳序列

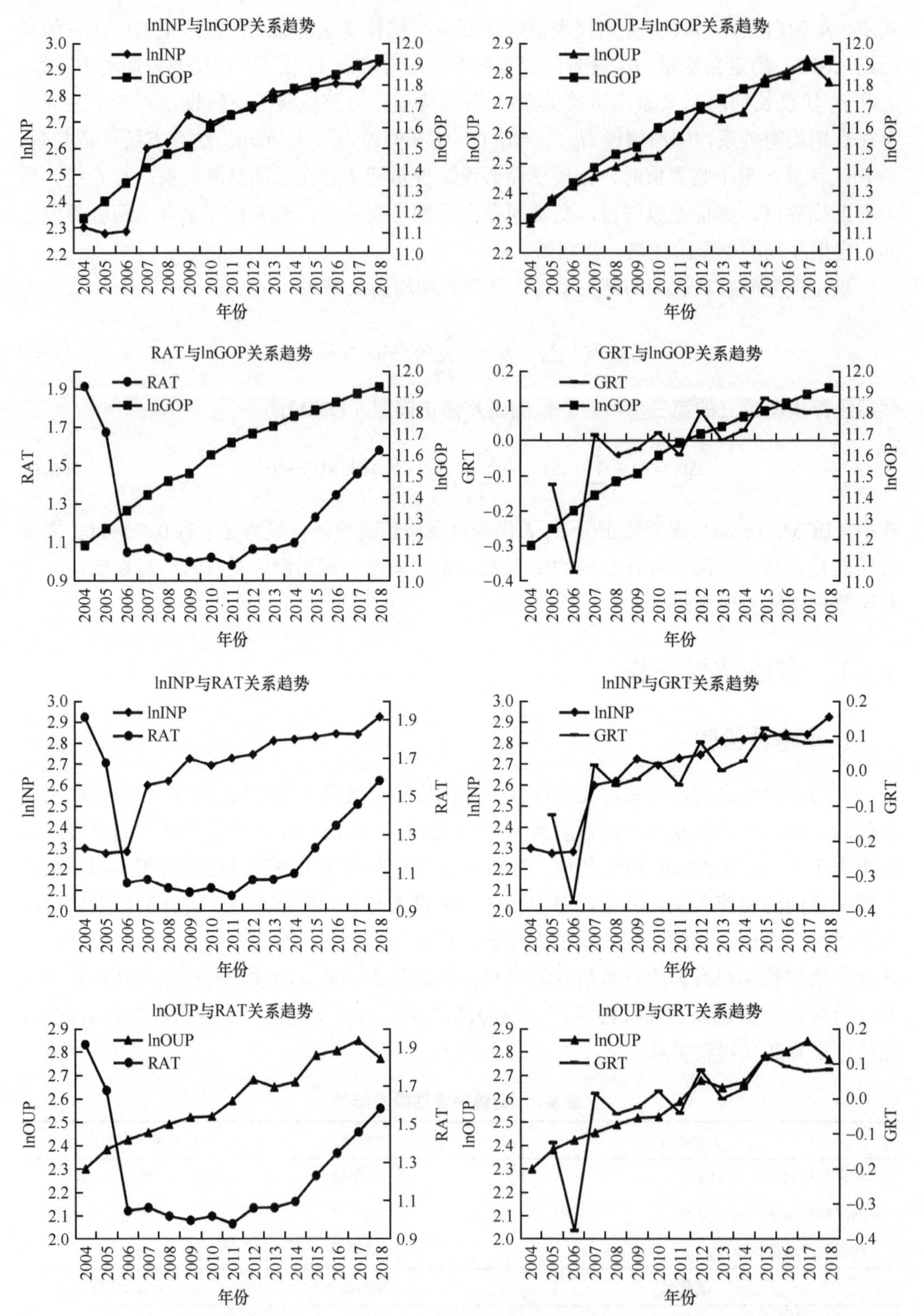

图 8-4 我国海洋科技创新、海洋产业结构与海洋经济规模变量的对应序列时序图

2. 协整检验与分析

(1) 海洋科技创新与海洋经济规模的 ARDL-ECM 分析

针对海洋科技创新投入(lnINP)与海洋生产总值(lnGOP)序列建立 ARDL 模型,采用 SIC 准则确定最优滞后阶数,得到最优模型为 ARDL(1,2),回归结果的 R-squared 为 0.989,表明拟合度较好。估计二者的长期均衡关系结果如表 8-7 所示,lnINP 系数显著为正,表明从长期来看,海洋科技创新投入的增加能够提高海洋生产总值,INP 每增加 1%,GOP 就会增加 0.221%。基于长期协整关系的估计,建立短期误差修正模型,分析海洋科技创新投入与海洋生产总值的短期动态关系,可见当短期波动偏离长期均衡时,上期的实际产出值低于长期均衡值,因而在下期需要以正修正项 2.60% 的速度将实际值调整到均衡值,滞后的海洋科技创新投入有助于海洋生产总值的增加。海洋科技创新产出(lnOUP)与海洋生产总值(lnGOP)的最优模型为 ARDL(2,3),拟合度较好。从长期来看,海洋科技创新产出的增加也能够提高海洋生产总值,OUP 每增加 1%,GOP 就会增加 0.571%,短期波动对于长期均衡的偏离程度过大,过早期的海洋科技创新产出对当前海洋经济发展的推动作用有限,说明海洋科技创新产出对拉动海洋经济发展的作用具有一定时效性。

表 8-7 海洋科技创新投入(lnINP)、海洋科技创新产出(lnOUP)与海洋生产总值(lnGOP)的长期均衡关系

变量	系数	变量	系数
lnINP	0.221	lnOUP	0.571
lnGOP(−1)	1.026	*C*	2.976
D(lnINP)	0.221	*D*(lnOUP)	0.571
D(lnINP(−1))	0.142	*D*(lnOUP(−1))	−1.390
ECM(−1)*	0.026	ECM(−1)*	−1.970

注:*C* 表示模型常数项;*D*(lnINP) 表示 lnINP 的一阶差分项;lnINP(−1) 表示 lnINP 的滞后一期;ECM(−1)* 表示误差修正项,下表同

(2) 海洋产业结构与海洋经济规模的 ARDL-ECM 分析

海洋第三产业产值增长率(GRT)与海洋生产总值(lnGOP)协整分析的最优模型为 ARDL(3,0),回归结果的 R-squared为 0.999,拟合度良好,估计结果见表 8-8。当海洋第三产业产值增长率增加 1% 时,海洋生产总值就会增长 0.347%,反映出海洋产业结构优化对海洋经济发展的正向推动作用。当短期波动偏离高于长期均衡时,将会以 11% 的速度恢复到长期均衡水平。海洋第三产业产值与第二产业产值之比(RAT)与海洋生产总值(lnGOP)的时序数列不符合显著性检验标准,二者之间不存在长期均衡关系,产业结构调整与总产值增加不具有必然联系。

表 8-8　海洋第三产业产值增长率（GRT）与海洋生产总值（lnGOP）的长期均衡关系

变量	系数	伴随概率
GRT	0.347	0.002
lnGOP(−1)	0.763	0.001
C	1.299	0.006
ECM(−1)*	−0.110	0.000

（3）海洋科技创新与海洋产业结构的 ARDL-ECM 分析

海洋科技创新投入（lnINP）与海洋第三产业产值与第二产业产值之比（RAT）的协整最优模型为 ARDL（2，1），回归结果的 R-squared 为 0.931，拟合度良好，二者的长期均衡关系如表 8-9 所示，可见海洋科技创新投入有利于海洋产业结构转型，短期冲击导致的偏离将以 12.0% 的较快速度恢复到长期均衡水平。海洋科技创新产出（lnOUP）与海洋第三产业产值增长率（GRT）的时序数列得到的最优模型为 ARDL（2，0），回归结果的 R-squared 为 0.684，估计结果见表 8-9，长期来看，海洋科技创新产出对海洋第三产业产值增长率提高的贡献并不大。

表 8-9　lnINP 与 RAT、lnOUP 与 GRT 的长期均衡关系

lnINP 与 RAT		lnOUP 与 GRT	
变量	系数	变量	系数
lnINP	0.446	lnOUP	−0.269
C	−3.261	*C*	2.108
ECM(−1)*	−0.120	ECM(−1)*	−1.925

3. 格兰杰因果关系检验

采用格兰杰因果关系检验对海洋科技创新、海洋产业结构和海洋经济规模三者间的内在关系进行分析，结果见表 8-10。海洋科技创新投入增加是海洋生产总值增长的格兰杰原因，海洋生产总值增长也是海洋科技创新能力提升的格兰杰原因，海洋第三产业产值增长率是海洋生产总值增长的格兰杰原因，但海洋科技创新产出和海洋第三产业产值与第二产业产值之比却不是。海洋经济增长、海洋科技创新投入与产出均是海洋产业结构转型升级的格兰杰原因，但海洋产业结构转型升级不是海洋科技创新的格兰杰原因。

表 8-10　变量间格兰杰因果关系检验结果

协整检验结果			格兰杰因果关系检验结果			
因变量	自变量	协整	原假设	是否拒绝原假设	原假设	是否拒绝原假设
lnGOP	lnINP	是	lnGOP 不是 lnINP 的格兰杰原因	拒绝	lnINP 不是 lnGOP 的格兰杰原因	拒绝
	lnOUP	是	lnGOP 不是 lnOUP 的格兰杰原因	拒绝	lnOUP 不是 lnGOP 的格兰杰原因	接受
lnGOP	RAT	否	lnGOP 不是 RAT 的格兰杰原因	拒绝	RAT 不是 lnGOP 的格兰杰原因	接受
	GRT	是	lnGOP 不是 GRT 的格兰杰原因	拒绝	GRT 不是 lnGOP 的格兰杰原因	拒绝

续表

协整检验结果			格兰杰因果关系检验结果			
因变量	自变量	协整	原假设	是否拒绝原假设	原假设	是否拒绝原假设
RAT	lnINP	是	RAT 不是 lnINP 的格兰杰原因	拒绝	lnINP 不是 RAT 的格兰杰原因	拒绝
	lnOUP	否	RAT 不是 lnOUP 的格兰杰原因	接受	lnOUP 不是 RAT 的格兰杰原因	拒绝
GRT	lnINP	是	GRT 不是 lnINP 的格兰杰原因	接受	lnINP 不是 GRT 的格兰杰原因	拒绝
	lnOUP	是	GRT 不是 lnOUP 的格兰杰原因	接受	lnOUP 不是 GRT 的格兰杰原因	拒绝

总体来看，格兰杰因果关系检验的结果与 ARDL 长期协整关系检验结果保持一致，能够相互印证，体现了协整关系和格兰杰原因实证相结合研究的科学性与可靠性。

8.2.4 讨论

1. 海洋科技创新与海洋经济规模协整关系及其影响因素

综上研究，海洋科技创新与海洋经济规模具有显著的长期均衡关系，短期内海洋科技创新投入、海洋科技创新产出对于海洋经济规模的作用具有时滞性。总体来看，海洋科技创新能够长期显著拉动我国海洋经济发展。近年来，国家在海洋发展建设方面更加重视并加大了资源投入，2004～2018 年不断增加涉海就业人员，加强人力资源供给，海洋研究与发展经费投入强度增加了 3～4 倍，为创新经费提供了坚实保障，创新环境逐步改善。海洋科技创新高投入也带来了海洋科技创新高产出，根据《国家海洋创新指数报告 2019》，2002～2017 年海洋领域科技论文年均增长率达到 12.69%。海洋创新资源的高投入和海洋创新成果的高产出为海洋经济的高质量发展提供了充足的动力与支撑。

海洋科技创新对海洋经济发展的短期滞后性，与海洋科技创新成果转化服务体系有密切关系。我国海洋科技创新效率偏低，存在海洋教育、科研与技术转化效率失衡现象（康旺霖等，2020），海洋科技成果转化服务体系存在市场评估服务混乱、技术与市场兼顾的复合型人才缺乏、针对性法律法规保障缺失等问题，公共数据更新缓慢、市场激励性不足、资源的低效配置等都大大降低了科技成果转化服务效率（陈宁等，2019）。海洋科技创新产出与海洋科技创新投入相比，对海洋经济发展具有更直接的拉动作用，主要是因为我国海洋科技创新人力、经费投入更多地表现为原始创新成果，而海洋科技创新产出在应用性和开发新研究动力方面有更直接的作用，能够更直接地激发经济发展（胡艳和潘婷，2019）。

2. 海洋产业结构与海洋经济规模协整关系及其影响因素

海洋第三产业产值增长对海洋经济增长具有推动作用，近五年部分传统海洋产业产能过剩，缺乏高新技术支撑，创新缓慢甚至停滞（乔俊果，2010），产业转型初露头角，产业升级随之加快，第三产业迎来了新的发展。《关于发展海洋经济 加快建设海洋强国工作情况的报告》指出“以海洋渔业、海洋交通运输、海洋工程建筑、海洋油气、海洋船舶、海洋化工等为支柱的传统产业转型步伐加快，以滨海旅游等为主导的海洋服务业支撑带动作用不断提升”。

总体来说，21 世纪初期，国家基于海洋建设的初步需求，对海洋传统第二产业发展给予了高度重视，但产业转型缓慢；2015～2018 年产业结构转型出现加快趋势，但由于新兴产业发展时间较短，规模小且基础不牢固，新兴海洋产业技术产业化程度不高，产品质量与国际相比有一定的差距（李顺德，2020），未能显著拉动经济发展。但近五年来伴随着海洋建设初级需求的满足，海洋经济向第三产业倾斜，海洋产业结构加快调整升级，因此预期未来海洋产业转型升级与海洋经济增长将更为显著，即产业结构转型升级对国家海洋经济实力的贡献度将逐渐提升。

3. 海洋科技创新与海洋产业结构协整关系及其影响因素

海洋科技创新投入对我国海洋产业结构转型具有拉动作用，但海洋科技创新产出的贡献并不大，主要有以下两个原因：第一，我国海洋科技创新研究主要集中于基础学科（胡艳和潘婷，2019），大部分作用于传统产业结构的转型升级，为传统产业转变发展方式提供技术支撑，为新兴产业的培育和产生提供新思路、新思维的动力仍旧欠缺；此外，集中于海洋新兴产业的基础学科发挥作用和贡献的周期比较长，因此当前阶段海洋科技创新不能直接反映于第三产业的壮大。第二，我国近年来对海洋科技创新的重视程度有所提升，加大了海洋科技创新投入，提升了产出速度，为海洋产业结构转型升级提供了动力，而短期的滞后性仍然与科技成果转化需要一定的时间周期及我国本身科技转化体系的不完善具有密切关系（陈宁等，2019）。

4. 格兰杰因果关系检验与协整检验综合分析

协整分析详细检验了我国海洋科技创新、海洋产业结构转型升级与海洋经济规模的相互关系。从格兰杰因果关系检验结果看，海洋生产总值增加对于海洋科技创新投入和产出都有正向推动作用，这是符合现实逻辑的。我国海洋科技创新正处于快速发展阶段，一定程度上属于海洋经济发展引导促进阶段（赵玉杰和杨瑾，2016），海洋经济发展程度越高，对海洋科技创新的需求就越高，推动各种生产要素向科技方向流动，带动海洋科技创新投入与产出的增加。

海洋科技创新投入与产出均是海洋产业结构转型升级的格兰杰原因，这与 ARDL 协整检验结果是一致的。而从格兰杰因果关系检验结果来看，海洋产业结构转型升级不是海洋科技创新的格兰杰原因，这是因为目前我国海洋第三产业中高新技术和战略性新兴等产业并非发展主力，滨海旅游等产业对科技创新的需求水平也相对较低。但结合实验结果与经济理论分析，未来随着海洋经济发展更加明朗，对科学技术的要求将不断提高，应用水平也会随之增强。

8.2.5 中国海洋科技创新与经济高质量发展对策建议

1）贯彻创新驱动发展战略，加大科技创新投入力度、扩大科技创新产出。营造激励创新的公平环境（吴传清和邓明亮，2019），提高海洋科研人员质量，吸引和培养科技创新人才，建立产教融合模式（杜军等，2019b），刺激海洋科技创新的有效产出。此外，由于海洋技术开发具有成本高、难度大、周期长等风险性因素，应推进海洋科研机构与涉海企业合作（刘畅等，2020），加快“研学产”步伐，提高转化效率。发散思维、形成海洋经济发展新思路，培育新兴产业，促进海洋经济结构优化和海洋经济高质量发展。

2）在产业政策上，升级海洋第一产业、继续扶持海洋第二产业、重点发展海洋第三产业（寇佳丽和杜军，2019）。海洋第一产业是海洋经济的基础，通过政策优惠、财政补贴、推动传统模式改造升级等方式，稳固第一产业的根基。海洋第二产业拉动我国海洋建设起步成长，是海洋经济的支柱，但在环境约束、经济模式更新的要求下，需要传统海洋工业加快转型。同时，增大第三产业对海洋经济的贡献度，设计激励机制（田雪航和何爱平，2020），引导生产要素的流向，鼓励新兴技术产业、高科技产业的成长发展，使产业结构更加优化。

3）顶层设计与市场配置资源相结合。政府需要正确发挥政策引领作用，制定符合我国国情的海洋产业发展战略，鼓励技术创新、促进技术积累、引导市场行为（杜军等，2019a）。完善要素市场和市场服务机制，健全相关法律，加快市场化建设（张治栋和廖常文，2019）。重要的是，提高市场化水平，发挥市场的资源配置作用，激发科技创新活力，引入竞争要素，用市场机制驱动第三产业和新兴产业的产生，从而实现海洋产业结构优化升级。

4）构建海洋命运共同体，发展海洋经济的同时兼顾海洋生态文明建设（苏纪兰，2020）。海洋经济发展应贯彻“构建海洋命运共同体”这一重要理念。改变海洋第二产业如石油炼化、水产加工等传统产业粗放的发展方式，科学合理地开发海洋资源，发挥环境规制对海洋经济转型的作用（葛浩然等，2020），实现绿色发展（王春益，2019）。

5）保障海洋经济发展安全，推进海洋科技创新的对外开放进程。当前我国海洋产业在高端科技利用规模与效率方面与发达国家仍有较大差距，应加强国际沟通合作，为海洋运输贸易产业发展、海洋资源开发及海洋经济稳定发展提供和平、安全的生态环境，同时促进信息流通（秦琳贵和沈体雁，2020），加强国际的科技交流学习，引进国外先进生产方式与科技成果，充分发挥科学技术在海洋经济高质量发展中的作用。

8.3 我国海洋经济圈创新评价与“一带一路”协同发展

8.3.1 概述

我国“十四五”规划指出“建设一批高质量海洋经济发展示范区和特色化海洋产业集群，全面提高北部、东部、南部三大海洋经济圈发展水平。以沿海经济带为支撑，深化与周边国家涉海合作”。海洋经济圈除了经济功能，更重要的是具有战略稳定、和平发展、国家安全、战略支点等功能，尤其是与“一带一路”倡议相联结，将起到输出改革成果的作用（张赛男，2017）。目前，我国北部、东部和南部三大海洋经济圈已基本形成（谢江珊，2017），其地理区位与“一带一路”倡议具备空间重合性和延伸性。北部海洋经济圈连接东北亚和“冰上丝绸之路”，是我国北方地区对外开放的重要平台，肩负开放发展的重要责任，也是我国参与经济全球化的重要区域；东部海洋经济圈连接亚太地区和新亚欧大陆桥，肩负亚太国际门户和“一带一路”与长江经济带枢纽的重要责任；南部海洋经济圈面向东盟建设经济走廊，坐拥南海的广袤海域及丰富的资源，是我国保护开发南海资源、维护国家海洋权益的重要基地。因此，在新的战略背景下，如何识别三大海洋经济圈的战略优势以突出其经济功能之外的战略功能，又如何使三大海洋经济圈的发展与“一带一路”倡议相对接，进一步推动构建海洋命运共同体，增进海洋福祉，成为急需探讨的重要课题。

党的十八大报告提出“实施创新驱动发展战略”，“十四五”规划又进一步强调“坚持创新驱动发展 全面塑造发展新优势”“坚持创新在我国现代化建设全局中的核心地位，把科技自立自强作为国家发展的战略支撑”。在坚持陆海统筹、加快建设海洋强国的重要阶段，推进“一带一路”倡议中的“21世纪海上丝绸之路”进程成为我国加快建设海洋强国的基本路径，加快海洋科技创新步伐成为发展海洋经济和建设海洋强国的重要基础（金永明，2018）。因此，创新驱动的内在发展新优势成为未来区域海洋经济发展的战略支撑所在。厘清区域海洋创新能力、把握三大海洋经济圈的战略定位是充分发挥海洋经济圈优势并推动构建海洋命运共同体、推进“一带一路”倡议实施的重要基础。基于此，客观评价区域海洋创新能力，分析“一带一路”倡议对我国三大海洋经济圈创新能力提升的促进作用，以挖掘创新驱动的区域海洋经济发展新优势，已成为目前亟待解决的问题。

近年来，我国区域创新能力评价集中于指标体系构建（李晓璇等，2016；黄师平和王晔，2018；王元地和陈禹，2017；易平涛，2016）、空间分布（齐亚伟，2015；魏守华等，2011）与综合评价（王建民和王艳涛，2015），也有从区域创新影响因素（杨明海等，2018）与作用机制（周密和申婉君，2018）等方面着手的研究，还有区域创新能力发展的环境耦合协同效应分析（袁宇翔等，2017），而鲜有基于战略视角和创新角度挖掘三大海洋经济圈的战略优势，并对接“一带一路”倡议开展政策促进作用的分析。因此，本节基于前述区域海洋创新指数评价体系的研究，通过评价三大海洋经济圈的区域海洋创新能力，识别其各自的战略优势，挖掘三大海洋经济圈各自支撑其战略发展的内在创新动力；并进一步运用双重差分模型分析“一带一路”倡议对海洋经济圈创新能力提升的促进作用，结合三大海洋经济圈与“一带一路”倡议的空间关联性，研究构建我国三大海洋经济圈与“一带一路”倡议的协同发展模式，推动海洋经济融入国际国内双循环，为我国未来区域海洋经济协调发展提供支撑。

8.3.2 评价指标体系构建与方法设定

1. 评价指标体系构建与权重确定

创新是从提出创新概念到研发、知识产出再到商业化应用并转化为经济效益的完整过程。海洋创新能力体现在海洋科技知识的产生、流动和转化为经济效益的整个过程中。所以，应该从海洋创新环境、创新资源的投入、知识创造与应用、绩效影响等整个创新链的主要环节来构建指标，以评价国家海洋创新能力（刘大海等，2019，2021；徐孟等，2019）。本节结合区域海洋创新能力评价的全面性与代表性，充分考虑数据的可获得性，选取代表海洋创新资源、海洋知识创造、海洋创新绩效和海洋创新环境（宋卫国等，2014）的18个重要指标构建区域海洋创新指数指标体系（表8-11）。

表 8-11 区域海洋创新指数指标体系

综合指数	分指数	分指数权重	指标	指标权重
区域海洋创新指数（a）	海洋创新资源分指数（b_1）	0.3178	1. 海洋研究与发展经费投入强度（c_1）	0.0608
			2. 海洋研究与发展人力投入强度（c_2）	0.0574
			3. R&D 人员中博士毕业人员占比（c_3）	0.0519
			4. 科技活动人员数（c_4）	0.0431
			5. 万名海洋科研人员承担的课题数（c_5）	0.0659
	海洋知识创造分指数（b_2）	0.2346	6. 亿美元海洋经济产出的发明专利申请数（c_6）	0.0698
			7. 万名 R&D 人员的发明专利授权数（c_7）	0.0643
			8. 本年出版科技著作（c_8）	0.0627
			9. 科技论文数（c_9）	0.0418
			10. 国外发表的论文数占总论文数的比重（c_{10}）	0.0634
区域海洋创新指数（a）	海洋创新绩效分指数（b_3）	0.2275	11. 海洋劳动生产率（c_{11}）	0.0509
			12. 科技活动人员平均有效发明专利数（c_{12}）	0.0584
			13. 单位能耗的海洋经济产出（c_{13}）	0.0500
			15. R&D 研究人员发表论文平均工作量（c_{14}）	0.0558
	海洋创新环境分指数（b_4）	0.2201	15. 沿海地区人均海洋生产总值（c_{15}）	0.0505
			16. R&D 经费中设备购置费所占比重（c_{16}）	0.0528
			17. 海洋科研机构科技经费筹集额中的政府资金（c_{17}）	0.0504
			18. R&D 人员人均折合全时工作量（c_{18}）	0.0503

本章采用熵值法（何佳玲等，2020）确定指标权重之前，为消除指标原始值的计量单位差异、指标数量级、相对数形式差别等对多指标综合评价的影响，首先对原始数据进行归一化处理，然后对各指标和分指数进行赋权，得到相应的权重，如表 8-11 所示。

2. 海洋创新评价方法设定与数据来源

为遵从数据规律及其自身特征，这里以熵值法为主要测算方法评价三大海洋经济圈的创新能力。考虑到数据的权威性和可获取性，主要从公开出版的《中国海洋统计年鉴》（2014～2017 年）、2014～2020 年《中国海洋经济统计公报》（2014～2020 年）、科技部海洋科技统计成果（2014～2020 年）和国家科技成果中收集相关数据。以我国沿海 11 个省（自治区、直辖市）为基本研究单元，数据未包含香港、澳门和台湾，评价方法参见本书第 5.2 节。

3. "一带一路"倡议政策效果评价的双重差分模型

（1）双重差分模型

为研究三大海洋经济圈与"一带一路"倡议协同发展模式，首先要探究"一带一路"倡议是否显著促进了三大海洋经济圈海洋创新能力的提升，最直接的方法是比较三大海洋经济圈在倡议提出前后海洋创新能力的差异，但这一差异除了受到"一带一路"倡议的影响，还可能受到一些随时间变化的因素的影响。因此，为了剔除其他因素的干扰，本章采用双重差分的方法（卢子宸和高汉，2020；许红梅和李春涛，2020）来对“一带一路”倡议的政策效果进行评价：

$$\text{Innovation}_{i,t}=\beta_0+\beta_1\text{treat}\times\text{post}+\beta_2\text{Controls}_{i,t}+\gamma_t+\varepsilon_{i,t} \tag{8-7}$$

式中，$\text{Innovation}_{i,t}$ 为区域海洋创新指数，采用海洋创新评价指标体系进行评价。treat 为划分处理组和对照组的虚拟变量。2015 年 3 月，发展改革委、外交部、商务部联合发布了《推动共建丝绸之路经济带和 21 世纪海上丝绸之路的愿景与行动》，圈定了“一带一路”沿线省（自治区、直辖市），在沿海 11 个省（自治区、直辖市）中辽宁、广西、上海、福建、浙江、广东和海南位列其中；并提出加强港口城市建设，其中包含天津、青岛、烟台等。此外，江苏是“一带一路”交会点，对其建设提出了明确的要求。基于以上背景，将三大海洋经济圈所涉及的除河北以外的 10 个行政单元设为处理组，即 treat 取值为 1，其余取值为 0。post 为时间虚拟变量。2017 年 5 月，《全国海洋经济发展“十三五”规划（公开版）》指出“北部、东部和南部三个海洋经济圈基本形成”，且该规划多次提及要求北部、东部和南部三大海洋经济圈加强与“一带一路”倡议的合作，明确战略地位和发展方向。基于此，加以考虑政策滞后性，将 2018 年及以后的时间虚拟变量 post 取值为 1，将 2018 年以前的时间虚拟变量取值为 0。通过构建交互项 treat×post 来衡量“一带一路”倡议对于海洋创新能力的影响效应。β_0 为截距项，β_1、β_2 为系数，$\varepsilon_{i,t}$ 为随机误差项。$\text{Controls}_{i,t}$ 为一系列控制变量，包括海洋生产总值、科技活动收入、R&D 经费内部支出、R&D 人员、R&D 经费、科研课题数、涉海就业人员。根据模型，控制了年度固定效应（γ_t）并对所有回归系数的标准差在三大海洋经济圈层面进行了“聚类”处理。

（2）模型稳健性检验

双重差分的前提假设是在倡议提出前，处理组和对照组的变化趋势是一致的。为此，对处理组和对照组的变化趋势进行考查，用以检验模型的稳健性，设定如下：

$$\begin{aligned}\text{Innovation}_{i,t}=&\theta_0+\theta_1\text{treat}\times\text{post}_{t-4}+\theta_2\text{treat}\times\text{post}_{t-2}+\theta_3\text{treat}\times\text{post}_t+\theta_4\text{treat}\times\text{post}_{t+1}\\&+\theta_5\text{Controls}_{i,t}+\gamma_t+\varepsilon_{i,t}\end{aligned} \tag{8-8}$$

式中，$\text{Innovation}_{i,t}$ 为区域海洋创新指数；post_{t-4}、post_{t-2} 和 post_{t+1} 分别为《全国海洋经济发展“十三五”规划（公开版）》提出要求北部、东部和南部三大海洋经济圈加强与“一带一路”倡议合作前 4 年、前 2 年和后 1 年的虚拟变量。

8.3.3 海洋创新趋势与“一带一路”政策作用实证分析

1. 三大海洋经济圈区域海洋创新指数变化趋势分析

首先测算 2013～2019 年三大海洋经济圈区域海洋创新指数得分，如图 8-5 所示，三大海洋经济圈区域海洋创新指数得分均呈明显上升趋势。从 2013 年到 2019 年，三大海洋经济圈的区域海洋创新能力有了较大的提升。从 2014 年起，三大海洋经济圈海洋创新能力均有着较为强劲的发展。2013～2015 年，东部海洋经济圈排名居首，2013 年和 2015 年，北部、南部海洋经济圈得分相同，2014 年，南部海洋经济圈得分略高于北部海洋经济圈得分；2016 年，排名发生变化，从高到低依次是南部、东部和北部。可见，近年来北部海洋经济圈相对落后，而南部海洋经济圈迅速崛起。

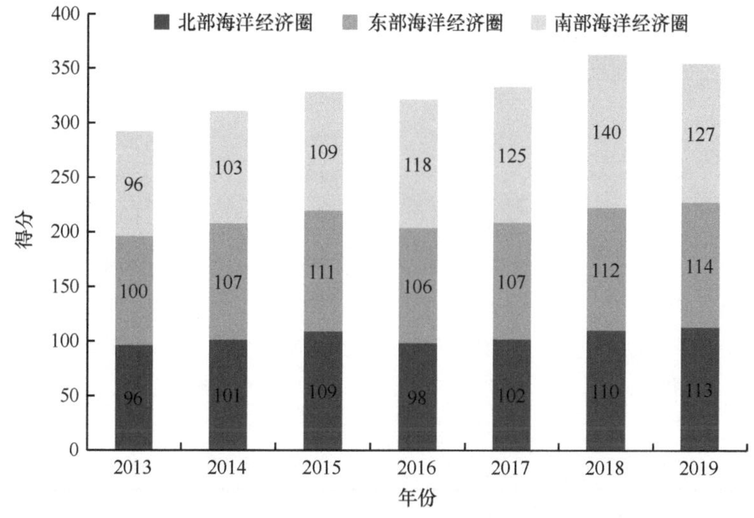

图 8-5 2013～2019 年中国三大海洋经济圈区域海洋创新指数

三大海洋经济圈区域海洋创新发展影响指标各具特征。其中，南部海洋经济圈海洋创新能力提升最为显著，2013～2018 年区域海洋创新指数得分逐年提升，2019 年略有回落。2016 年南部海洋经济圈已成为三大海洋经济圈之首且延续至 2019 年，这主要得益于海洋创新资源分指数和海洋知识创造分指数得分有了较大的提升，其中“万名海洋科研人员承担的课题数”和“万名 R&D 人员的发明专利授权数”指标做出了较大贡献。东部海洋经济圈海洋创新能力整体而言呈波动上升趋势，其海洋创新资源分指数得分增长最为明显，其中“万名海洋科研人员承担的课题数”指标有较大提升；北部海洋经济圈区域海洋创新指数得分 2016 年有所回落，之后逐年增长，海洋创新资源分指数得分增长最为显著。

2. “一带一路”政策作用的双重差分模型分析

（1）政策作用的基准回归模型检验

根据双重差分模型的回归结果（表 8-12），“一带一路”倡议的提出显著提升了三大海洋经济圈的海洋创新能力。将海洋创新能力分解为海洋创新绩效、海洋知识创造、海洋创新环境和海洋创新资源 4 个方面分别进行回归，结果如表 8-12 所示。实证结果表明，“一带一路”倡议的提出显著促进了三大海洋经济圈海洋创新绩效、海洋知识创造和海洋创新资源的提升，其中对海洋创新绩效和海洋知识创造两类创新产出指标的促进作用尤其明显，表明“一带一路”倡议提出后，三大海洋经济圈沿海省（自治区、直辖市）发挥其创新优势，抓住机遇，加强合作，利用其与周边国家的地理区位重合性和延伸性，输出改革成果，有效提升了其创新产出。

表 8-12 “一带一路”倡议对海洋创新能力的影响

变量名称	Innovation	海洋创新绩效	海洋知识创造	海洋创新环境	海洋创新资源
treat	−1.512	0.535	−56.38*	91.37*	−29.85**
	(6.957)	(17.58)	(17.02)	(23.70)	(5.270)

续表

变量名称	Innovation	海洋创新绩效	海洋知识创造	海洋创新环境	海洋创新资源
post	−35.37**	−75.10**	−61.40**	3.085	−12.47*
	(6.785)	(11.56)	(12.79)	(17.53)	(5.035)
treat×post	25.34*	55.47*	65.75***	−26.61	10.67*
	(6.246)	(18.83)	(6.209)	(13.78)	(2.942)
Constant	−159.4*	−225.5*	−226.6**	−205.4	−23.71
	(39.50)	(75.64)	(32.90)	(91.56)	(28.54)
控制变量	控制	控制	控制	控制	控制
年度固定效应	控制	控制	控制	控制	控制
观测值个数	75	75	75	75	75
R-squared	0.793	0.548	0.709	0.534	0.930

*、**、*** 分别表示在 10%、5%、1% 的水平上显著，下文同

注：所有回归均采用三大海洋经济圈层面聚类分析的稳健性标准差（括号内的值）

（2）模型稳健性检验

根据模型，对“一带一路”倡议对三大海洋经济圈海洋创新能力影响的平行趋势进行检验，结果见表 8-13。可以发现，treat×$post_{t-4}$ 和 treat×$post_{t-2}$ 的估计系数不显著，说明在《全国海洋经济发展“十三五”规划（公开版）》提出要求北部、东部和南部三大海洋经济圈加强与“一带一路”倡议的合作之前（即受到政策处理之前），受倡议影响和不受倡议影响的省（自治区、直辖市）的变化趋势是一致的，不存在显著差异。因此，样本通过了平行趋势检验，可以判断模型稳健性。实证检验了“一带一路”通过倡议创新与合作理念，构建海洋创新区域科技合作模式，促进了三大海洋经济圈的创新能力提升，为与沿线国家开展海洋科技合作提供了科技支撑，促进协同发展模式更加合理化。

表 8-13　平行趋势检验

变量名称	Innovation
treat×$post_{t-4}$	−7.040
	(13.95)
treat×$post_{t-2}$	−1.289
	(11.07)
treat×$post_{t}$	29.36**
	(13.98)
treat×$post_{t+1}$	−3.462
	(15.62)
Constant	−165.2***
	(31.03)
控制变量	控制
年度固定效应	控制
观测值个数	75
R-squared	0.794

8.3.4　三大海洋经济圈与“一带一路”协同发展模式构建

“一带一路”倡议的提出促进了三大海洋经济圈的快速形成和海洋创新能力的显著提升，本小节基于三大海洋经济圈区域创新能力特征及其与“一带一路”的空间关联性（朱永凤等，2019），结合区位优势与“一带一路”特征，提出三大海洋经济圈与“一带一路”协同发展模式，使中国与沿线国家的海洋经济合作更加紧密，扬长补短，实现协同发展。

1. 三大海洋经济圈与“一带一路”的空间关联性分析

分析三大海洋经济圈的功能定位及其与“一带一路”的空间关联性，综合各海洋经济圈的海洋经济特征和海洋创新优势，分析提出协同发展模式，具体如表 8-14 所示。

表 8-14　三大海洋经济圈与“一带一路”的空间关联性及其协同发展模式分析

三大海洋经济圈	功能定位	与“一带一路”的空间关联性	海洋经济特征	海洋创新优势	协同发展模式
南部海洋经济圈	①战略地位突出；②维护国家海洋权益的重要基地	①古代“海上丝绸之路”的重要起点和发祥地；②“21 世纪海上丝绸之路”的核心区	①海域辽阔、资源丰富；②海洋经济发展水平高，产业布局合理	①海洋创新能力突出，创新投入转化能力强劲；②海洋创新增长极明显	①新旧丝绸之路协同发展；②海洋创新增长极带动区域经济协同发展
东部海洋经济圈	①参与经济全球化的重要区域；②亚太地区重要的国际门户	①“一带一路”建设与长江经济带发展战略的交会区域；②东与陆地联通，西与太平洋联通	①港口航运体系完善；②海洋经济外向型程度高	①海洋创新绩效和海洋创新环境优势明显，带动并促进创新投入转化；②海洋创新起点高，海洋经济高质量发展层次高	①东西互通、陆海联动、区域协同发展；②海洋经济与创新高起点、高质量协同发展
北部海洋经济圈	①北方地区对外开放的重要平台；②制造业输出的发力区域	①联通“冰上丝绸之路”；②“一带一路”建设与黄河生态带的交会区域	①海洋经济发展基础雄厚；②海洋科研教育优势突出	①海洋创新资源和海洋创新环境具备优势；②全国海洋科技创新与技术研发基地	①“冰上丝绸之路”与黄河生态带协同发展；②海洋创新推动产业转型升级，提质增效，协同创新

南部海洋经济圈面向南海，海域辽阔，战略地位突出，是维护国家海洋权益的重要基地，海洋创新能力突出，创新投入转化能力强劲，海洋经济发展水平高，其中作为经济圈的海洋创新增长极（张丽佳等，2013）的广东海洋创新能力居全国 11 个沿海省（自治区、直辖市）首位。福建沿岸及海域是两岸交流合作先行先试区域，是服务周边地区发展的新的对外开放综合通道，是该经济圈与“一带一路”空间关联的核心区域，既是古代“海上丝绸之路”的重要起点和发祥地，又是“21 世纪海上丝绸之路”的核心区，其贸易规模持续扩大，发展动力强劲。珠江口及其两翼沿岸是中国海洋经济国际竞争力的核心区和推进海洋综合管理的先行区，《中共中央 国务院关于支持深圳建设中国特色社会主义先行示范区的意见》支持深圳加快建设全球海洋中心城市，而深圳也具备建设全球海洋中心城市的优势。北部湾沿岸及海域是中国-东盟开放合作的物流、商贸、先进

制造业极地和重要的国际区域经济合作区。海南岛沿岸及海域是中国南海资源开发与服务极地，也是国际经济合作和文化交流的重要平台，作为“21 世纪海上丝绸之路”从东南沿海到东南亚“商贸枢纽”的海口，当下依托“生态环境、经济特区、国际旅游岛”向“21 世纪海上丝绸之路”战略支点城市、大南海开发区域中心城市、海南“首善之城”逐步迈进。

东部海洋经济圈是亚太地区重要的国际门户，是“一带一路”建设与长江经济带发展战略的交会区域，东与陆地联通，西与太平洋海域联通，是陆海联通、江海联通的重要汇聚点。该经济圈也是我国参与经济全球化的重要区域，区域海洋创新能力位居第二，外向型海洋经济发展水平高，其具有全球影响力的先进制造业基地和现代服务业基地。上海沿岸及海域是国际经济、金融、贸易、航运中心。连接亚太地区和新亚欧大陆桥，通往亚太地区的便利和密集完善的港口航运体系，使该经济圈的外向型海洋经济发展模式成为中国快速适应经济全球化的重要抓手。江苏和浙江沿岸及海域分别是我国重要的综合交通枢纽、沿海新型的工业基地和海洋海岛开发开放改革示范区、现代海洋产业发展示范区、海陆统筹协调发展示范区、海洋生态文明示范区。较强的区域海洋创新能力使海洋经济发展处于高起点位置。海洋创新绩效和海洋创新环境优势明显，带动并促进创新投入转化，推动海洋经济向高质量、高层次发展。

北部海洋经济圈立足于北方经济，发展基础雄厚，是我国北方地区对外开放的重要平台，也是“一带一路”建设与黄河生态带的交会区域，通过东北亚地区连通“冰上丝绸之路”。作为制造业输出的发力区域，该经济圈海洋经济发展基础雄厚，具备丰富的海洋创新资源和优越的海洋创新环境，加上海洋科研教育优势突出，成为全国科技创新与技术研发基地。该经济圈内海洋创新能力最强的山东半岛拥有具有较强国际竞争力的现代海洋产业集聚区、世界先进水平的海洋科技教育核心区、海洋经济改革开放先行区和重要的海洋生态文明示范区；辽宁沿岸海域是东北亚重要的国际航运中心、先进装备制造业和新型原材料基地；渤海湾沿岸的天津和河北是全国现代服务业、先进制造业、高新技术产业和战略性新兴产业基地，海洋创新促进海洋经济提质增效和产业转型升级优势突出。

2. 三大海洋经济圈与“一带一路”协同发展模式

（1）南部海洋经济圈与新旧丝绸之路优势互补、开放合作协同

南部海洋经济圈的海洋创新定位与区域协作发展相一致，新旧丝绸之路优势互补，海洋创新增长极优势突出，带动圈内区域向多方位开放合作的协同发展模式迈进，西向建设东盟经济走廊，南向维护国家海洋权益。该经济圈海洋产业布局相对均衡，部分海洋产业聚集发展趋势明显，区域优势发挥充分，需要合理配置区域内海洋科技资源，带动整个海峡西岸、北部湾及海南岛沿岸协同创新。深入挖掘福建作为古丝绸之路发祥地的历史底蕴和新丝绸之路建设平台枢纽与核心区的新功能，充分结合广东作为海洋科技创新和成果高效转化集聚区、广西作为中国-东盟经济开放国际合作区、海南作为国际经济合作和文化交流平台的优势，构建古丝绸之路经验模式和新丝绸之路增长模式相互促进的创新先行机制，快速推进海洋科技创新成果转化，加快培育海洋经济发展新动能，

建设提升中国海洋国际竞争力的核心区和海洋强国建设的引领区。

南部海洋经济圈面向东盟十国，在与“一带一路”协同发展中地理位置优越，经贸、金融、基建等领域均占优势，使得中国-东盟合作成为海洋领域合作的重点。例如，与新加坡开展海洋合作，使“21世纪海上丝绸之路”中经东南亚、南亚后穿越印度洋的路线更加顺畅；与南亚的巴基斯坦和斯里兰卡常年保持友好关系，在海洋领域合作成果丰富，形势良好。中国可与东盟建设海洋经济合作区，协同提高南部海洋经济圈的海洋知识创造水平。通过集中力量、整合资源，搭建与“一带一路”沿线国家和地区海洋经贸合作互联互通前沿平台，引领中南半岛经济走廊、中巴和孟中印缅经济走廊的海洋创新协同发展，在构建亚太海洋服务中心方面发挥主导作用，推动“21世纪海上丝绸之路”建设向高质量发展走深走实。

（2）东部海洋经济圈与“一带一路”东西互通、陆海联动协同

东部海洋经济圈区域海洋创新定位与外向型经济发展模式相一致，与“一带一路”东西互通，以经济高起点、高质量、高层次的陆海联动协同发展模式为主。较高创新能力的上海以打造开放式的国际领先的“全球海洋创新中心”（张赛男，2017）为目标，带动加快海洋科技向创新引领型转变。该经济圈具有面向宽阔海域的区位特征，海洋创新环境优越、海洋创新绩效显著，同时具备区域海洋创新优势、枢纽功能和外向型海洋经济的特征。海洋创新协同发展模式注重产出高质量科研成果和推动高层次高端化海洋科技发展，促进江苏、上海、浙江三省（直辖市）联动，以上海优越的海洋创新环境为基础，共享并充分利用江苏的区域海洋创新资源，进一步挖掘浙江的海洋知识创造能力，打破区域海洋经济发展的行政壁垒，促进区域间创新资源的相互流动。东部海洋经济圈连接亚太地区和新亚欧大陆桥的重要区位优势驱动其与东西各国合作潜力与动能的释放，将战略性成果通过新亚欧大陆桥往西传递；占据长江经济带枢纽位置的优势使其更易实现江海联动的区域经济一体化发展。

（3）北部海洋经济圈与“冰上丝绸之路”南北连通、河海联动协同

北部海洋经济圈区域海洋创新定位与战略性新兴产业发展模式相一致，与“冰上丝绸之路”南北连通，与黄河经济带河海联动，虽创新能力稍弱，但四省（直辖市）均衡发展，区域联动提质增效，海洋科教资源优势推动海洋产业转型升级、海洋经济提质增效协同创新。海洋创新能力居于首位的山东，是中国历史上与海外交往的东方门户，也是古代史上著名的北方“海上丝绸之路”的起点，有着悠久的雄厚的海洋科技力量，目前拥有国家级海洋科学实验室，海洋科技教育达到世界先进水平，现代海洋产业和海洋生态文明建设均具备良好的发展势头，带动天津、河北与辽宁等联动，合理配置与利用海洋科技资源，推动海洋创新重大科技成果产出，以创新引领型海洋科技理念培育完善海洋产业链条，提高创新投入转化效果，提升海洋创新绩效，打造立足东北亚、服务“一带一路”建设的核心枢纽。天津主要从海洋知识创造能力方面着手提高海洋创新能力，整合并优化港口资源配置，充分利用自由贸易试验区建设的较强优势，加快推进北方国际航运核心区建设，快速提升现代航运服务业发展。另外，山东和河北可抓住自贸区设立的重要契机，与辽宁联动合作，共同发挥北方对外开放重要门户的优势，促进海洋经济的开放合作，推动海洋创新的北方区域联动与协同发展。

北部海洋经济圈通过“北极航道”连接俄罗斯和北欧，可充分发挥其海洋创新资源优势，持续稳定地增强与俄罗斯等北部国家的海洋合作，积极开展北极航道合作，共同促进海洋产业转型升级并提升创新成果转化能力，推进“冰上丝绸之路”的建设与通行。

8.3.5 三大海洋经济圈与“一带一路”协同创新对策建议

国家“十四五”规划对提升三大海洋经济圈发展水平及深化与周边国家涉海合作提出了更高要求。首先，本节从创新角度出发，构建区域海洋创新指数评价体系，评价三大海洋经济圈的创新能力，挖掘区域海洋创新发展优势。研究表明，南部海洋经济圈海洋创新能力突出，为三大海洋经济圈之首，海洋创新投入转化能力强劲且创新增长极明显；东部海洋经济圈海洋创新绩效和海洋创新环境优势明显，带动并促进创新投入转化，海洋创新起点高，带动海洋经济的高质量发展；作为海洋科技创新与技术研发基地的北部海洋经济圈，海洋创新资源和海洋创新环境具备优势，创新对促进海洋经济高质量发展做出了重要贡献。然后，本节运用双重差分模型探索“一带一路”倡议对三大海洋经济圈海洋创新能力提升的促进作用，结果表明倡议的政策作用具有显著性，尤其是对海洋创新绩效和海洋知识创造两类创新产出指标的促进作用明显。最后，本节根据三大海洋经济圈与“一带一路”的空间关联性，结合倡议的促进作用和三大海洋经济圈的海洋创新指数评价结果，提出三大海洋经济圈与“一带一路”协同发展模式，打造三大海洋经济圈与“一带一路”协同发展的国内国际双循环的经济发展新格局。

基于三大海洋经济圈与“一带一路”的协同发展模式，提出如下政策建议：第一，南部海洋经济圈创新增长极带动区域协同，充分发挥福建古丝绸之路发祥地优势、海南商贸枢纽优势和广东珠江三角洲区域发展重要增长极的创新优势（姜文仙和张慧晴，2019），合理配置并充分利用区域内海洋科技资源，带动整个海峡西岸、北部湾及海南岛沿岸协同创新，西向推进中国-东盟区域经济走廊与海洋创新协同发展，南向注重国家海洋权益维护、海洋资源开发、海洋环境保护与海洋创新的协同发展。第二，东部海洋经济圈三省（直辖市）优势齐发，江海联动西通，陆海统筹东进，充分发挥连接亚太地区和新亚欧大陆桥的优势，打破区域海洋经济发展的行政壁垒，促进区域间创新资源的互相流动，将战略性成果通过新亚欧大陆桥往西传递，实现江海联动，通过亚太国际门户港口航运体系向东传递，实现陆海统筹。第三，北部海洋经济圈四省（直辖市）均衡发展，协同东北亚推动“冰上丝绸之路”建设。充分发挥海洋科教资源优势和自贸试验区优势等，四省（直辖市）协同联动，推动海洋产业向海洋高新技术和战略性新兴产业转型升级，推进东北亚国际航运中心与“冰上丝绸之路”大海洋交通枢纽快速形成，促进北极航道建设与海洋经济提质增效协同共进。

8.4 我国海洋经济开放水平评价

全面对外开放是推动中国经济发展的强大动力。十九大报告强调“要以‘一带一路’建设为重点，坚持引进来和走出去并重，遵循共商共建共享原则，加强创新能力开放合作，形成陆海内外联动、东西双向互济的开放格局”。

8.4.1　海洋经济全面开放的内涵及战略影响

准确衡量海洋经济全面开放水平，有利于国家或地区全面、及时地认识海洋经济开放现状，更好地制定和优化海洋经济宏观调控政策。从学术角度来看，中国关于经济开放度的定量研究始于 20 世纪 80 年代，最初使用“国际贸易依存度”（即进出口贸易总额与国内生产总值的比值）来衡量一个国家或地区的对外开放程度。此后，学者们逐步将投资开放度、技术开放度、人员流动、金融开放度等指标纳入对外开放水平的测度。然而，受统计资料与数据的限制，经济开放度多用一个或几个指标表示，无法全面反映经济对外开放水平。2012 年，发展改革委国际合作中心发布《中国区域对外开放指数研究报告》，通过经济开放、技术开放和社会开放反映对外开放。对于海洋经济领域而言，尚没有海洋经济全面开放水平测度方面的权威研究。关于中国海洋经济全面开放，有以下关键的现实和学术问题需要明确：①在全国范围内，沿海省（自治区、直辖市）海洋经济全面开放水平的现状如何？呈现何种规律？②中国海洋经济全面开放水平是否存在显著梯度差异？重要影响因素有哪些？本章基于“海洋经济全面开放指数”这一概念，探讨了其内涵，构建了相关评价指标体系，并对 2000～2016 年中国 11 个沿海省（自治区、直辖市）的海洋经济全面开放指数进行测度分析，总结海洋经济全面开放水平的差异和规律，以期为中国未来海洋经济发展提供决策支撑。

经济全面开放，应表现为一国或地区在地理范围上和经济领域上全方位的对外开放。事实证明，以开放促改革、促发展，不仅是中国经济持续增长的基本经验，还是中国现代化建设不断取得新成就的重要法宝。随着中国经济的腾飞和党的十九大的胜利召开，经济全面开放有了新的内涵。一方面，随着改革开放政策的进一步深入，坚持“引进来”与“走出去”更好结合，从贸易大国到投资大国、从商品输出到资本输出，是开放型经济转型升级的必由之路。另一方面，当今的开放展现为国际化开放与区际化开放并存的“二重开放”，对单一区域来说，经济全面开放不仅要展现其在各领域的国际交流与合作，同时还应体现区际的资源流动、技术获取、成果共享。

加快推进海洋经济全面开放，是经济全面开放在海洋领域的进一步发展，是落实“21 世纪海上丝绸之路”和海洋强国战略的重要举措。①从全球趋势来看，中国对海洋开放型经济形态的高度依赖，决定了全球海洋秩序的构建和运用关乎重大国家利益；②从开放格局来看，中国凭借海洋的桥梁和纽带作用，依靠两个市场、两种资源，形成了两头在外的开放型发展格局，现代海洋经济已成为国民经济的重要组成部分和拉动国民经济增长的新引擎；③从经济发展方向来看，推动海洋经济全面开放是沿海地区经济发展的必然要求，是拓展“蓝色”发展空间的战略选择；④从社会发展需求来看，海洋经济全面开放有利于促进沿海地区经济高质量发展，促进区域协调和陆海统筹，满足人民日益增长的美好生活需要。

本书所指海洋经济全面开放指数，是衡量一国或地区海洋经济全面开放水平，切实反映一国或地区海洋经济开放深度与广度的综合性指数。对于中国当前海洋经济发展而言，海洋经济全面开放指数测度一方面有助于摸清中国海洋经济全面开放的发展趋势，另一方面有助于明确量化不同地区在海洋经济全面开放水平上的差异，深入分析扩大海洋经济全面开放与海洋经济协调发展之间的重要关系，为科学制定沿海地区开放政策提供支撑。

8.4.2 构建测度海洋经济全面开放指数的指标体系

海洋经济全面开放指数测度借鉴国内外关于经济增长与经济开放度测度等的理论与方法，基于海洋经济全面开放的内涵构建指标体系，力求全面、客观、准确地反映中国海洋经济全面开放水平。

1. 构建原则

基于“创新、协调、绿色、开放、共享”的发展理念和海洋经济全面开放内涵，海洋经济全面开放指数指标的选取应该遵循如下基本原则。第一，指标体系兼顾综合性和层次性。海洋经济全面开放受到经济、政治、文化等诸多因素的影响，因此指标体系必须能够全面反映海洋经济开放程度的高低。第二，指标体系必须按照层次递进关系组成层次分明、结构合理、相互关联的整体，以保证研究的系统性和科学性。第三，指标数据来源需具有权威性，所有指标的原始数据必须来源于公认的国家官方统计和调查数据，通过正规渠道定期收集，确保原始数据的准确性、权威性、持续性和及时性。第四，指标具有客观性和可扩展性。指标应能体现科学性和客观现实性思想，以相对指标为主，减少人为合成指标。第五，指标应具有宏观表征意义，非对应唯一狭义数据。

2. 体系构建

结合中国海洋经济发展实际，从海洋经济开放分指数、海洋社会开放分指数和海洋科技开放分指数的内涵出发，构建海洋经济全面开放指数指标体系（表 8-15），在充分反映海洋经济开放程度的同时，增加海洋社会和海洋科技领域的指标，力求保证指标体系的科学性与合理性。

表 8-15 海洋经济全面开放指数指标体系

分指数		指标	指标解释
海洋经济开放分指数	海洋渔业开放	水产品进口依存度（%） 水产品出口依存度（%） 沿海地区渔港个数（个）	水产品进（出）口总额/GDP×100% 沿海地区渔港个数
	海洋交通运输业开放	沿海港口货物运输量与总货运量的比值（%） 沿海港口旅客运输量与总客运量的比值（%）	沿海港口货物（旅客）运输量/总货（客）运量×100%
	滨海旅游业开放	国际旅游外汇收入与地区生产总值的比值（%） 沿海地区旅行社数（个）	国际旅游外汇收入/GDP×100% 沿海地区旅行社数
	其他经济开放	外商投资企业货物进出口总额与地区生产总值的比值（%） 实际使用外资金额与地区生产总值的比值（%） 涉海就业人数增加率（%）	外商投资企业货物进出口总额/GDP×100% 实际使用外资金额/GDP×100% （当年涉海地区就业人数−前一年涉海地区就业人数）/前一年涉海地区就业人数×100%

续表

分指数		指标	指标解释
海洋社会开放分指数	海洋教育开放	沿海高校国际合作派遣人数与当年年末常住人口数的比值（%） 沿海高校国际合作接受人数与当年年末常住人口数的比值（%）	沿海高校国际合作派遣（接受）人数/当年年末常住人口数×100%
		沿海高校国际学术会议主办次数（次） 海洋专业本硕博专业点数（个）	沿海高校国际学术会议主办次数 海洋专业本硕博专业点数
	通信开放	邮电业务收入与地区生产总值的比值（%） 互联网上网人数与当年年末常住人口数的比值（%）	邮电业务总量/GDP×100% 互联网上网人数/当年年末常住人口数×100%
	文化开放	图书总印数与当年年末常住人口数的比值（%） 涉外及港澳台居民登记结婚比例（%）	图书总印数/当年年末常住人口数×100% 涉外及港澳台居民登记结婚/当年年末常住人口数×100%
海洋科技开放分指数	海洋科技成果开放	海洋科研机构科技论文国外发表数与总数的比值（%） 海洋科研机构科研人员发表科技论文数与当年年末常住人口数的比值（%） 海洋科研机构本年出版科技著作数与当年年末常住人口数的比值（%） 沿海地区发表海洋学 SCI 论文篇数与当年年末常住人口数的比值（%） 沿海地区海洋领域专利申请数量与当年年末常住人口数的比值（%）	海洋科研机构科技论文国外发表数/海洋科研机构科技论文国内外发表总数×100% 海洋科研机构科研人员发表科技论文数/当年年末常住人口数×100% 海洋科研机构本年出版科技著作数/当年年末常住人口数×100% 沿海地区发表海洋学 SCI 论文篇数/当年年末常住人口数×100% 沿海地区海洋领域专利申请数量/当年年末常住人口数×100%
	海洋科技进步开放	海洋科技进步贡献率（%） 海洋科研教育管理服务业产值与地区海洋生产总值的比值（%）	课题组根据《中国海洋统计年鉴》数据测算，测算方法为索洛余值法 海洋科研教育管理服务业产值/GOP×100%

海洋经济开放分指数旨在衡量海洋经济融入外部市场的程度和能力。海洋经济的发展依托于海洋产业，其中，涉及海洋经济开放的产业主要有海洋渔业、海洋交通运输业和滨海旅游业。因此，从海洋渔业开放、海洋交通运输业开放、滨海旅游业开放和其他经济开放 4 个方面来设置海洋经济开放分指数的指标。其中，海洋渔业开放的程度以水产品进（出）口依存度体现，海洋渔业开放的能力以沿海地区渔港个数体现；海洋交通运输业开放的指标选取沿海港口货物运输量与总货运量的比值和沿海港口旅客运输量与总客运量的比值；滨海旅游业开放的程度和能力分别用国际旅游外汇收入与地区生产总值的比值和沿海地区旅行社数来体现。此外，从经济整体发展状况出发，以外商投资企业货物进出口总额与地区生产总值的比值、实际使用外资金额与地区生产总值的比值、涉海就业人数增加率来分别反映经济对外交流中货物、资金、人员的流动程度。

海洋社会开放分指数主要评价海洋经济全面开放的社会环境。社会开放涉及语言习俗、信息交流、科研教育、文化交融、宗教信仰等多方面，受海洋领域统计数据限制，从海洋教育开放、通信开放和文化开放 3 个方面设置海洋社会开放分指数的指标。其中，海洋教育开放的指标选取沿海高校国际合作派遣（接受）人数与当年年末常住人口数的比值、沿海高校国际学术会议主办次数和海洋专业本硕博专业点数；通信开放以邮电业务收入总量与地区生产总值的比值和互联网上网人数与当年年末常住人口数的比值体现；文化开放以图书总印数与当年年末常住人口数的比值和涉外及港澳台居民登记结婚比例体现。

海洋科技开放分指数主要衡量吸收海洋先进技术、创造海洋领先技术、形成海洋科技成果的能力。随着中国海洋战略地位的提升，海洋经济的发展越来越依赖海洋科技，海洋科技进步已成为海洋经济发展的主要动力。因此，从海洋科技成果开放和海洋科技进步开放两个方面设置海洋科技开放分指数的指标。其中，海洋科技成果开放的指标选取海洋科研机构科技论文国外发表数与总数的比值、海洋科研机构科研人员发表科技论文数与当年年末常住人口数的比值、海洋科研机构本年出版科技著作数与当年年末常住人口数的比值、沿海地区发表海洋学 SCI 论文篇数与当年年末常住人口数的比值和沿海地区海洋领域专利申请数量与当年年末常住人口数的比值；海洋科技进步开放则用海洋科技进步贡献率和海洋科研教育管理服务业产值与地区海洋生产总值的比值反映。

3. 测度方法

本书借助标杆分析法测算11个沿海省（自治区、直辖市）的海洋经济全面开放指数。标杆分析法是目前国际上广泛应用的一种测度方法，其原理是：对被评估的对象给出一个基准值，并以此为标准去衡量所有被评估的对象，从而发现彼此之间的差距，给出排序结果。

通过考查原始数据的连续性，拟测度 2000～2016 年中国 11 个沿海省（自治区、直辖市）的海洋经济全面开放指数，测算过程如下。

三级指标测算。设定每一指标的最大值为基准值，基准值为 100，则各指标得分为

$$C_{tij}=100\times x_{tij}/X_{tij} \tag{8-9}$$

式中，i=1～25，表示 25 个指标；j=1～11，表示 11 个沿海省（自治区、直辖市）；t=2000～2016，表示 2000～2016 年；x_{tij} 表示第 j 个地区 t 年第 i 项指标的原始数据值；X_{tij} 表示第 j 个地区 t 年第 i 项指标原始数据值中的最大值；C_{tij} 表示第 j 个地区 t 年第 i 项指标的得分。

二级指标测算。根据各省（自治区、直辖市）三级指标最终得分，采用等权重法测算二级指标原始数值；再采用第一步的标杆分析法，得出各省（自治区、直辖市）历年二级指标最终得分。

一级指标测算。根据各省（自治区、直辖市）二级指标最终得分，采用等权重法测算三级指标原始数值；再采用第一步的标杆分析法，得出各省（自治区、直辖市）历年一级指标最终得分。

海洋经济全面开放指数测算。根据历年各省（自治区、直辖市）一级指标最终得分，采用等权重法测算海洋经济全面开放指数的原始数值，再通过标杆分析法得到最终得分。

需要说明的有两点：一是本研究在指标设置时充分考虑了各项分指数的重要程度，并据此确定指标数量，为尽量避免人为因素干扰，指标权重采取等权重；二是方法采用

经典的标杆分析法，衡量评估对象的相对水平，反映区域尺度的横向比较和时间尺度的纵向比较。

8.4.3 中国海洋经济全面开放的水平测度

基于测算结果和综合海洋经济开放分指数、海洋社会开放分指数、海洋科技开放分指数，总结中国海洋经济全面开放水平规律。

1. 空间布局呈现南高北低、东高西低的格局

中国海洋经济全面开放在空间布局上呈现出南高北低、东高西低的格局。2000～2016 年各沿海省（自治区、直辖市）海洋经济全面开放指数排名存在不同的变化趋势（表 8-16）。总体来看，上海稳居第一，海洋经济全面开放水平极高；广东、浙江、福建和山东排名靠前且变化不大，开放水平高且较为稳定；海南、江苏、天津和辽宁在 2000～2016 年排名波动剧烈，开放水平不稳定；而广西和河北排名相对落后，海洋经济全面开放水平较低。

表 8-16 2000～2016 年中国 11 个沿海省（自治区、直辖市）海洋经济全面开放指数排名

年份	上海	广东	福建	辽宁	浙江	山东	江苏	海南	天津	广西	河北
2000	1	4	6	8	3	2	7	9	5	10	11
2001	1	5	4	8	2	3	6	9	7	10	11
2002	1	3	4	8	2	5	7	9	6	10	11
2003	1	4	5	8	2	3	7	9	6	10	11
2004	1	4	5	8	3	2	6	9	7	10	11
2005	1	2	4	9	3	5	7	8	6	10	11
2006	1	2	4	9	3	5	7	8	6	10	11
2007	1	2	3	9	4	5	8	6	7	10	11
2008	1	2	4	9	3	5	6	7	8	10	11
2009	1	2	3	7	4	5	6	8	9	10	11
2010	1	2	3	9	4	5	6	7	8	10	11
2011	1	2	3	9	4	5	7	6	8	10	11
2012	1	2	3	9	4	5	6	7	8	10	11
2013	1	2	3	9	4	5	7	6	8	10	11
2014	1	2	4	9	3	5	6	8	7	10	11
2015	1	2	3	7	4	5	8	6	9	10	11
2016	1	2	3	4	5	6	7	8	9	10	11

从南北位置来看，以秦岭、淮河为界，共有 7 个南部沿海省（自治区、直辖市）和 4 个北部沿海省（直辖市）纳入统计测算。2000～2016 年，南部沿海省（自治区、直辖市）的海洋经济全面开放指数平均得分均高于北部沿海省（直辖市）的平均得分（图 8-6）。总体来看，南北沿海省（自治区、直辖市）的海洋经济全面开放水平差距自

2000年至2008年为逐渐扩大的趋势，并于2008年达到最大。此后，直至2016年，南北沿海省（自治区、直辖市）的海洋经济全面开放水平差距逐渐稳定并维持在一定的数量上，总体呈现南高北低的格局。从区域角度来看，纳入测算的沿海省（自治区、直辖市）覆盖华南地区（海南、广西、广东）、华东地区（上海、福建、浙江、江苏、山东）、华北地区（河北、天津）和东北地区（辽宁）。华东地区的海洋经济全面开放水平整体较高，对外交流频繁，而华北地区、东北地区和华南地区的海洋经济全面开放水平有待提升（图8-7），总体呈现东高西低的现象。综上，根据海洋经济开放指数体系测算结果，中国海洋经济全面开放水平不均衡，呈现出明显且稳定的空间差异，北部地区低于南部地区，西部地区低于东部地区。

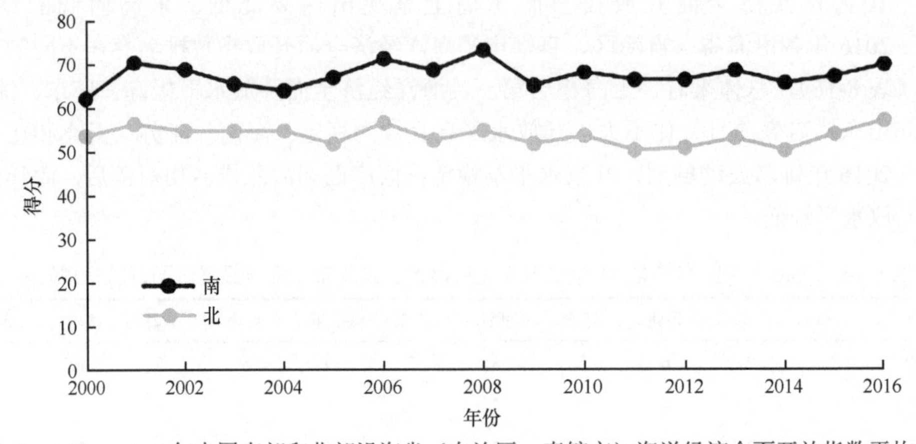

图8-6　2000～2016年中国南部和北部沿海省（自治区、直辖市）海洋经济全面开放指数平均得分

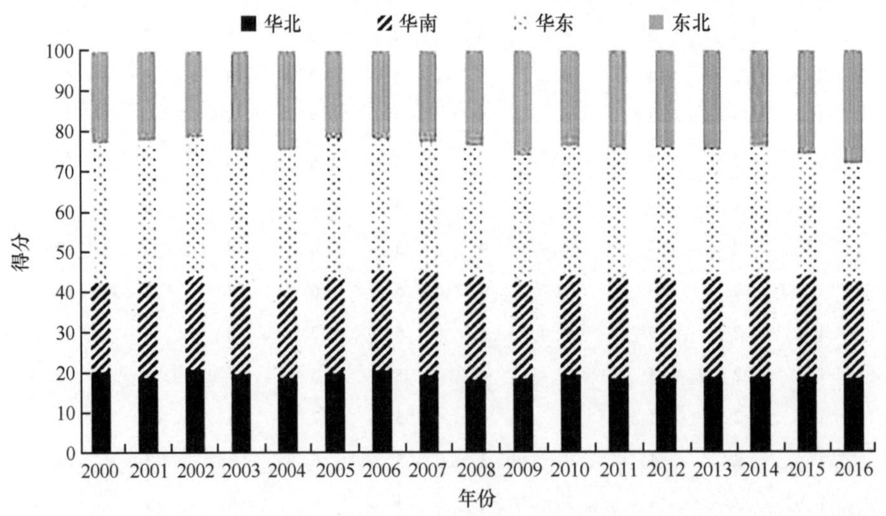

图8-7　2000～2016年中国华北、华南、华东和东北地区海洋经济全面开放指数平均得分

2. 时间尺度上表现为波动变化、差距缩小的趋势

中国海洋经济全面开放在时间演变上表现为波动变化、差距缩小的趋势，如图8-7所示。2000～2016年中国沿海省（自治区、直辖市）海洋经济全面开放指数得分除上海17年来稳居第一外，其他省（自治区、直辖市）指数得分都存在不同程度的波动。其中，

广东、浙江、山东、福建、江苏、天津、海南和辽宁的海洋经济全面开放水平差距自2000年以来不断缩小并逐渐向上海靠拢，其变化范围从2000年的40～85演变到2016年的70～90。广西和河北虽然在海洋经济开放上表现较差，但是其指数得分从2000年的20左右提升到了2016年的39左右，也呈现出与大部分省（直辖市）差距减小的态势。主要原因一是国家对海洋经济全面开放的协调与重视的效果开始显现；二是区际资源流动、技术获取、成果共享等更加频繁，各地区共同发展、均衡发展。

3. 海洋经济全面开放水平梯次差异显著

根据历年海洋经济全面开放指数的平均得分，将11个沿海省（自治区、直辖市）划分为4个梯次（图8-8，表8-17）。2000～2016年海洋经济全面开放指数平均得分在75分（含）以上的地区为第一梯次，包括上海和广东；海洋经济全面开放指数平均得分在75分以下、65分（含）以上的地区为第二梯次，包括浙江、福建和山东；海洋经济全面开放指数平均得分在65分以下、50分（含）以上的地区为第三梯次，包括天津、江苏、辽宁和海南；海洋经济全面开放指数平均得分在50分以下的地区为第四梯次，包括广西和河北。

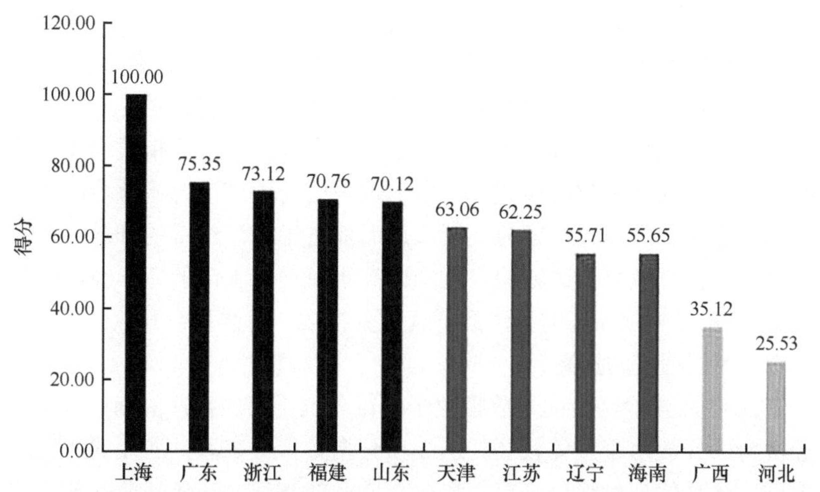

图8-8 2000～2016年11个沿海省（自治区、直辖市）海洋经济全面开放指数平均得分

表8-17 2000～2016年中国沿海省（自治区、直辖市）海洋经济全面开放指数梯次划分依据及结果

梯次分类	2000～2016年海洋经济全面开放指数平均得分	沿海省（自治区、直辖市）
第一梯次	平均得分≥75	上海、广东
第二梯次	65≤平均得分＜75	浙江、福建、山东
第三梯次	50≤平均得分＜65	天津、江苏、辽宁、海南
第四梯次	平均得分＜50	广西、河北

从测度结果来看，2000～2016年中国11个沿海省（自治区、直辖市）海洋经济全面开放指数梯次差异显著。以下对各梯次的海洋经济全面开放指数得分变化情况及其原因进行讨论。

2000～2016年海洋经济全面开放指数平均得分位于第一梯次的为上海和广东。上海在海洋经济开放分指数和海洋社会开放分指数方面明显领先，体现了上海作为中国经济、金融和航运中心在全面开放型海洋经济方面的优势。从具体指标来看，上海在区域经济、海洋教育、通信等方面的开放水平处于绝对领先地位，且海洋科技进步方面的开放优势进一步加强。而广东的优势体现在海洋科技开放分指数，充分证明了其在海洋先进技术的获取与吸收、海洋科技成果的产出与交流等方面表现突出。同时，在通信开放与滨海旅游业开放方面广东有明显优势。

2000～2016年海洋经济全面开放指数平均得分位于第二梯次的为浙江、福建和山东。一方面，三个省份在综合指数和3项分指数中均有相对较高得分，是中国海洋经济全面开放的前沿。另一方面，从海洋经济开放的结构来看，浙江、福建和山东又具有各自的区域特征。在海洋科技开放分指数方面，山东作为中国海洋科技强省在海洋科技成果、海洋科技进步等方面取得了卓越的成绩，尤其是在海洋科技成果开放方面，山东处于领先地位，区域经济开放水平有所提高。值得注意的是，浙江海洋社会开放分指数得分保持在70分左右，这说明浙江海洋社会开放水平相对稳定，在海洋经济开放水平稳步上升的同时，海洋科技开放水平有所下降。此外，浙江的区域经济开放水平、海洋交通运输业相对较弱。福建的海洋经济开放分指数和海洋社会开放分指数相对较高，然而海洋科技开放分指数近年来有下降趋势，且海洋科技创新能力明显不足。从具体指标来看，福建的文化开放指数处于绝对优势地位，海洋渔业开放水平有显著提高。

2000～2016年海洋经济全面开放指数平均得分位于第三梯次的为天津、江苏、海南和辽宁。从3项分指数得分来看，辽宁和海南的海洋经济开放分指数相差不大，但近年来海南的海洋经济开放分指数明显超过辽宁，这是因为海南滨海旅游业的快速发展，带动了海洋交通运输业、区域经济等的发展，进而促进了海洋经济的开放；在海洋社会开放分指数和海洋科技开放分指数方面，辽宁则高于海南。天津的海洋经济开放分指数相对较高。自2000年以来，江苏的海洋经济开放分指数、海洋社会开放分指数和海洋科技开放分指数均有不同程度的提高。

2000～2016年海洋经济全面开放指数平均得分位于第四梯次的为广西和河北。该梯次的海洋经济全面开放水平整体较弱。从3项分指数得分来看，河北的海洋科技开放分指数明显最弱。从具体指标得分来看，河北、广西的海洋交通运输业开放程度与其他沿海省（直辖市）相差较远。

4. 海洋科技创新是海洋经济全面开放的决定性因素

2005年以后，中国沿海省（自治区、直辖市）的海洋经济开放分指标走势存在极大的相似性，大部分在2008年政府为缓解金融危机下放4万亿元的资金后达到顶峰，随后出现了一定程度的下降及持续三年的平稳阶段，至2013年有小幅度的提升，2014年又有所回落。这表明，中国各沿海省（自治区、直辖市）的海洋经济开放分指数受中国宏观环境的影响较大。

中国沿海省（自治区、直辖市）海洋社会开放分指数得分自2000年以来较为平稳，总体波动幅度不大。在纳入测算的17年中，上海的海洋社会开放分指数得分遥遥领先，社会全面开放水平极高，其余省（自治区、直辖市）的得分分布在20～80，并在测算期间年平均变化不超过5个百分点，这表明中国沿海省（自治区、直辖市）海洋社会开放水平稳定，不易受内外因素影响。

与海洋经济开放分指数和海洋社会开放分指数相比，中国各沿海省（自治区、直辖市）海洋科技开放分指数的变化并没有呈现一致性、稳定性的特点。但是通过对比中国沿海省（自治区、直辖市）海洋经济全面开放指数排名（表 8-16），易得出结论：海洋科技开放分指数的波动在很大程度上决定了海洋经济全面开放指数排名。例如，广东、辽宁自 2000 年至 2016 年海洋科技开放分指数有了很大提升，与此同时，广东、辽宁在海洋经济全面开放指数排名中也分别从第四名提升到第二名、从第八名提升到第四名。反之，山东、天津的海洋科技开放分指数在测算年间出现下降趋势，而对应其在海洋经济全面开放指数排名中也被其他省份反超。

从另一个角度来看，海洋科技开放分指数对于海洋经济全面开放指数排名的决定作用是必然的。由于各省（自治区、直辖市）海洋经济开放分指数受国内宏观调控的影响较大，而海洋社会开放分指数具有一定的稳定性，因此海洋科技开放水平的提升对于促进各地区海洋经济全面开放水平提升表现突出，海洋科技创新成为海洋经济全面开放水平的决定性因素。

8.4.4 对策建议

基于上述对 2000～2016 年中国 11 个沿海省（自治区、直辖市）的海洋经济全面开放水平的实证研究，我们提出以下有针对性的对策建议，以期对提升中国海洋经济全面开放水平提供帮助。

1. 重视海洋经济开放水平的提高，大力推进全面开放新格局

开放是国家繁荣发展的必由之路。在“两个一百年”奋斗目标的历史交会期，中国要高度重视海洋经济全面开放水平的提升，充分发挥中国各沿海省（自治区、直辖市）海洋资源的优势，扎实推进海洋经济全面开放建设，在深化沿海开放的同时，推动内陆地区从开放洼地变为开放高地，形成陆海内外联动、东西双向互济的开放格局，进而形成区域协调发展新格局。

2. 海洋经济强势地区发挥辐射带动作用，共同促进海洋经济全面开放格局的构建

测算结果表明，中国很多地理位置相近的地区开放发展水平差距较大，如广东与广西、天津和河北等地。因此，中国各沿海省（自治区、直辖市）应加强与周边地区的交流与合作，打破省（自治区、直辖市）界的区域划分，加强区际资源流动、技术获取、成果共享，打造开放层次更高、辐射作用更强的开放新高地，形成集聚优势，加强协调发展，促进海洋经济全面开放格局的构建。

3. 鼓励各地区立足自身优势，走差异化海洋经济全面开放发展之路

在中国推动形成全面开放新格局之际，各沿海地区应发掘自身优势与资源，找准定位，走差异化海洋经济全面开放发展之路。例如，福建位于长江三角洲和珠江三角洲的

连接地带，且与台湾一衣带水，应充分发挥其地理优势，在区域经济、海洋教育和海洋科技成果开放等方面力争上游；海南应积极建立和完善与国际接轨的贸易和物流体系，充分利用开放航权和部分境外旅行团落地签证政策，促进其滨海旅游业和会展业的发展。

4. 完善海洋创新体系，促进海洋科技全面开放水平提升

实现海洋强国战略，科技的支撑必不可少。在中国大力推进海洋经济全面开放的同时，海洋科技开放的发展不容小觑，应以高校、科研机构和高新企业为依托，推动沿海省（自治区、直辖市）海洋科技成果的产出与交流，促进海洋科技开放水平的提高。立足创新驱动发展战略，整合海洋科研力量，推进海洋创新体系建设，以促进海洋科技成果开放水平与海洋科技进步开放水平的共同提升。

第 9 章

海洋科技投入产出效率评价

进入 21 世纪后，开发海洋资源、发展海洋经济，受到世界各国越来越多的重视。从全球范围来看，海洋科技成为世界海洋强国争夺海洋领导地位和提高国际话语权的关键领域之一。我国海洋科技研究虽然起步较晚，但经过几十年的探索与发展，已进入跨越式发展的新阶段，海洋科技发展从“量的积累”阶段迈入“质的突破”阶段。经济新常态下，合理配置海洋科技资源、提高海洋科技投入产出效率成为推动我国海洋科技发展的强大动力。

创新是引领发展的第一动力。十八届五中全会提出“创新、协调、绿色、开放、共享”的发展理念，首项就提及“创新”。“十三五”是实现海洋科技跨越式发展的战略机遇期，也是推动海洋科技创新再上新台阶的关键阶段。从国家层面回顾总结“十五”以来海洋科技投入产出效率的特点并进行预测分析，把握形势，对统筹推动“十四五”海洋科技工作具有实践和现实意义。本章从投入产出效率入手，运用数据包络分析模型定量评价海洋科技投入产出效率，客观认识并把握我国海洋科技活动的动态变化，研究我国沿海地区的经济效能，从而为开展更有效率的海洋科技宏观调控、推动海洋强国建设提供参考。

9.1 海洋科技投入产出效率评价方法

经济效能的评价是多投入和多产出的复杂系统，因此不能仅把产出作为评价的唯一指标，而是要注重效率，即注重产出和投入的比值，对经济活动进行全面的评价。目前，国内外主要采用统计回归分析的生产函数方法、构建指标体系进行综合评价的方法、赋予权重法和数据包络分析（data envelopment analysis，DEA）方法等定量评价投入产出效率。近年来，国内有关科技效率评价的 DEA 文献逐渐增多：许治和师萍（2005）运用 DEA 方法对我国科技投入相对效率进行了测度，结果表明不同部门科技资源的使用对整个社会科技投入相对效率的影响不同，增加企业科研经费支出比例有助于我国科技投入效率的提高；田东平和苗玉凤（2005）运用 DEA 方法对我国高校的科研效率进行了评价，结果表明高校的科研效率存在明显的地域性差异，东部高于中部，西部最低；张浩和孟宪忠（2005）对科研院所、企业和高校三类机构的科技效率进行了评价与比较，发现企业科技效率随着投入的增加无明显改进，并根据评价结果提出了建议。综上所述，DEA 方法作为科研评价的方法已经在国内被广泛认可且应用甚广。同时，国内的许多学者根据不同研究领域将层次分析法（AHP）、因子分析法（DRF）等和 DEA 方法相结合，以此来求得更为科学的计算结果。

本章将用于分析投入产出效率的 DEA 方法首次运用于海洋经济效能的评价中，各投入产出指标的权重则通过模型运算产生，可有效消除评价者主观因素的影响。此外，DEA 方法不需要预先设定生产函数和进行参数估计，在处理多投入和多产出的复杂问题上有很强的适应性，对于非有效的评价单元，不仅能指出指标的调整方向，还能给出具体的调整量，这些优点都使得 DEA 方法被认为是评价多投入、多产出复杂系统的科学方法。

DEA 方法是以相对效率概念为基础，以数学规划为主要工具，以优化为主要方法，根据多指标投入和多指标产出数据对相同类型的单位（部门或企业）进行相对有效性或效益评价的多指标综合评价方法（段永瑞，2006）。其原理是根据若干组关于投入产出的数值，采用运筹学的线性规划模型测算出有效产出的相对前沿面，再将各组数值投影与有效前沿面做比较，进而衡量各组数值的效率。对于处在前沿面上的决策单元（decision making unit，DMU），即可认定其有相对效率，并将其效率指标定为 1，而对于不在前沿面上的 DMU，则认定其为缺乏效率，以其与有效前沿面之间的距离为准，可解出该 DMU 的相对效率指标（刘大海，2008）。目前，DEA 方法不断得到完善并在实际中被广泛运用，其中对制造业、高校、科研单位、银行等行业的效率评价最为常见。

本章从投入产出效率入手、运用 DEA 模型来研究我国沿海地区的经济效能，选取山东的 7 个沿海市（参与计算的为 37 个沿海县、区）作为评价单元，在相关统计年鉴中从经济、科研教育、环境保护等多方面筛选出 10 个投入产出指标，将投入、产出的样本数据代入 DEA 模型，应用海洋经济效能专题评估软件进行综合效率、技术效率、规模效率和规模报酬的测度，以期对山东沿海各行政区域的经济效能做出评价。

9.2 我国海洋科技投入产出效率空间布局

21 世纪是海洋的世纪。随着全球经济一体化进程的加快和知识经济时代的到来，海洋科技在经济、社会、生态领域的作用逐步增强，为经济发展、社会进步、生态保护提供了强大的技术支持，在未来的国际竞争中占据主要地位。

近年来，我国海洋科技发展态势良好，一系列工作扎实推进，一大批成果走上前台，全面影响和深化海洋开发进程。然而，海洋事业蓬勃发展对海洋科技工作提出了更高的要求，我国当前海洋科技投入产出效率已远远不能满足需求。

立足我国海洋科技发展现状，整体把握海洋科技活动的区域特点和动态变化，定量评价海洋科技投入产出效率，从而为我国海洋科技宏观调控提供有效的决策支持，其意义深远而重大。基于此，本节运用 DEA 方法，以 2012 年为基准年，对我国拥有涉海科研机构的地区，开展海洋科技综合效率、技术效率、规模效率和规模报酬等指标的求解和分析，给出提高涉海科研机构海洋科技投入产出效率的政策建议。

9.2.1 指标体系构建

评价指标体系是进行海洋科技投入产出效率评价的基础，它的科学性与合理性对评价结果至关重要。然而，海洋科技评价指标繁多、体系复杂，综合考虑指标选取原则、数据采集的可行性及海洋科技投入产出自身的特点建立指标体系，如表 9-1 所示。

表 9-1　海洋科技投入产出分析指标体系

一级指标	二级指标	三级指标
海洋科技投入	劳动力投入	科技活动人员
		R&D 人员
	资本投入	经费科技活动支出
		R&D 经费内部支出
		经费科技活动收入
海洋科技产出	产出	科技活动人员的科技论文数
		专利申请受理量
		对外科技服务活动工作量

对以上科技投入产出的指标定义如下。

1）科技活动人员是指涉海单位从业人员中的科技管理人员、课题活动人员及科技服务人员。

2）R&D 人员是指包括涉海单位本单位人员、外聘研究人员和在读研究生在内的人员中在报告年度参加 R&D 课题的人员、R&D 课题管理人员和为 R&D 活动提供直接服务的人员。

3）经费科技活动支出是指涉海单位在报告期内用于内部开展海洋科技活动实际支出的费用，包括来自科研渠道及其他各种渠道的经费中实际用于海洋科技活动支出的费用及外协加工费。

4）R&D 经费内部支出是指涉海单位在报告年度为进行 R&D 活动而实际用于本机构内的全部支出，包括劳务费、其他日常支出、仪器设备购置费、土地使用和建造费等。

5）经费科技活动收入是指涉海单位在报告期内开展海洋科技活动所获得的收入。

6）科技活动人员的科技论文数是指涉海单位在报告年度在学术期刊上发表的最初的科学研究成果，包括在全国性学报或学术刊物上、省部属大专院校对外正式发行的学报或学术刊物上发表的论文，以及向国外发表的论文，统计范围仅为本单位科技人员是第一作者的论文。

7）专利申请受理量是指涉海单位在报告年度向国内外知识产权行政部门提出专利申请并被受理的件数。

8）对外科技服务活动工作量是指涉海单位人员在报告期内参加对外科技服务活动的各类人员工作量的总和。

9.2.2　测算分析

此次评价选择 2012 年为基准年，将收集到的海洋科技投入、产出数据代入运算，运用 LINGO 8.0 软件分别对各决策单元海洋科技的综合效率、技术效率、规模效率和规模报酬等指标进行实证研究。

综合 DEA 值反映相应决策单元的投入产出是否有效率，当且仅当其值为 1 时，综合效率相对有效，小于 1 时则相对无效。技术 DEA 值反映各决策单元对于投入要素是否有效地运用，当且仅当其值为1时，技术效率相对有效，小于1时则相对无效；规模DEA值为综合DEA值与技术DEA值的商，反映相应决策单元的投入产出是否达到最佳状态。CRS（constant returns to scale）表示规模报酬不变，DRS（decreasing returns to scale）表示规模报酬递减，IRS（increasing returns to scale）表示规模报酬递增，分别说明相应决策单元加大投入时，其产出的增加值将等于、小于、大于投入的增加值。效率评价结果如表9-2所示。

表9-2 评价结果——各地区DEA值

地区	综合DEA值	技术DEA值	规模DEA值	$\sum_{j=1}^{n}\lambda_j$	规模报酬
辽宁	1	1	1	1	CRS
北京	0.9034	1	0.9034	7.0550	IRS
天津	0.6299	0.6967	0.9041	1.5015	IRS
河北	1	1	1	1	CRS
山东	1	1	1	1	CRS
江苏	0.9697	1	0.9697	2.4179	IRS
上海	0.9096	0.9626	0.9449	1.5345	IRS
浙江	0.7372	1	0.7372	2.9985	IRS
福建	0.4875	0.4887	0.9975	1.0098	IRS
广东	1	1	1	1	CRS
广西	1	1	1	1	CRS
海南	1	1	1	1	CRS

根据表9-2可得出如下结论。

1）在模型综合分析方面，2012年我国12个拥有涉海科研机构的地区（除黑龙江、湖北、甘肃、陕西外）中，综合DEA值为1的地区占50%，分别是辽宁、河北、山东、广东、广西和海南；还有50%的地区在海洋科技投入产出方面相对无效，其中，北京、江苏和上海为边缘非效率单位（整体效率值介于0.9与1之间），表明这3个地区只要在投入产出上稍作调整即可达到综合相对有效；其他地区为明显非效率单位。

2）在技术有效性分析方面，技术相对有效的地区占75%，说明大部分决策单元对科技投入要素的运用是有效的。

3）在规模有效性及规模效益分析方面，所有地区均为非规模报酬递减，意味着在这些地区加大海洋科技投入，其产出的增加值将大于或等于投入的增加值。

9.2.3 对策建议

本研究通过C^2R模型对2012年我国拥有涉海科研机构的地区（除黑龙江、湖北、甘肃、陕西外）的海洋科技综合效率、技术效率、规模效率及规模报酬等指标进行了求解分析，得出以下结论和建议。

1）辽宁、河北、山东、广东、广西和海南六地的4个DEA指标均为有效，说明这些地区在海洋科技发展上处于领先地位。其中，山东和广东两地作为我国的海洋大省，不仅在海洋科技方面达到了综合相对有效，还在投入产出数量级上位于全国前列，实现了又好又快发展。此外，六地的规模报酬不变，这就要求这些地区在加大海洋科技投入力度的同时，应充分重视已投入海洋科技资源的高效利用，进一步提高产出水平，提高科技成果的产业化程度；定期进行自我监测与评价，根据当前发展状况，控制海洋科技投入产出水平，以保证规模最优。

2）北京、江苏和浙江三地综合效率接近前沿面，且技术相对有效，处于规模报酬递增区域，说明这些地区在海洋科技发展上具有一定的优势。其中，北京、江苏为边缘非效率单位，表明其具备显著提高产出的潜力。建议这些地区加强规模建设，鼓励优秀人才引进，争取资金投入，通过扩大科研规模实现规模效应，同时将重心放在改善海洋科技投入产出结构上，加快形成海洋科技产业化，关注海洋科技成果的原始创新和后期转化。

3）天津、上海、福建技术相对无效且规模报酬递增，说明这些地区在海洋科技投入上缺乏有效的管理，投入产出效率相对较低，但能通过规模经济效应提升其产出水平。其中，福建为明显非效率单位，意味着要提高投入产出绩效是相对困难的。鉴于此，天津、上海、福建一方面需要制定相应措施，强化市场机制，加强现有投入资源的管理，激活资源的流动；另一方面需要完善政府科技资金的投入制度，加强对海洋科技活动的资金支持，促进投入产出效率的提高。

9.3 我国涉海城市海洋科技投入产出效率分析

基于以上，本节以行政区域和科研院所等为基本研究单元，以海洋科技投入产出效率为研究对象，以海洋科研机构数据为基础，运用DEA模型，对全国涉海城市的投入产出效率进行测算并探索规律，在此基础上开展我国“十五”时期至“十三五”时期海洋科技投入产出效率的回顾分析和趋势预测，为推动海洋科技发展提供数据支撑。

9.3.1 规律总结与趋势预测

海洋科技是推动我国海洋战略实施和“蓝色经济”发展的重要引擎，随着海洋强国战略的推进，海洋科研力量不断增强，但在全国海洋科技资源配置不均衡的态势下，海洋科技投入产出效率存在明显差异。基于海洋科技投入和产出数据，运用DEAP2.1软件测算海洋科技投入产出综合效率、纯技术效率和规模效率，结果显示存在如下特点和规律。

1. 空间范围内呈现海洋科技投入产出综合效率北高东高南低的格局

根据地理空间分布，将全国涉海地区分为北部、东部、南部、西南和中西部五部分。其中，北部涉海地区包括北京、天津、山东、河北、辽宁和黑龙江；东部涉海地区包括上海、江苏、浙江及福建；南部涉海地区包括广东和海南；西南涉海地区则是指广西；部分内陆地区也存在相当强度的海洋科研实力，但因在区位和数据方面与广西存在明显差异，因此将其划分为中西部涉海地区。2001～2015年已有数据资料共涉及全国59个涉海城市，根据上述划分原则，北部涉海地区有23个涉海城市；东部涉海地区有17个涉海城市；南部涉海地区有 13 个涉海城市；西南涉海地区和中西部涉海地区各有 3 个涉海城市。

总体来看，北部、东部、南部和西南涉海地区海洋科技投入产出综合效率偏低，未达到理想状态，且这 4 个地区差距悬殊（表 9-3）。纵向来看，除 2006 年以外，北部涉海地区综合效率一直高于东部、南部和西南涉海地区；除 2006 年和 2007 年以外，东部涉海地区高于南部和西南涉海地区；南部涉海地区综合效率一直处于低水平状态，主要原因是在产出增长幅度不大的前提下海洋科技投入出现大幅度增长，由此造成海洋科技投入产出的低效率。西南涉海地区综合效率总体上高于南部涉海地区。从均值来看，2006～2015 年北部、东部、南部和西南涉海地区的综合效率均值分别为 0.477、0.426、0.257 和 0.358，北部涉海地区优势明显，其次为东部和西南涉海地区，南部涉海地区综合效率与其余 3 个地区存在明显差距。

表 9-3 2006～2015 年各涉海地区海洋科技投入产出综合效率

年份	北部	东部	南部	西南	中西部
2006	0.454	0.397	0.176	0.474	1
2007	0.463	0.419	0.206	0.459	1
2008	0.465	0.415	0.230	0.407	1
2009	0.497	0.425	0.269	0.355	1
2010	0.484	0.396	0.268	0.293	0.976
2011	0.505	0.421	0.272	0.291	0.965
2012	0.487	0.429	0.260	0.292	0.954
2013	0.472	0.451	0.269	0.335	0.949
2014	0.472	0.445	0.297	0.335	0.943
2015	0.468	0.460	0.327	0.343	0.977
均值	0.477	0.426	0.257	0.358	0.976

注：采用步长为 5 的移动平均法对原始结果进行修匀处理

尽管武汉、兰州和西安均为中西部内陆城市，但是海洋科技投入产出综合效率一直保持高位运行的态势，2006～2009 年始终保持最优状态，2010 年后稍有下降，基本稳定在 0.94 以上。因此，中西部涉海地区相比于其他 4 个涉海地区，海洋科技投入产出效率具有明显优势。

由此可见，我国海洋科技投入产出效率存在明显的空间梯度差异，北部涉海地区综合效率最高，其次是东部涉海地区，相比之下南部和西南涉海地区综合效率较低，西南涉海地区略高于南部涉海地区，中西部涉海地区则长期处于高位运行状态，总体上空间范围内呈现出海洋科技投入产出效率北高东高南低的格局。

2. 时间尺度上表现为区域间海洋科技投入产出综合效率差距缩小

区域层面上，各地区海洋科技投入产出综合效率在时间尺度上表现为地区间差距逐渐缩小（图 9-1）。2006～2015 年，北部涉海地区综合效率均处于同时期全国高位水平，长期稳定在 0.45 以上；东部涉海地区则保持在第二位，2010 年之后综合效率一直保持在

0.40 以上，近几年与北部涉海地区的差距微乎其微；南部和西南涉海地区综合效率相对较低，二者差距呈明显缩小趋势，2010 年之后两地区综合效率相差不大，与北部和东部涉海地区的差距逐渐缩小。从图 9-1 可以看出，4 个地区的综合效率浮动范围由 2006 年的 0.15～0.50 缩小到 0.30～0.50，特别是北部和东部、南部和西南涉海地区间差距明显缩小。

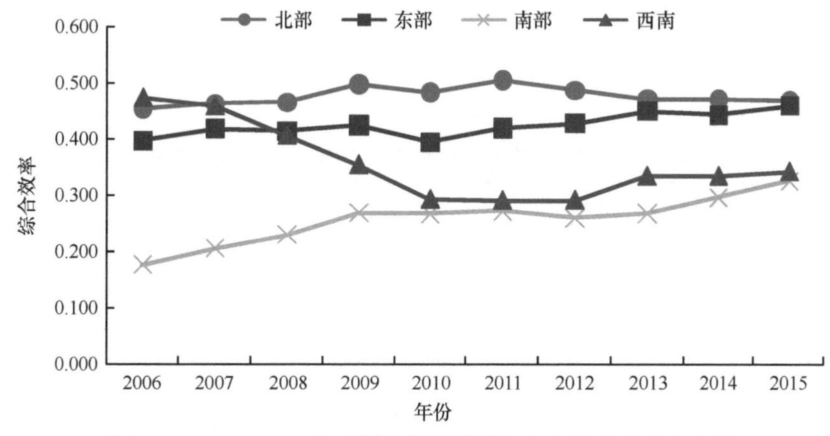

图 9-1 2006～2015 年区域海洋科技投入产出综合效率走势图

3. 行政区位优势有利于海洋科技资源集聚，部分城市存在投入冗余

我国主要涉海城市包括直辖市、计划单列市和省会型城市，均具有一定的行政区位优势。由表 9-4 可以发现，行政区位优势在海洋科技资源配置中有着重要影响。2001～2015 年，主要涉海城市海洋科技资金和人员投入占比分别由 94.81% 和 90.27% 变动为 93.83% 和 89.33%，与 2001 年相比，尽管其海洋科技资源投入占比有所下降，但在资源投入方面仍具有绝对优势，可见在行政区位优势的主导下，我国海洋科技资源集中在直辖市、计划单列市和省会型涉海城市。

表 9-4 2001 年和 2015 年全国涉海城市海洋科技资源投入占比（%）

城市	海洋科技资金投入占比		海洋科技人员投入占比	
	2001 年	2015 年	2001 年	2015 年
直辖市	43.10	53.07	40.48	47.06
计划单列市	26.96	15.02	24.75	11.18
省会型城市	24.75	25.74	25.04	31.09
其余涉海城市	5.19	6.16	9.73	10.67

注：表中数据经过数值修约，存在舍入误差

通过对 2001～2015 年全国涉海城市海洋科技投入产出效率的测算发现，行政区位优势不仅会加速海洋科技资源集聚，还对海洋科技投入产出效率有重要影响，具体表现如下。

1）传统海洋强市海洋科技发展水平总体较高，但在行政优势的主导下，表现为北京、上海、广州、天津存在明显的投入冗余现象。表 9-5 为我国 8 个传统海洋强市的海洋科技投入产出 DEA 测算结果，从规模效率来看，北京、上海、广州、天津明显低于其余4个城市，多数年份处于规模报酬递减阶段，尤其是北京、上海和广州，规模效率在最优水平的80%以下，海洋科技投入冗余现象严重。北京、广州纯技术效率达到DEA有效的80%以上，但规模效率偏低，可见影响其综合效率的主要原因是科技资源投入规模和产出间不相匹配。而天津规模效率相对有效，但纯技术效率仅为0.523，表明当前海洋科技资源管理技术和水平存在问题。相比之下，上海纯技术效率和规模效率均在最优水平的70%～80%，在投入规模和管理技术方面均存在一定问题，但并不严重。由此可见，行政区位优势在为这些城市带来巨大海洋科技资源投入的同时，也降低了海洋科技投入产出效率。

表9-5　传统海洋强市海洋科技投入产出DEA测算结果分析

城市	综合效率平均值	纯技术效率平均值	规模效率平均值	CRS次数	IRS次数	DRS次数
北京	0.659	0.906	0.722	2	0	13
上海	0.542	0.735	0.766	1	0	14
广州	0.629	0.889	0.704	2	0	13
天津	0.431	0.523	0.817	0	1	14
青岛	0.835	0.999	0.836	4	1	10
大连	0.353	0.405	0.910	2	10	3
杭州	0.505	0.565	0.906	1	5	9
厦门	0.462	0.494	0.934	2	6	7

2）青岛、厦门、大连为计划单列市，杭州为省会型城市，具有一定的行政区位优势，同时也都是传统海洋强市。规模效率方面，4个城市均达到最优水平的80%以上，尤其是大连、杭州和厦门达到90%以上，海洋科技资源投入非常接近最优状态。但青岛、杭州和厦门长期处于规模报酬递减状态，大连长期处于规模报酬递增状态，海洋科技资源投入仍存在优化空间。纯技术效率方面，青岛处于最优水平，而大连、杭州和厦门均不足DEA有效的60%，提高科技资源管理技术和水平，是这3个城市实现海洋科技投入与产出有效转化的重要途径。综上，初始发展条件优越、海洋科技创新起步较早使得这些城市海洋科技投入规模接近最优水平，总体上青岛海洋科技投入产出效率优势明显，厦门、杭州和大连仍需进一步提高。

3）作为我国省会型城市的南京、武汉、石家庄、兰州和西安，海洋科技投入产出效率处于相对有效水平。由表9-6可以发现，2001～2015年南京、武汉、石家庄、兰州和西安DEA效率长期处于最优水平的80%以上，其中兰州和西安一直处于最佳状态，且这5个城市均有一半以上时间处于规模报酬不变状态，海洋科技投入与产出实现了有效转化。可见这5个省会型城市的行政区位优势带来的巨大政策倾斜优势，不仅促进了海洋科技领域的快速发展，还实现了海洋科技投入产出的有效转化。

表9-6　2001～2015年DEA相对有效次数较多的城市

城市	参评次数	DEA 80%有效次数	规模报酬不变次数
石家庄	15	13	11
武汉	15	13	9

续表

城市	参评次数	DEA 80% 有效次数	规模报酬不变次数
南京	13	11	8
兰州	9	9	9
西安	7	7	5

4. 效率梯度角度可分高效率、规模有效、技术有效和低效率四种类型

海洋科技资源配置的空间差异导致涉海城市间海洋科技投入产出效率的梯度差异，具体表现为海洋科技管理技术水平和资源投入规模的差异。基于测算结果，根据纯技术效率和规模效率两项指标的有效程度将我国涉海城市划分成以下四类（表 9-7）。

表 9-7 基于纯技术效率和规模效率差异的全国涉海城市分类

类型	划分依据	代表城市
高效率型	规模效率＞0.8，纯技术效率＞0.8	青岛、南京、石家庄、武汉、南宁、兰州、西安
技术有效型	规模效率＜0.8，纯技术效率＞0.8	北京、上海、广州、深圳、丹东、绍兴、莆田、泉州、宁德、潍坊、珠海、汕头、江门、济南、北海、佛山、威海、海口、东营、揭阳、日照
规模有效型	规模效率＞0.8，纯技术效率＜0.8	天津、大连、厦门、沈阳、舟山、杭州、南通、温州、盐城
低效率型	规模效率＜0.8，纯技术效率＜0.8	锦州、烟台、湛江、宁波、福州

1）高效率型是指海洋科技管理技术水平和资源投入规模均处于相对有效状态的涉海城市，即纯技术效率和规模效率在 DEA 有效的 80% 以上，主要包括青岛、南京等传统涉海城市，以及武汉、南宁、兰州等省会型城市。行政区位优势、政策倾斜优势及雄厚的发展基础使得这些城市海洋科技投入产出效率接近最优水平，实现了有效转化。这些城市的规模经济效益都处于或接近于规模报酬不变的状态，表明海洋科技资源投入已相对缺乏弹性，适当调整科技资源投入的同时还要注重海洋科技利用的内涵式发展，即强化科技资源利用效率，提升现有资源投入规模下的产出水平。

2）技术有效型是指海洋科技管理技术水平处于相对有效状态，但资源投入规模存在问题的涉海城市，即纯技术效率在 DEA 有效的 80% 以上，而规模效率不足最优水平的 80%，主要包括北京、上海、广州和深圳等城市，这些城市海洋科技管理技术处于较高水平，但资源投入规模与最优水平仍存在一定差距。但不同的是，北京、上海、广州由于明显的行政区位优势，海洋科技投入存在明显过剩现象，为技术有效投入冗余型涉海城市；而深圳、珠海、济南等城市作为我国新兴涉海城市，海洋科技投入产出仍以规模报酬递增为主，属于技术有效而投入不足型涉海城市。此外，还可以看出，泛珠江三角洲地区涉海城市大多以技术有效型为主，可见继续加大海洋科技领域资源投入是提高我国南部涉海地区投入产出效率的重要手段。

3）规模有效型是指海洋科技资源投入规模处于相对有效状态，但科技管理水平与最优水平间存在差距，即规模效率在 DEA 有效的 80% 以上，而纯技术效率低于最佳水平的 80%，主要包括天津、厦门、舟山、杭州、南通等城市。值得注意的是，规模有效型

城市多以长江三角洲地区涉海城市为主，这些城市的规模经济效益已接近规模报酬不变水平，着重提升现有投入规模下的资源利用水平，应该是未来我国长江三角洲地区提升海洋科技投入产出效率的重点。

4）低效率型是指海洋科技管理技术水平和资源投入规模与最优水平存在较大差距的涉海城市，即纯技术效率和规模效率均不足最优水平的 80%，主要包括烟台、湛江、宁波等，这些城市多位于我国环渤海、长江三角洲和珠江三角洲地区，应充分利用地理区位优势和快速发展优势，提高海洋科技投入产出效率。

5. 全国海洋科技投入产出效率波动上升，海洋科技发展前景广阔

“十三五”时期是实现海洋科技战略性突破的关键时期，海洋经济对海洋创新提出新的发展要求。开展“十五”至“十二五”时期海洋科技投入产出效率的回顾分析，总体上把握我国海洋科技发展趋势，对统筹推动海洋科技发展意义重大。

以国家作为 DEA 评价的决策单元，测算 2001～2020 年全国海洋科技投入产出综合效率，并采用趋势分析法进行预测，结果如图 9-2 所示。总体来看，我国海洋科技投入产出效率呈现波动上升趋势，从移动平均结果来看，综合效率经历了快速上升—略有下降—平稳回升的走势。2008 年之前海洋科技投入产出效率呈现迅速上升趋势，综合效率相对增长了 90%。原因在于 2001 年中国加入世界贸易组织（WTO），逐步形成了全方位、多层次、宽领域的对外开放新格局；十六大提出“实施海洋开发”，为海洋事业的发展和海洋科技的兴起带来新的契机，海洋科技投入产出效率实现快速发展。2008～2012 年综合效率略有下降，下降幅度约为 17%。根据数据推断，主要原因在于海洋科技成果产出的增加往往具有滞后性，使得海洋科技投入产出短期内处于低效率状态。2012 年之后综合效率呈现平稳回升的态势，2014 年和 2015 年海洋科技投入产出综合效率均达到 DEA 有效水平。随着十八大“海洋强国”战略的提出，海洋科技的重要性达到前所未有的高度，海洋科技投入产出效率也实现进一步提升。根据移动平均曲线走势来看，2016～2020 年综合效率仍会进一步提高，海洋科技发展逐步进入质的突破的战略新阶段。

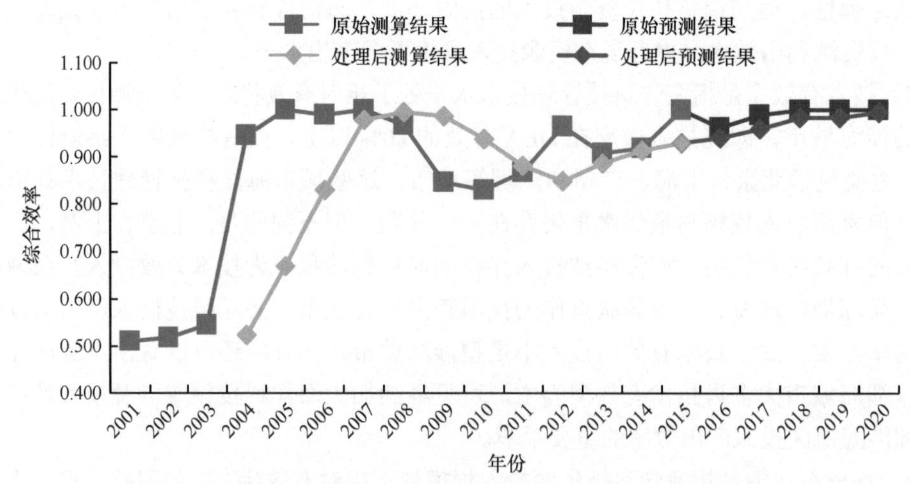

图 9-2　2001～2020 年全国海洋科技投入产出综合效率走势图

采用步长为 3 的移动平均法对原始结果进行修匀处理，2016～2020 年为预测值

根据2001～2020年综合效率的分析结果，分别计算“十五”时期至“十三五”时期海洋科技投入产出综合效率的平均值（表9-8），除“十五”时期以外，三个时期综合效率平均值均达到最优水平的90%以上，预计“十三五”时期综合效率平均值将会达到0.991。从增长幅度来看,“十一五”时期至“十二五”时期和“十二五”时期至“十三五”时期综合效率增长率分别为0.54%和6.22%，从侧面也反映出随着十八大以来国家对海洋重视程度的提高，海洋科技投入产出效率取得显著进步，结合图9-2和表9-8，可以预见，海洋科技发展前景广阔。

表9-8 “十五”至“十三五”时期海洋科技投入产出综合效率平均值

时期	“十五”时期	“十一五”时期	“十二五”时期	“十三五”时期
1	0.511	0.991	0.870	0.964
2	0.518	1.000	0.965	0.991
3	0.546	0.968	0.909	1.000
4	0.946	0.848	0.920	1.000
5	1.000	0.831	1.000	1.000
平均值	0.704	0.928	0.933	0.991

9.3.2 对策建议

我国海洋科技正处于实现跨越式发展的最佳窗口期，发展机遇大于挑战。但行政区位优势、政策倾斜优势等因素造成的全国海洋科技资源配置及投入产出效率相差悬殊的局面，在未来相当长时间内仍会长期存在，如何实现海洋科技投入产出间有效转化成为推动海洋科技向创新引领型转变的重要议题。

1）以2016年12月12日印发的《全国科技兴海规划（2016—2020年）》为契机，结合《国家创新驱动发展战略纲要》《“十三五”国家科技创新规划》的政策导向，深刻认识并把握重大战略部署对海洋科技的新要求和国内外海洋科技创新的新形势。完善海洋创新战略顶层设计，从国家层面对海洋科技创新给予政策和制度保障，实现海洋科技投入产出效率跨越式发展。立足我国海洋科技投入产出效率北高东高南低的现状，考虑对南部和西南涉海地区给予适当的政策倾斜，加快资本、人才、技术、信息等要素在地区间的流动和再分配。

2）针对地区间海洋科技资源配置的空间差异，以及城市间海洋科技投入产出效率的梯度差异，促进发达地区海洋科学技术向落后地区转移，应合理配置区域海洋科技力量，建设诸如海洋虚拟研究院等海洋科技共享平台。总体而言，我国传统海洋强市海洋科技发展水平较高，在适当调整海洋科技投入规模的同时，应坚持走提质增效发展道路，优化科技资源利用环境。而新兴涉海城市多为非高效率型城市，海洋科技投入产出效率较低，应充分发挥环渤海、长江三角洲和珠江三角洲等城市圈的辐射带动作用，通过人才流动、技术转移、合作研究等方式提高海洋科技资源利用水平。

3）涉海城市应加强“政产学研”间的协同合作，逐步改变科研机构或高校单方面进行海洋科技研发的方式，鼓励企业和研究机构或高校共建科技研发中心，分别以资金入股和技术入股等方式共享海洋科技专利成果。在政策制定方面，各地政府应出台相应的政策，激发科技从业人员的积极性，完善知识产权保护体系，加快成果转化平台建设，实现海洋科技资源投入、成果转化及市场化过程的无缝对接，促进海洋科技投入和产出间的良性循环，提高海洋科技投入产出效率和成果市场化率，充分发挥海洋科技资源的经济效益和社会效益。

海洋科研实力是发展海洋经济的重要支撑力量，海洋科技投入产出效率对实现海洋经济社会发展目标起着决定性作用。本节基于DEA模型，对2001～2015年全国和各涉海城市海洋科技投入产出效率进行测算分析，同时以此为基础开展“十五”时期至“十二五”时期的回顾分析，并对“十三五”时期进行趋势预测。需要说明的是，分析海洋科技投入产出效率的特点及趋势是一个长期过程，需要多个连续时间断面的面板数据支撑才能更准确地反映出资源利用效率的规律。对全国涉海城市海洋科技投入产出效率进行长期监测并提出优化路径，是今后进一步关注和研究的方向。

9.4 区域海洋经济投入产出效率评价——以山东沿海城市为例

我国18 000多千米的大陆海岸线已经成为经济增长的重点，以海洋经济为标志的沿海开发热潮正遍布海岸带区域，继长江三角洲、珠江三角洲崛起之后，山东半岛是迅速崛起的一支重要力量。2010年4月，国务院批准了发展改革委上报的《关于开展我国海洋经济发展试点工作有关问题的请示》，同意把山东作为全国海洋经济发展的试点地区之一。海洋是高质量发展战略要地。要加快建设世界一流的海洋港口、完善的现代海洋产业体系、绿色可持续的海洋生态环境，为海洋强国建设作出贡献。海洋经济发展前途无量。建设海洋强国，必须进一步关心海洋、认识海洋、经略海洋，加快海洋科技创新步伐。如何利用好这一历史性契机，已经成为山东沿海经济发展面临的最大考验。

山东半岛东邻渤海和黄海，与朝鲜半岛、日本列岛隔海相望，是我国通向东南亚及世界各地的重要门户和对外开放的重要窗口，也是连接东北老工业基地、京津冀和长江三角洲地区的桥梁和纽带。山东省大陆海岸线北起滨州市无棣县的漳卫新河口，南至日照市的绣针河口，总长3345km，其海岸线长度与陆域面积之比系数为2.428（单位为$km/100km^2$），远高于全国的系数0.188，位于全国前列（山东省海洋与渔业厅，2010）。山东海岸包括泥质、砂质和岩质3种，类型齐全，沿海及岛屿附近饵料丰富，天然渔场众多。生物、油气、矿产、港口、海水化学、海洋能、滨海旅游等海洋自然资源十分丰富。因此，建设山东半岛蓝色经济区，具有得天独厚的区位优势和资源优势。

虽然目前山东省的海洋经济上升势头已经形成，经济结构优化升级步伐加快，但仍存在区域间开发种类和规模缺乏协调，一哄而起、相互制约、内耗增加、效益降低等现象，如海洋产业发展较为粗放，科技贡献率偏低，国际竞争力明显不足，海洋资源损害、功能丧失、环境和生态破坏等问题日趋严重。因此，有必要开展海洋经济效能评估技术的研究，从而推动山东沿海地区和海洋经济健康有序发展。

9.4.1 评价分析

首先，选择恰当的投入产出效率评价方法，并构建测度效率的模型；然后，从大量的统计指标中选取能够代表沿海地区经济效能的投入产出指标，并经过指标遴选后确定参与计算的指标；最后，应用计算软件进行效率的初步测算，分析结果。

在借鉴前人研究的基础上，遵循简洁性、可操作性、相对独立性、科学性等原则，选取海水养殖面积、海洋生产总值等共10项投入产出指标，具体指标及其定义见表9-9。

表9-9 投入产出指标及其定义

指标		定义
投入指标	固定资产投资	以货币形式表现的在一定时期内全社会建造和购置固定资产的工作量及与此有关的费用的总称
	海水养殖面积	利用海上、滩涂、陆基进行鱼、甲壳类（虾、蟹）、贝、藻等海水经济动植物的人工养殖的水面面积
	涉海就业人员数	在海洋产业部门从事一定社会劳动并取得报酬或经营收入的人员
	科研机构科技课题数	科研机构当年承担的科技课题的总数
	从事科技活动的人员数	从业人员中的科技管理人员、课题活动人员和科技服务人员
产出指标	海洋生产总值	按市场价格计算的沿海地区常驻单位在一定时期内海洋经济活动的最终结果，是海洋产业和海洋相关产业增加值之和
	海水养殖产量	从人工投放苗种或天然纳苗并进行人工饲养管理的海水养殖水域中捕捞的水产品产量
	国际旅游外汇收入	入境者在中国（大陆）境内旅行、游览过程中用于交通、参观游览、住宿、餐饮、购物、娱乐等的全部花费
	科研机构发表科技论文数	在国内外学报或正规学术刊物上，本单位第一作者所发表的论文数
	出版科技著作数	当年经过正式出版部门编印出版的科技专著、大专院校教科书、科普著作等

选择山东省2008年7个沿海行政区域的海洋投入产出统计数据作为原始数据，数据来源为《中国海洋统计年鉴2009》《山东统计年鉴2009》《山东科技统计年鉴2009》及山东省7个沿海市2009年的统计。采用C^2R模型，运用海洋经济效能专题评估软件计算出的结果如表9-10所示。

表9-10 C^2R模型初步计算结果

沿海市	综合效率	技术效率	规模效率	规模报酬
青岛	1	1	1	不变
东营	0.90	0.95	0.95	递增
烟台	0.97	1	0.97	递减
潍坊	1	1	1	不变
威海	1	1	1	不变
日照	1	1	1	不变
滨州	1	1	1	不变

由表 9-10 可以看出，山东沿海地区大部分都处于规模报酬不变区域，经济发展形势稳定，7 个沿海市中有 5 个综合效率达到 1（即 DEA 有效），2 个 DEA 为非有效的地区（东营、烟台），其综合效率超过了 0.9，十分接近理论前沿面。东营市的技术效率和规模效率都不低于 0.9，且规模报酬呈现出递增的趋势，具备进一步提高产出的潜力，一旦加大投入就能迅速提升产出水平；烟台市的技术效率处于前沿面，但规模效率稍低，且处于规模报酬递减区域，说明相对于目前的总体能力，其现有的投入规模并不是最有效的。需要说明的是，由于统计数据的限制，本次测算所选取的指标有限，并不能完全涵盖发展潜力的各个方面，因此得出的结论有一定的局限性。

9.4.2 结论建议

本节通过运用 DEA 方法，以山东 7 个沿海市作为研究对象，通过对综合效率、技术效率、规模效率和规模报酬等指标的测算，就其经济效能进行了评价，结果表明山东海岸带地区的海洋经济综合效率较高，充分说明总体发展呈现良好态势。但同时也存在着不少问题，如东营等部分地区的产业结构不合理，海洋经济尚处于粗放型、资源消耗型阶段，产业聚集度不高、力量分散；烟台等部分地区的海洋科技优势还没有转化为海洋产业优势等。

针对山东省沿海地区经济发展的具体情况，提出如下建议。

1）优化产业布局，调整产业结构。充分发挥渔业在山东海洋经济中的优势，重点发展生态渔业和高效渔业，加快发展海洋油气业及海洋化工业，依托沿海城市丰富的旅游资源，进一步完善旅游规划，整合旅游资源，逐步形成具有竞争力的、国际国内知名的滨海旅游地。

2）科学规划布局，建成各具特色的海洋经济区域。例如，在东营市对黄河三角洲高效生态经济区实行保护性开发，在重点发展石油化工的同时，保护湿地、动植物栖息地等自然生态系统；沿海七市根据各自特点，合理确定旅游主题，错位发展，形成阳光海岸带黄金旅游区。

3）依靠科技进步促进山东海洋经济可持续发展，依托山东雄厚的海洋科研力量，推动产、学、研一体化发展，突出发展海洋高新技术产业和海洋新兴产业，使先进实用的科技成果尽快转化为生产力。

4）推进海洋生态保护工作，加大海洋环境保护的监管力度，鼓励采用清洁生产技术，严禁在沿海区域建设污染严重的工程和项目。

9.5 科研院所与高校海洋科技投入产出效率评价

近年来，我国致力于实施“科技兴海”战略，不断加大对海洋科技的投入，海洋科技活动产出得以稳步增长，海洋科技创新能力得以进一步增强，海洋科技工作在支撑、推动海洋经济发展中取得了显著成绩。2005 年，中央及地方政府共投入海洋科研经费 17.7 亿元，海洋科技成果实现产业化达 108 项，总产值达 50.5 亿元，取得海洋科技成果 1306 项，获得专利 488 项，发表学术论文 4949 篇，获省部级以上科技成果奖 68 项，有力推动了海洋经济的快速发展。

虽然我国海洋科技已取得丰硕成果，但与发达国家相比，我国的经费投入总额还存在一定的差距，且利用效率不高。根据瑞士国际管理发展学院（IMD）的测算数据，我国每亿美元科技经费的专利产出只有美国的51%。本节以青岛市科研院所和高校两类机构为例，对其综合效率、技术效率、规模效率和规模报酬等指标进行求解，并提出提升海洋科技效率的建议。

9.5.1　评价分析

1. 决策单元的选择

选择2002～2005年青岛市科研院所和高校两类机构的海洋科技投入产出数据作为原始数据（其中2002年数据是指2001～2002年的数据，以此类推），D1～D4代表2002～2005年的科研院所DMU；D5～D8代表2002～2005年的高校DMU。

2. 投入产出指标的选择

根据模型评价目的、指标选取原则及数据采集的可行性，设立指标如下。投入指标包括科技人员数、其他从业人员数两项；产出指标包括政府资金额、非政府资金额、科技论文数、科技著作数、专利授权数、对外科技服务量六项。该数据部分来自青岛市情报所，部分来自相关科研单位。借鉴科技部科技统计制度和国家海洋局（现自然资源部）科技统计报表制度，定义指标如表9-11所示。

表9-11　投入产出指标及评价指标定义

指标		定义
投入指标	科技人员数	从业人员中科技管理人员、课题活动人员和科技服务人员的总数
	其他从业人员数	由单位实体安排工作并支付工资的年末在册人员数，不包含科技人员数
产出指标	政府资金额	由各级政府直接拨款或受政府委托从事科研活动所获得的收入
	非政府资金额	除政府资金外的收入，如来自企业的技术性收入和产品销售收入
	科技论文数	在国内外学报或正规学术刊物上，本单位第一作者所发表的论文数
	科技著作数	经过正式出版部门编印出版的科技专著、大专院校教材和科普著作数
	专利授权数	当年由国家正规专利管理部门授予本单位专利权的职务专利总件数
	对外科技服务量	单位职工本年参加对外科技服务活动的各类人员工作当量的综合
评价指标	综合效率	反映DMU投入与产出是否有效率，1为有效，小于1则为无效
	技术效率	反映在给定投入的情况下DMU获取最大产出的能力，评价方法同上
	规模效率	反映DMU是否在最合适的投资规模下生产，评价方法同上
	规模报酬	反映如果增加1个单位的投入，产出是增加、减少还是不变

注：对外科技服务活动内容包括：科技成果的示范性推广工作；为用户提供可行性报告、技术方案、建议及进行技术论证等技术咨询工作；地形、地质和水文考察，以及天文、气象和地震的日常观察；为社会和公众提供测试、标准化、计量、计算、质量控制和专利服务；科技信息文献服务、科技培训工作等

3. 结果分析

通过收集到的投入、产出样本数据，借助线性规划软件 LINGO8.0 进行求解，可分别求得各 DMU 的综合效率、技术效率、规模效率和规模报酬区域，效率评价结果如表 9-12 所示。

表 9-12 测算结果——各 DMU 效率

	综合效率	技术效率	规模效率	规模报酬
DMU1	1	1	1	CRS
DMU2	0.59	0.93	0.63	IRS
DMU3	0.72	0.95	0.75	IRS
DMU4	1	1	1	CRS
DMU5	1	1	1	CRS
DMU6	1	1	1	CRS
DMU7	1	1	1	CRS
DMU8	1	1	1	CRS

由表 9-12 可以看出，高校与科研院所各有优势。科研院所具有较强的规模报酬递增潜力。科研院所在 2003 年和 2004 年综合效率稍低，但科研院所技术效率接近前沿面，且规模报酬呈现出递增的特性，这说明科研院所具备显著提高产出的潜力。一旦国家加大对科研院所的投入，科研院所就能通过规模经济效应迅速提升产出水平。高校近年来保持着稳定而快速的发展，各项指标均为有效，连续四年都处于规模报酬不变区域，这说明当前高校最迫切的并不是继续增加规模，而是提升科技效率和管理水平。

9.5.2 结论建议

以上运用 DEA 方法，通过对综合效率、技术效率、规模效率和规模报酬等指标的测度，就青岛市 2002～2005 年科研院所和高校的海洋科技投入产出效率进行了评价，结论与建议如下。

青岛市海洋科技的效率很高。8 个 DMU 的 24 个指标中只有 2 个 DMU 的 6 个指标非有效，仅占全部 DMU 的 25%，其他的 DMU 皆为 DEA 有效，且所有 DMU 均处于非规模报酬递减区域。这说明国家对海洋科技方面的投入在青岛取得了丰硕的成果。

高校的科技人员数量和项目经费额等指标在效率有效的同时保持稳步增长，这反映出高校体制在发展上的优势。同时，高校的规模报酬不变，这说明高校在效率和管理方面仍存在一些问题，应制定一系列相关政策来减少成本、增加产出，具体措施包括：改进激励机制，建立基于科研效率的科研评价体制；加强成本管理方面的宣传，树立成本意识和效益观念；与企业合作，探索各种渠道将科技成果转化为效益；改善硬件设施，为海洋科技发展提供条件；加强内部学院间的协调与合作，实现资源共享，减少资源浪费与重复建设。

科研院所 2003 年、2004 年处于规模报酬递增区域，效率水平非有效，其中 2003 年规模效率有效度仅达到0.63，这说明科研院所潜力巨大但投入力度不够，投入低已经成为限制科研院所提升科技生产力的枷锁。在目前条件下，要提高科研院所的海洋科技投入产出效率，应以扩大规模为主，具体措施包括：国家应加大对海洋科研院所的经费投入，提升科技投入的支持强度，改善科研院所硬件水平，为科研院所扩大规模创造条件。同时，科研院所自身也要加强规模建设，引进优秀人才，力求获得更多经费支持，通过科研规模的扩大实现规模经济效应，从而更好地解放海洋科技生产力，为中国海洋经济发展献计献策。

第 10 章

我国海洋科技布局研究

经济新常态下，以科技为核心实现创新驱动发展成为新趋势。海洋科技创新能力是推进落实国家“海洋强国”战略和“21 世纪海上丝绸之路”战略的重要支撑，充分整合现有海洋科技资源，合理布局海洋科技力量，对于国家海洋创新发展具有重要意义。

十八届五中全会提出“创新、协调、绿色、开放、共享”的发展理念，随着理念的转变和新常态的引导，我国经济发展动力将由要素驱动、投资驱动向创新驱动转变（李丛文，2015）。在建设海洋强国战略背景下，科学谋划海洋科研机构空间布局，合理配置海洋科技创新资源具有重大意义。对于我国海洋科技布局而言，有两个关键问题需要明确：第一，不同区域空间，在全国尺度上的海洋科技力量布局现状如何？呈现什么样的规律？第二，我国海洋科技力量布局是否存在显著的地理梯度差异？行政导向和政策导向是否发挥重要作用？当前呈现什么样的发展趋势？本章主要从我国海洋科技布局角度讨论分析上述问题，为我国海洋科技优化布局提供基础素材和依据。

10.1　我国海洋科研机构空间分布特征与演化趋势

海洋科研机构是国家海洋创新发展的主要动力和国家海洋科研能力建设的重要部分。为揭示我国海洋科研机构布局和海洋科研力量的空间演化规律，本章基于海洋科技统计中海洋科研机构单点数据，采用标准差椭圆（standard deviational ellipse，SDE）这一空间统计方法，选取科技统计中的从业人员、科技经费筹集额中政府资金和科技论文 3 个指标分别反映海洋科研机构的人力投入、经费投入和产出情况，多重角度刻画海洋科研机构的地理位置、人力投入、经费投入、产出等要素的时空变化过程，以空间可视化的方式揭示我国海洋科研机构格局的整体特征与动态演化过程，以期为制定海洋科技创新发展政策、海洋科研机构布局战略等提供决策依据。

10.1.1　研究方法

SDE 方法是空间统计方法中能够从多重角度反映要素空间分布整体性特征的方法，已成为 ArcGIS 空间统计模块的常规统计工具。

SDE 方法由美国南加利福尼亚大学社会学教授 Lefever 在 1926 年提出，用来度量一组数据的方向和分布，揭示要素的空间分布特征，该方法因具有直观性与有效性已得到广泛应用。SDE 方法生成的结果为一个椭圆，从其生成算法来看，首先用平均中心来确定椭圆的圆心，然后由平均中心作为起点，对 *X* 坐标和 *Y* 坐标的标准差进行计算，从而定义椭圆的轴线，同时确定椭圆的方向，正北方向为0°，顺时针旋转。此外，可以根据要素的位置点或受与要素关联的某个属性值影响的位置点来计算标准差椭圆。需要说明的是，ArcGIS提供了“椭圆大小”这一参数，一个、两个、三个标准差范围可分别将约占总数68%、95%、99%的输入要素包含在椭圆内。本研究选取一个标准差范围计算海洋科研机构的地理空间标准差椭圆（以下称geo椭圆），且选取从业人员、科技经费筹集额中政府资金和科技论文作为属性值计算海洋科研机构的加权标准差椭圆（以下分别称pe椭圆、fi椭圆和ot椭圆）。

SDE方法通过椭圆的空间分布范围和中心、长轴、短轴、方位角等基本参数定量描述海洋科研机构的要素空间分布特征。椭圆空间分布范围的含义与SDE是否设定属性值有关，例如，geo椭圆的空间分布范围直接表示海洋科研机构在地理位置上分布的主体区域，pe椭圆是以从业人员为权重的海洋科研机构输出的椭圆，其空间分布范围与geo椭圆的相对位置可反映海洋科研机构从业人员的空间分布情况；椭圆中心表示要素空间分布的平均中心；长轴的方向是要素空间分布的主趋势方向，其长度反映要素在主趋势方向上的离散程度，短轴反映要素空间分布的范围，长短轴比值越大，数据呈现的向心力越明显，反之，数据的离散程度越大；方位角是从正北方向顺时针旋转到椭圆长轴的角度，表征要素空间分布的方向。

10.1.2 空间分布特征与演化趋势

1. 总体概况

2001～2015年我国海洋科研机构的标准差椭圆如图10-1所示。为辅助理解我国海洋科研机构在地理位置、人力投入、经费投入、产出方面的空间分布特征和动态演化，选取2001年、2008年和2015年的标准差椭圆制图（图10-2和图10-3）。

从分布特征来看，我国海洋科研机构的标准差椭圆的主趋势方向均为北偏东、南偏西，呈狭长分布。具体来说，2001年geo椭圆空间分布从北到南覆盖渤海湾海域、山东、江苏、上海、安徽、浙江、江西、福建，该区域为2001年海洋科研机构在地理位置上分

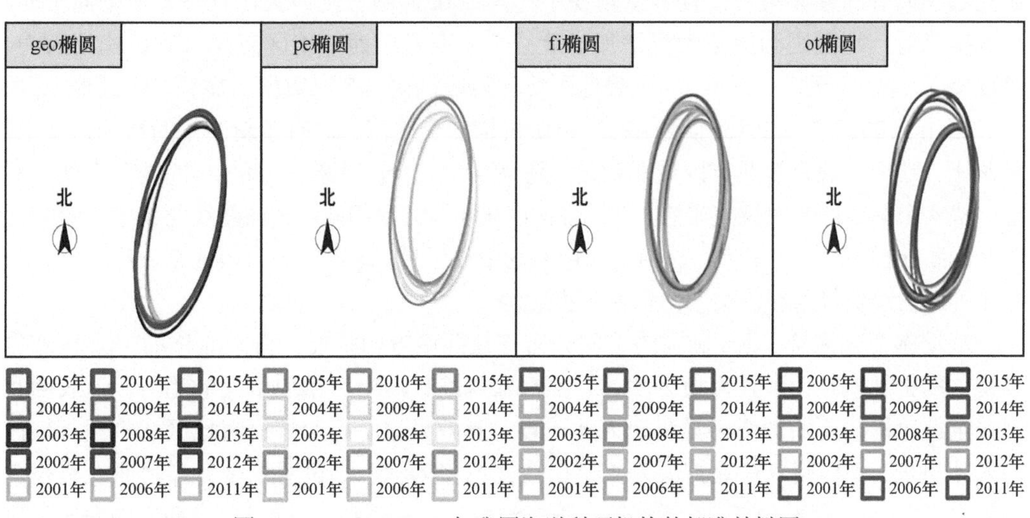

图10-1 2001～2015年我国海洋科研机构的标准差椭圆

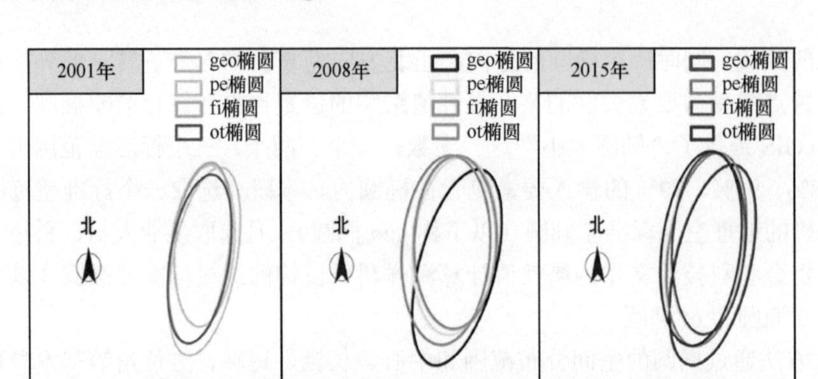

图 10-2　我国海洋科研机构的标准差椭圆（分年份）

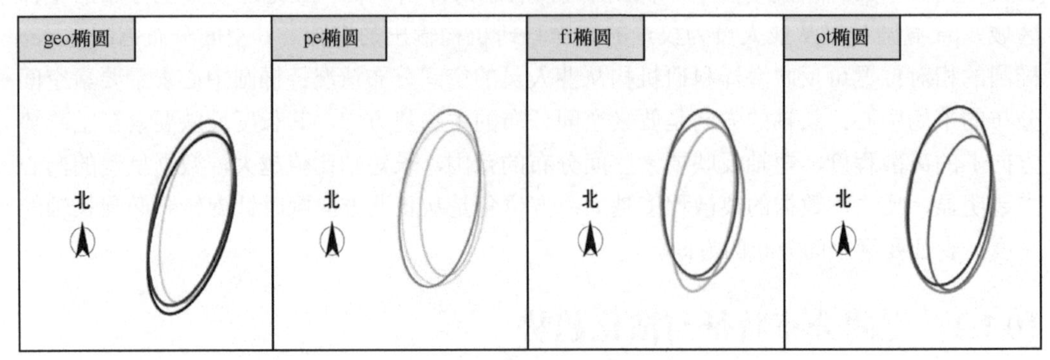

图 10-3　我国海洋科研机构的标准差椭圆（分权重）

布的主体区域。相比于geo椭圆，pe椭圆和fi椭圆方位角明显偏小，且空间分布往北集中，这是由于位于北京的机构在人力投入和经费投入方面有明显优势。ot椭圆方位角变化不大，其空间分布在geo椭圆内部往西集中，这说明北方的海洋科研机构在产出上不占优势，且位于中部（如湖北）的海洋科研机构虽数量不多，但产出可观。

2008年，广西、海南等沿海地区和湖北、陕西、甘肃等中西部地区建设起一批海洋科研机构，geo椭圆相对2001年向西南方向扩展。相比于geo椭圆，pe椭圆、fi椭圆和ot椭圆空间分布往北集中，且方位角变小，其中ot椭圆程度最大，且整体更偏向于西。从数据来看，这是因为国家大幅增加了北京、山东及中西部地区海洋科研机构的人力、经费投入，北京、天津、山东、广东等地区海洋科研机构的产出数据明显领先于其他地区。

相比于2008年，2015年我国海洋科研机构在全国范围内有了新的空间格局，其中，黑龙江、辽宁、北京等北方区域在数量上涨幅较大，geo椭圆在2008年的基础上向北移动。从4个椭圆的相对位置来看，其关系与2008年大致相同，fi椭圆往北集中趋势更为明显，而ot椭圆也往北移动，趋向于以山东为中心区域，这说明该时段北京、天津、山东、浙江等地的经费投入和论文产出依然占据优势。

从动态变化来看，geo椭圆的空间分布先往西南方向扩展，再向北移动。pe椭圆先有整体的扩展，往西和往南最为明显，然后在继续扩展中有偏向于北的趋势，这表明我国在全国范围内不断加强海洋科研人才建设，有效促进了广西等沿海地区和中西部地区的人才引进。fi椭圆以往北扩展为主，以往西偏移为辅，这说明我国海洋科研经费投入仍集中在北京、天津、山东、浙江等老牌海洋强省（直辖市），同时，中西部的海洋科研机构也得到了政府的大力支持。ot 椭圆的整体扩展趋势最为明显，与 fi 椭圆一样以往北扩展为主，以往西偏移为辅，不同的是，ot 椭圆的扩展基本完全基于自身，而 fi 椭圆则是扩展的同时往北移动，反映了海洋科研产出在全国范围内的大爆发，这说明我国海洋科研活动程度不断提高，海洋科技创新水平持续提升。

2. 平均中心变化趋势

SDE 的中心表示要素空间分布的平均中心。从椭圆中心的轨迹（图 10-4）来看，2001～2015 年我国海洋科研机构标准差椭圆有明显的变化趋势。为便于总结我国海洋科研机构建设的演变规律，暂不考虑经纬度关系，制图 10-5；为便于明晰我国海洋科研机构的地理位置与人力、经费投入和产出的关系，制图 10-6。

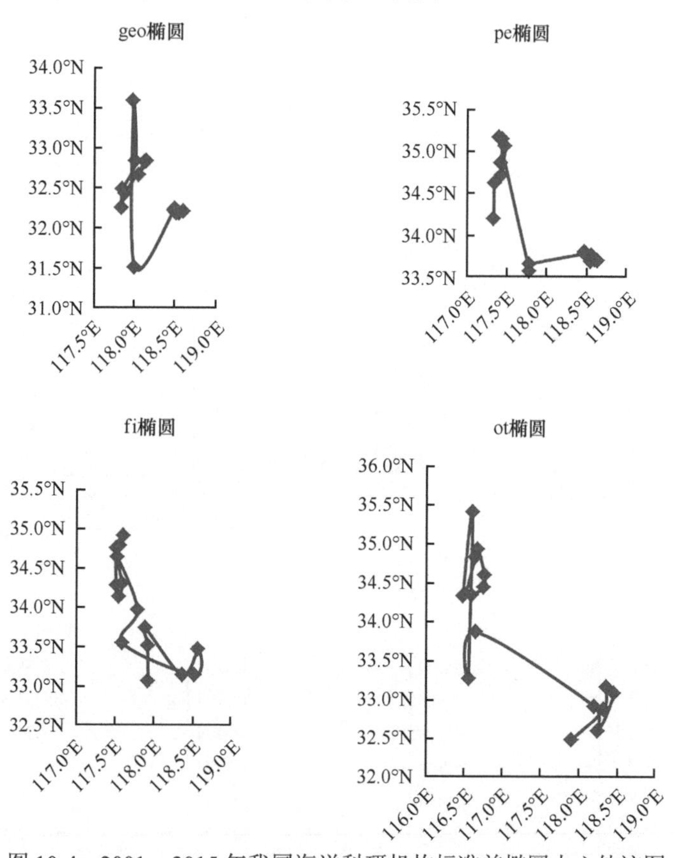

图 10-4 2001～2015 年我国海洋科研机构标准差椭圆中心轨迹图

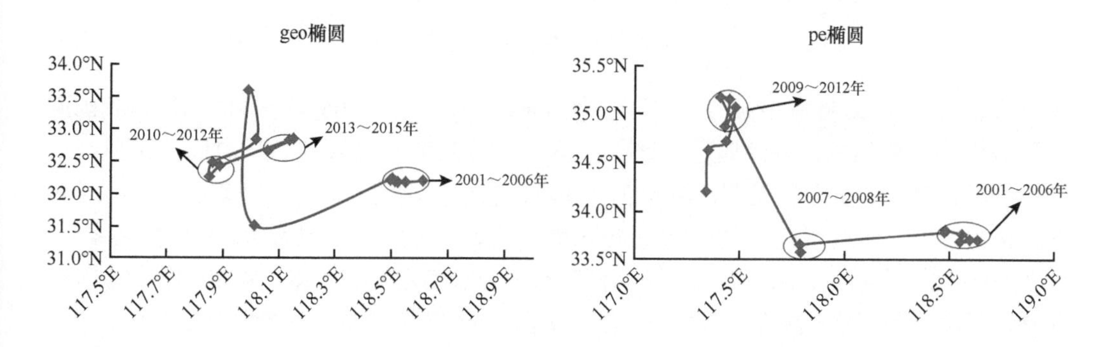

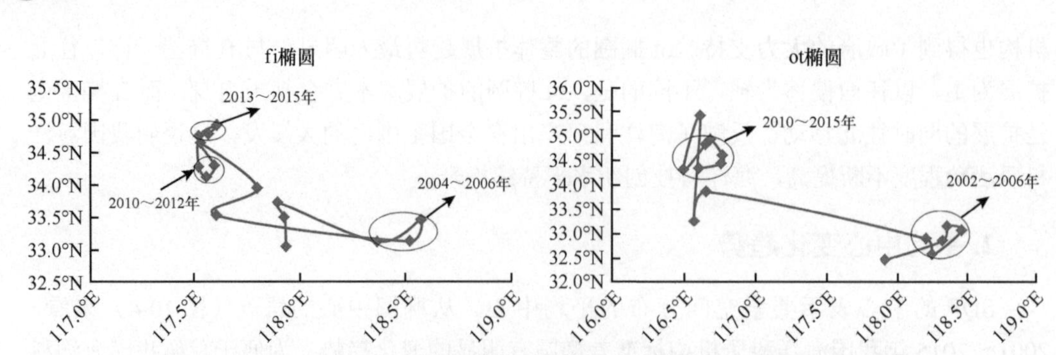

图 10-5 2001～2015 年我国海洋科研机构标准差椭圆中心示意图（分权重）

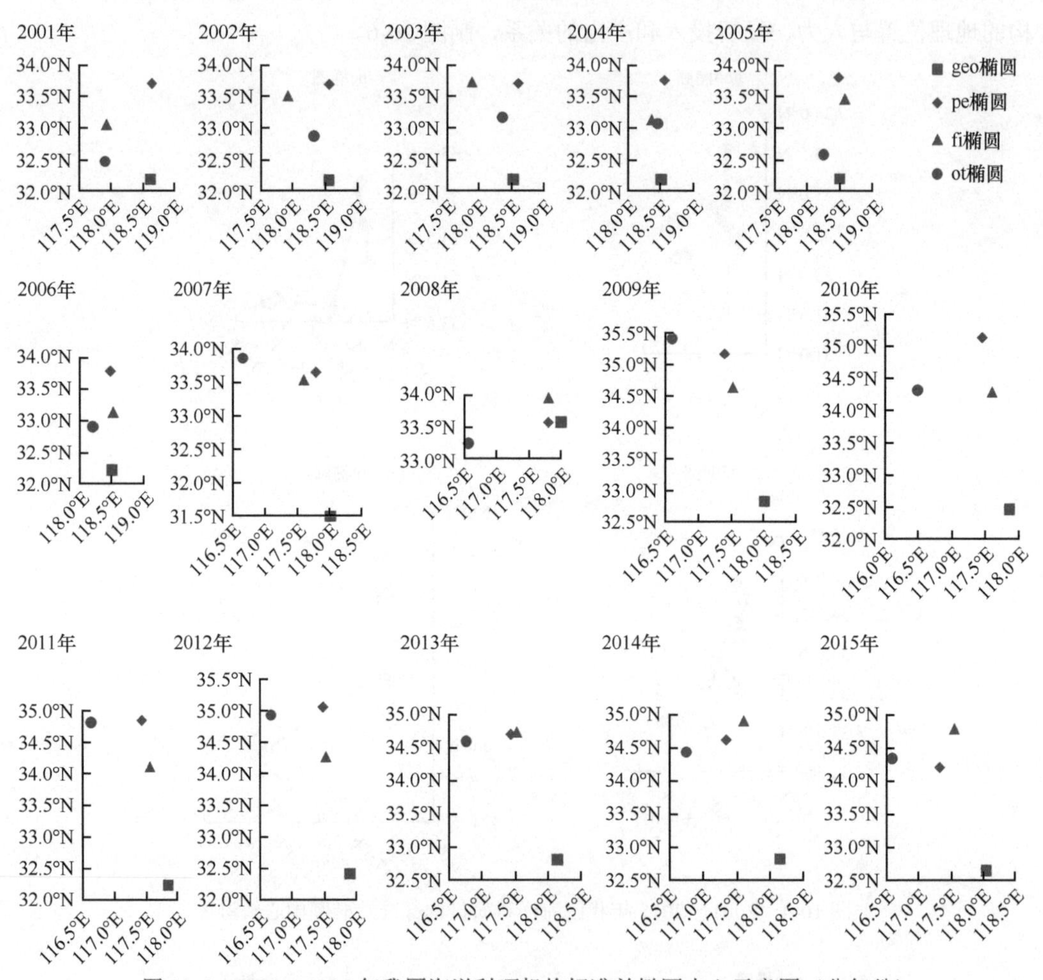

图 10-6 2001～2015 年我国海洋科研机构标准差椭圆中心示意图（分年份）

可以看到，geo 椭圆中心的轨迹可分为四段：① 2001～2006 年，该时间段内我国海洋科研机构大多集中在沿海地区，且变化不大；② 2007～2009 年，该时间段是我国海洋科研机构建设的全面爆发期，黑龙江、甘肃、陕西、湖北、海南等地均建设有海洋科研机构，且沿海地区海洋科研机构数量也在增加，geo 椭圆中心变动较大，总体向西移动；③ 2010～2012 年，geo 椭圆中心继续向西移动，处于稳定发展状态；④ 2013～2015 年，北京、天津、山东等地海洋科研机构数量增多，geo 椭圆中心向北移动且趋于稳定。

pe 椭圆、fi 椭圆、ot 椭圆中心的轨迹需要与 geo 椭圆中心轨迹结合探讨。对 pe 椭圆来说，2001～2006 年，pe 椭圆中心变动不大，与 geo 椭圆中心的相对位置也基本保持不变，位于 geo 椭圆中心的正北方，这说明北京、天津、山东等地区的海洋科研机构从业人员有明显优势；2007 年，pe 椭圆中心向西移动；2009 年，pe 椭圆中心继续向西北方向移动；2013～2015 年，pe 椭圆中心持续向南移动，且 2007～2015 年，pe 椭圆中心始终位于 geo 椭圆中心的西北方向，这说明中西部地区的海洋科研机构人才建设环境良好，且 2013 年以后南方海洋科研机构逐步增加了从业人员。对 fi 椭圆来说，fi 椭圆中心始终位于 geo 椭圆中心的西北方向；2001～2008 年，两者距离越来越小；2009 年，fi 椭圆中心与 geo 椭圆中心的距离拉大，此后基本保持不变。ot 椭圆中心同样位于 geo 椭圆中心的西北方向；2001～2006 年，两者距离呈波动状态；2007 年，ot 椭圆中心与 geo 椭圆中心的距离大幅拉大，此后有缓慢变小趋势。

pe 椭圆、fi 椭圆、ot 椭圆中心与 geo 椭圆中心的空间关系可以为确定我国海洋科研机构科研力量的均衡性提供参考。整体来看，pe 椭圆、fi 椭圆、ot 椭圆中心与 geo 椭圆中心的距离有扩大趋势，这说明 2001～2015 年我国海洋科研机构科研力量呈现非均衡化趋势。

3.椭圆长短轴变化趋势

从我国海洋科研机构标准差椭圆的长轴（图 10-7）来看，2001～2015 年，geo 椭圆长轴呈缓慢增长趋势，这说明南北方向海洋科研机构的范围在扩张；pe 椭圆、fi 椭圆、ot 椭圆的长轴呈波动上升状态，且始终小于 geo 椭圆长轴，这说明海洋科研机构的从业人员、科技经费筹集额中政府资金和科技论文均有明显聚集现象。从短轴来看，2001～2015 年，geo 椭圆、pe椭圆、fi 椭圆和 ot 椭圆的短轴均呈波动增长趋势，其中，pe 椭圆、fi 椭圆和 ot 椭圆的短轴在 2007 年大幅增长，这说明 2007 年在黑龙江、甘肃、海南等地区建设的海洋科研机构在人力、经费投入和产出方面都有明显优势。

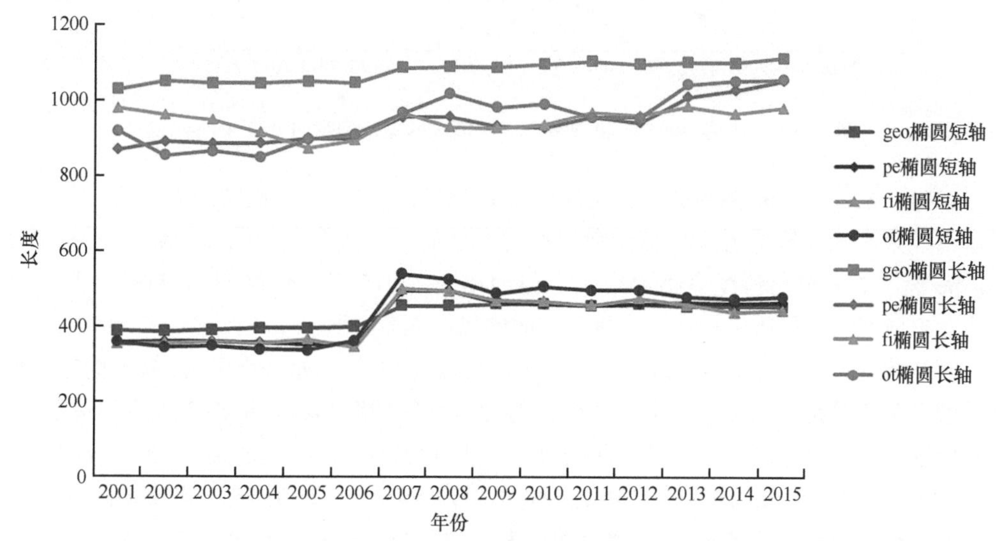

图 10-7 2001～2015 年我国海洋科研机构标准差椭圆长短轴长度趋势图

从短轴与长轴的比值（图 10-8）来看，geo 椭圆短轴与长轴的比值缓慢增长，pe 椭圆、fi 椭圆和 ot 椭圆则在 2007 年涨势突出，此后缓慢下降。总体来说，我国海洋科研机构在地理要素和科研力量要素方面空间的展布范围都在扩张，离散程度增大。

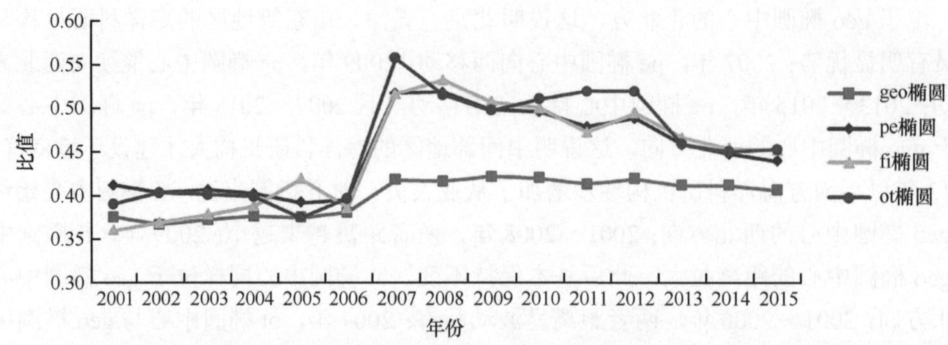

图 10-8　2001～2015 年我国海洋科研机构标准差椭圆短轴与长轴的比值趋势图

4. 椭圆方位角变化趋势

标准差椭圆的方位角表征要素空间分布的方向。如图 10-9 所示，2001～2006 年，geo 椭圆的方位角变动不大；2007 年，geo 椭圆的方位角快速增长，说明东南沿海地区海洋科研机构的数量增长趋势大于中西部地区；2009 年，geo 椭圆的方位角变小，反映出北方地区和中西部地区的海洋科研机构增长趋势反超东南地区；2010～2015 年，geo 椭圆的方位角缓慢增大，说明在山东、江苏、浙江等老牌海洋强省的聚集作用下，该区域海洋科研机构在数量上保持了增长优势。

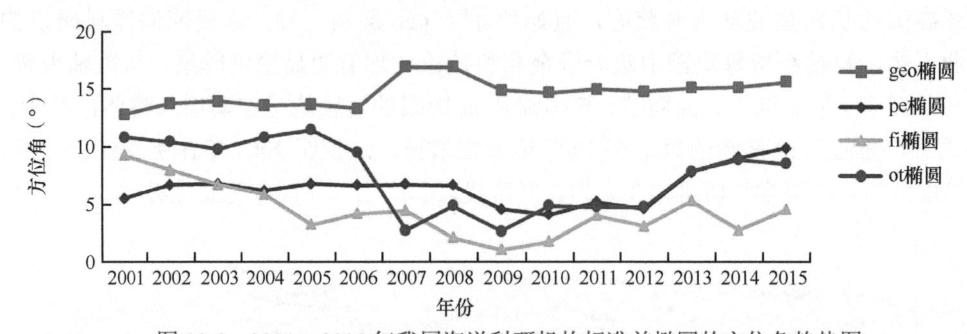

图 10-9　2001～2015 年我国海洋科研机构标准差椭圆的方位角趋势图

2001～2008 年，pe 椭圆的方位角保持在 7° 左右，远小于 geo 椭圆的方位角 12°～17°，显示出北京、天津等北方地区海洋科研机构在从业人员数量上的明显优势；2009～2010 年，pe 椭圆的方位角持续变小至约 4°，继而增大；2015 年，pe 椭圆的方位角约为 10°，说明北方地区海洋科研机构在人力投入方面的优势逐渐减弱。

从 fi 椭圆的方位角来看，2001～2015 年，fi 椭圆的方位角始终小于 geo 椭圆的方位角，且呈波动下降趋势。一方面，北京、天津等北方地区的海洋科研机构在政府经费上远高于其他地区；另一方面，中西部地区的海洋科研机构在经费上的拉动作用也十分明显。

2001～2015 年，ot 椭圆的方位角大体呈“U”形趋势。2007 年，ot 椭圆的方位角大幅减小，中西部地区和广东、广西等地区海洋科研机构的科技论文发表数量飞速增长，反映出这些地区海洋科技原始创新能力的提高。此后，ot 椭圆的方位角波动上升，至 2013 年明显大幅提升后趋于平稳，说明东南沿海地区科技论文发表数量的增长趋势实现反超，全国范围内海洋科研机构产出的增长趋势趋同。

10.1.3　主要研究结论

进入 21 世纪以来，海洋科技创新成为海洋经济发展的根本动力，在国家、区域竞争中占据主要地位。作为海洋科技创新的主力军之一，海洋科研机构的地理要素和科研力量要素的空间布局对落实海洋强国建设意义重大。本节揭示了 2001～2015 年海洋科研机构的空间分布特征与动态演化过程，可得出以下结论。

1）从地理位置来看，我国海洋科研机构数量持续增长，空间展布范围不断扩张。具体来说，我国海洋科研机构在地理位置上大多集中在沿海地区；从 2007 年开始，黑龙江等北方地区及湖北、陕西、甘肃等中西部地区和广西、海南等沿海地区建设起一批海洋科研机构，但其增长趋势小于东南沿海地区的海洋科研机构；2009 年，北方地区和中西部地区的海洋科研机构增长趋势反超东南沿海地区；自 2010 年以后，这一趋势减缓，山东、江苏、浙江等地恢复增长优势。

2）从人力投入来看，我国持续加强海洋科研人才建设。具体来说，北京、天津、山东等地区的海洋科研机构从业人员有明显优势；自 2007 年开始，中西部地区的海洋科研机构人才建设环境良好；2013 年以后，北方地区海洋科研机构在人力投入上的优势逐渐减弱，南方海洋科研机构的从业人员数量涨势突出。

3）从经费投入来看，我国海洋科研经费投入集中在北京、天津、山东、浙江等老牌海洋强省（直辖市）。同时，中西部地区的海洋科研机构在经费上的拉动作用也十分明显。

4）从科研产出来看，我国海洋科研机构的科研产出正在实现全国范围内的大爆发，海洋科研活动程度不断提高。具体来说，2007 年以前，北方的海洋科研机构在产出增长率上不占优势，而位于中部的海洋科研机构产出成果突出；2007 年，中西部地区和广东、广西等地区海洋科研机构的科技论文发表数量飞速增长，北京、天津、辽宁等地区的科研产出同样可观；自 2009 年开始，东南沿海地区科技论文发表数量的增长趋势实现反超，海洋科研机构产出在全国范围内增长趋势明显。

5）从四者空间关系来看，我国海洋科研机构的地理位置与人力、经费投入和科研产出布局呈现非均衡化趋势。2001～2015 年，我国海洋科研机构的人力、经费投入和科研产出与地理位置的布局有明显出入，且其中心的距离有扩大趋势，呈非均衡化发展态势。

10.2　我国城市海洋科技力量布局分析

当前，国内对海洋科技力量布局的研究主要集中在省级或者单一城市上，而对于全国涉海海洋科技力量总体布局状况的研究较少。这里以涉海城市为基本研究单元，以海洋科技力量为研究对象，将科技梯度概念应用于海洋科技领域，选取海洋科技人员投入比例、海洋科技资金投入比例、海洋科技创新效率和海洋科技创新效率比率来构建海洋科技梯度测度公式，以衡量城市间的海洋科技梯度。在此基础上，搜集整理 2001～2014 年我国海洋科研机构的科技统计数据，测算全国涉海城市海洋科技梯度，深入分析我国海洋科技力量的总体布局、发展趋势和梯度规律。研究表明，我国海洋科技整体实力呈现强劲增长态势，区域空间存在东高北高、南低中西低布局，以行政为导向呈现为北上广的强势崛起，以政策为导向呈现为南宁、沈阳、济南、深圳等的后发优势等规律。

10.2.1 海洋科技梯度规律分析

海洋科技梯度是国家或地区之间在海洋科技实力上呈现的不均衡发展状况的表征，能够反映区域间海洋科技资源配置状况和海洋科技力量分布状况。搜集整理 2001～2014 年我国海洋科研机构的科技统计数据，分别从总体态势、区域空间分布、行政区划、政策导向四个角度对海洋科技人员投入比例、海洋科技资金投入比例、海洋科技创新效率和海洋科技创新效率比率进行测算，进而得出涉海城市的海洋科技梯度。基于测算结果，总结我国海洋科技梯度规律。

1. 我国海洋科技整体实力呈现强劲增长态势

随着国家对海洋科技创新重视程度的不断提高，我国海洋科研实力不断增强，从 2001 年至 2014 年实现了质与量的双重提高。海洋科技投入方面，人员投入和资金投入均呈增长态势且增幅较为明显（图 10-10）；海洋科技产出方面，海洋科技论文发表数量、海洋科技著作出版数量和海洋科技专利授权数量也均保持增长态势（图 10-11）；海洋科技创新效率方面，总体呈波动上升趋势（图 10-12），其中 2010 年效率值最高，接近 0.45。

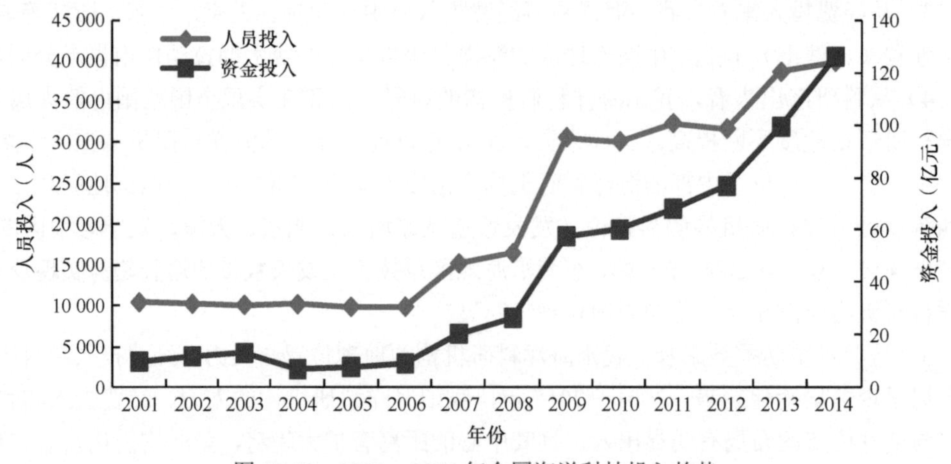

图 10-10 2001～2014 年全国海洋科技投入趋势

2. 区域空间存在东高北高、南低中西低布局

根据统计数据，2001～2014 年已有统计资料中共涉及全国涉海城市 59 个。在区域空间分布上，从南北和东西两个角度将全国的涉海城市进行分类。从南北位置来看，以秦岭淮河为界，秦岭淮河以南为南部，秦岭淮河以北为北部，其中北部城市 25 个，南部城市 34 个；从东西位置来看，结合地理位置和经济发展水平，与东中西部省份的划分原则保持一致，东部城市有 53 个，中西部城市有 6 个。

海洋科技投入方面，人员投入和资金投入趋势大致相同，见图 10-13 和图 10-14（因时间轴较长，图中仅选取 2001 年、2003 年、2005 年、2007 年、2009 年、2011 年、2013

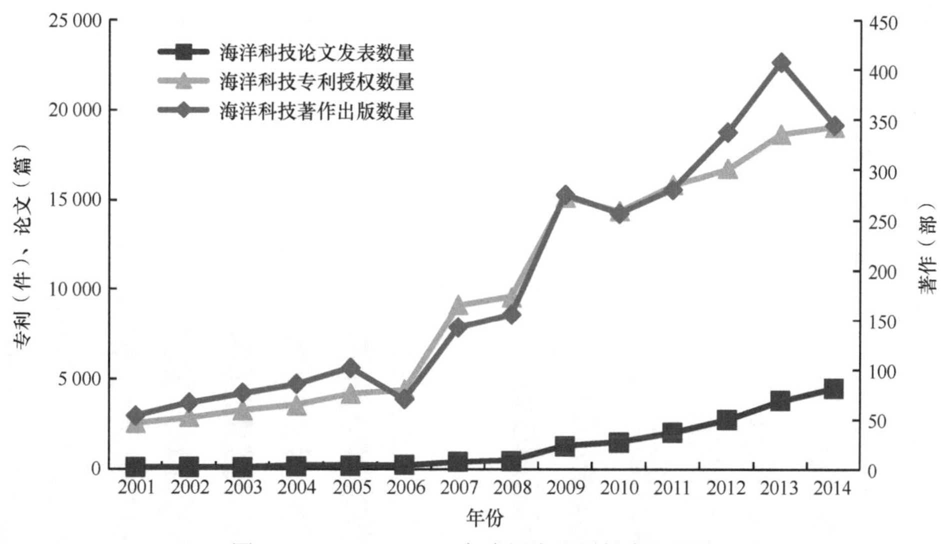

图 10-11 2001～2014 年全国海洋科技产出趋势

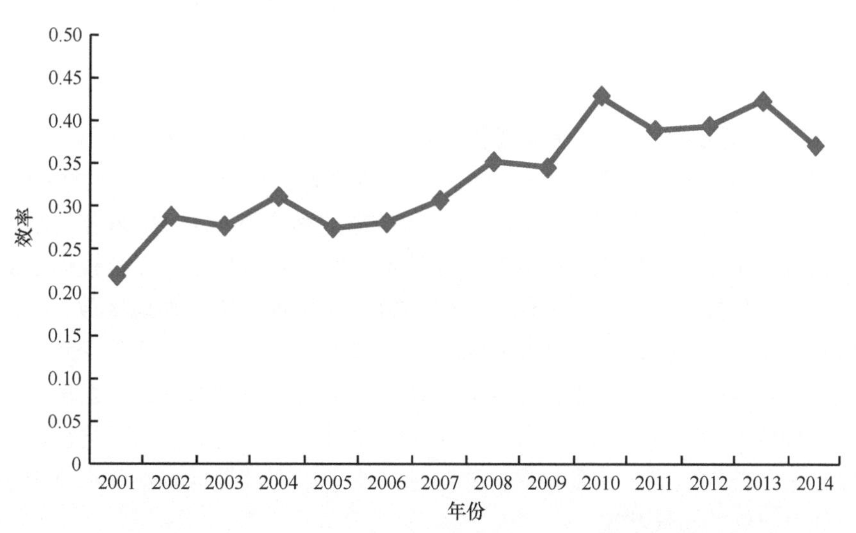

图 10-12 2001～2014 年全国海洋科技创新效率趋势

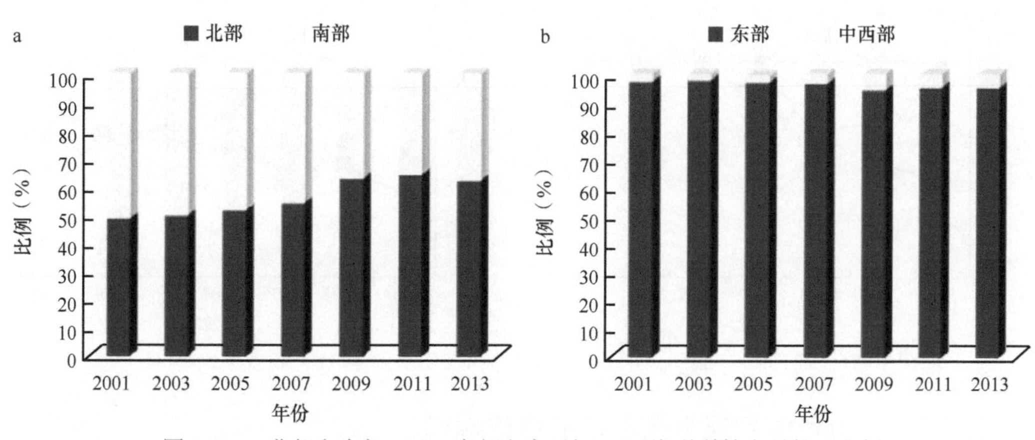

图 10-13 北部和南部（a）、东部和中西部（b）海洋科技人员投入比例

年数据代表整体趋势，下文同）。北部和南部的海洋科技投入梯度较小（图 10-13a 和图 10-14a），2008 年以前，北部和南部海洋科技人员投入及资金投入比例基本持平，2008 年以后北部地区超过南部地区，2012 年二者的差距最大。因与海洋距离远近存在差距，东部和中西部海洋科技投入相差较为悬殊，存在明显的海洋科技投入梯度（图 10-13b 和图 10-14b）。

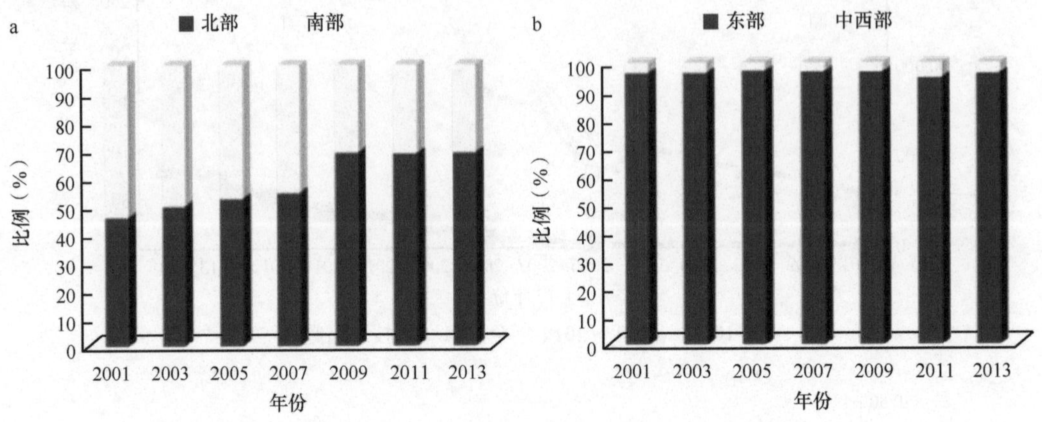

图 10-14　北部和南部（a）、东部和中西部（b）海洋科技资金投入比例

海洋科技创新效率和效率比率见图 10-15。海洋科技创新效率方面，纵向来看，2001～2014 年，北部地区一直高于南部地区，中西部地区一直高于东部地区；横向来看，2006 年以前，除中西部地区外，北部、南部和东部效率均小于 1，2006 年以后，各区域效率基本保持在 1 左右，实现了投入产出在技术上的有效转化。海洋科技创新效率比率趋势结果与海洋科技创新效率基本保持一致，2006 年以前，中西部地区效率比率高于全国平均水平，并高于东部地区；北部地区除 2001 年外效率比率低于全国平均水平，但高于南部地区。综合以上结论，根据海洋科技梯度测算公式得到东部、中西部、南部、北部海洋科技梯度系数，如图 10-16 所示，我国海洋科技力量地区分布不均衡，呈现明显的梯度差异，北部地区高于南部地区，东部地区高于中西部地区，空间梯度上呈现东高北高、南低中西低的布局状况。

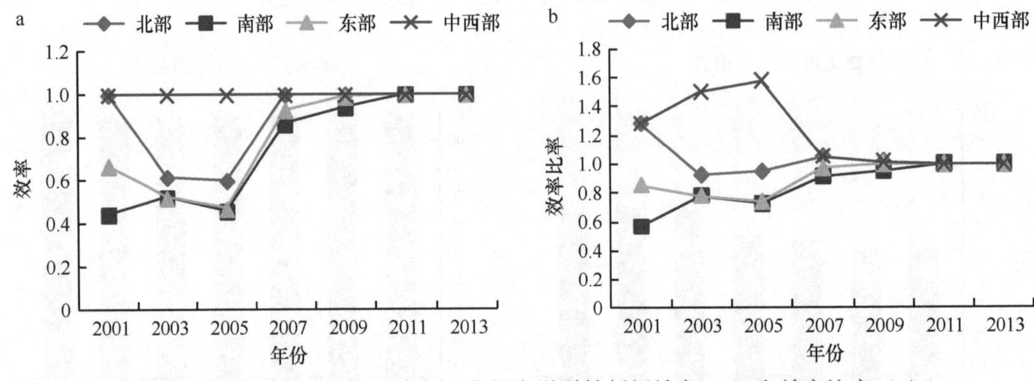

图 10-15　东部、中西部、南部、北部海洋科技创新效率（a）和效率比率（b）

3. 以行政为导向呈现为北上广的强势崛起

通过对 2001～2014 年全国涉海城市海洋科技实力的测算分析发现，我国海洋科技

梯度以行政为导向发展，具体表现为北京、上海、广州的强势崛起，天津、青岛的提质升级，南京、杭州、厦门、大连的稳定发展。

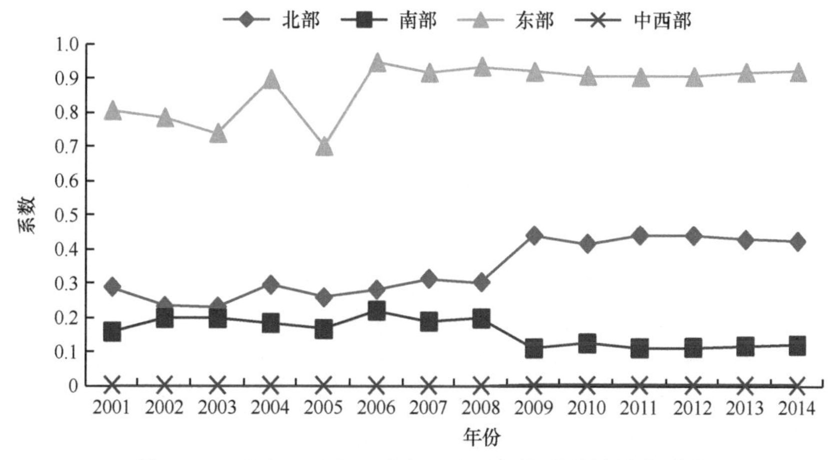

图 10-16　北部、南部、东部、中西部海洋科技梯度系数

1）作为我国的政治中心和经济中心，北京从 2001 年到 2014 年实现了海洋科技创新领域的强势崛起，2014 年在海洋科技人员投入、海洋科技资金投入和海洋科技梯度方面均稳居全国首位。2001～2014 年海洋科技人员和资金投入比例实现巨幅增长（表 10-1，表 10-2）；2001～2014 年北京海洋科技创新效率比率均大于 1，说明科技效率高于全国水平，但总体呈现先增后降趋势，其效率与全国平均效率的差值越来越小（表 10-3）；2001 年北京的海洋科技梯度系数排名第四，2007 年及以后稳居第一（表 10-4）。

表 10-1　主要涉海城市海洋科技人员投入比例（%）

年份	北京	上海	广州	天津	青岛	杭州	厦门	南京	大连
2001	9.76	17.09	9.04	14.63	15.22	4.82	4.58	7.04	4.24
2002	9.68	15.25	9.16	15.02	15.89	4.57	5.03	5.99	4.24
2003	9.47	15.17	9.31	15.38	15.68	4.54	5.07	7.72	4.39
2004	10.59	14.75	9.44	14.66	15.71	4.37	4.88	7.80	4.20
2005	10.45	12.06	10.01	15.05	15.97	4.51	4.83	7.12	4.33
2006	10.84	12.30	9.65	14.84	17.42	4.57	4.69	7.31	4.38
2007	17.33	15.54	10.79	12.18	12.78	2.81	3.34	5.41	3.42
2008	17.56	15.36	10.83	12.67	12.06	2.70	3.26	7.44	3.10
2009	35.81	13.13	7.66	7.32	7.01	2.36	1.86	5.79	1.98
2010	38.45	10.51	7.24	4.36	7.38	2.45	1.92	7.46	3.85
2011	37.91	10.56	8.01	7.35	8.46	2.25	2.09	5.24	2.11
2012	38.97	9.87	7.90	7.68	7.56	2.71	1.90	4.73	1.71
2013	35.16	10.39	8.51	5.92	7.35	2.50	2.32	3.96	2.01
2014	34.58	9.93	8.80	5.93	7.66	2.58	1.89	4.33	1.99

表 10-2　主要涉海城市海洋科技资金投入比例（%）

年份	北京	上海	广州	天津	青岛	杭州	厦门	南京	大连
2001	11.80	21.38	10.19	9.92	20.16	4.09	4.00	7.34	2.06
2002	13.53	17.08	9.64	11.66	20.10	4.65	4.26	7.76	2.19
2003	14.31	13.32	9.68	12.32	18.89	5.90	4.52	7.84	1.93
2004	13.97	9.18	11.63	10.92	19.07	7.56	7.20	7.13	2.33
2005	13.78	11.78	10.72	12.48	19.78	5.34	7.45	5.51	3.34
2006	19.00	11.43	8.65	13.77	15.52	5.82	7.80	4.73	2.57
2007	27.89	17.12	12.43	9.03	10.75	5.55	3.59	3.85	1.59
2008	25.22	19.04	9.41	9.99	13.29	4.32	3.75	4.44	1.43
2009	47.03	11.85	7.47	5.21	8.34	3.05	2.50	3.65	1.18
2010	41.76	13.01	7.77	4.43	10.58	2.97	1.56	5.28	3.63
2011	43.95	11.96	7.73	5.86	8.01	2.91	3.05	2.70	1.97
2012	43.17	10.95	7.62	5.61	7.86	3.28	4.91	3.22	0.92
2013	47.85	9.97	7.38	5.04	7.07	2.34	2.22	3.01	1.26
2014	48.38	10.16	7.67	3.92	9.20	1.75	4.18	2.85	0.78

表 10-3　主要涉海城市海洋科技创新效率比率

年份	北京	上海	广州	天津	青岛	杭州	厦门	南京	大连
2001	1.58	1.21	2.21	0.93	4.57	2.50	1.95	2.28	0.85
2002	1.58	2.39	1.25	1.37	2.20	1.87	1.55	3.47	0.58
2003	1.79	1.23	1.37	0.84	3.19	1.43	1.27	3.61	1.57
2004	2.50	1.21	1.12	0.90	3.22	1.43	1.88	3.22	3.09
2005	1.61	0.81	1.50	1.54	1.98	1.89	1.37	3.64	0.95
2006	1.75	1.11	1.68	1.10	3.14	1.72	1.75	3.56	0.72
2007	2.98	2.25	2.49	3.09	3.26	1.65	1.12	3.26	0.87
2008	2.84	2.52	2.84	2.05	2.82	2.43	1.31	2.84	0.86
2009	2.09	1.20	1.79	0.94	2.05	1.13	1.17	1.37	0.30
2010	2.33	2.33	2.11	1.28	2.11	1.12	2.33	2.10	2.33
2011	1.66	1.40	1.63	0.95	1.81	1.28	1.17	2.52	0.44
2012	1.49	1.47	2.27	1.10	2.10	0.95	1.01	2.20	0.71
2013	1.40	1.17	1.35	0.91	1.52	1.05	0.77	1.42	0.59
2014	1.44	1.12	1.61	1.15	1.88	0.99	1.05	1.71	0.50

表 10-4　主要涉海城市海洋科技梯度系数排名

年份	北京	上海	广州	天津	青岛	杭州	厦门	南京	大连
2001	4	2	3	5	1	7	8	6	10
2002	4	2	6	3	1	7	8	5	10
2003	3	2	6	5	1	7	8	4	10

续表

年份	北京	上海	广州	天津	青岛	杭州	厦门	南京	大连
2004	2	3	6	5	1	8	7	4	9
2005	3	6	4	2	1	7	8	5	10
2006	2	4	5	3	1	8	7	6	10
2007	1	2	5	4	3	7	9	6	11
2008	1	2	4	5	3	7	9	6	11
2009	1	2	4	5	3	8	9	6	15
2010	1	2	4	7	3	8	9	5	6
2011	1	2	4	6	3	8	10	5	14
2012	1	2	3	5	4	10	8	6	14
2013	1	2	3	5	4	10	12	6	14
2014	1	3	4	5	2	12	8	6	15

2）作为我国长江三角洲、珠江三角洲重要沿海城市，上海、广州海洋科技创新总体实力仅次于北京，各项海洋科技指标基本保持在全国二三名，其中海洋科技人员和资金投入比例增长趋势较为明显。

3）随着北京、上海、广州三大政治经济中心城市的强势崛起，作为传统海洋强市的青岛、天津优势不再明显，排名略降，但二者总体向提质升级方向转型，具体表现为两大特点：一是各项海洋科技创新指标数量上的绝对增加；二是由北上广的强势冲击和其他城市的快速发展带来的海洋科技人员投入比例、资金投入比例、海洋科技创新效率比率和海洋科技梯度的相对下降。

4）同样作为传统的涉海城市，南京、杭州、厦门、大连四个城市海洋科技保持稳定发展，数量上呈增长态势，南京、杭州、厦门排名基本稳定在全国前十，大连则稍有落后。

4. 以政策为导向呈现为南宁、沈阳、济南、深圳等的后发优势

在国家政策的引导下，一些沿海城市和内陆省会城市充分发挥后发优势，实现了海洋科技实力的快速提升。其中，南宁、深圳作为沿海城市代表，沈阳、济南作为内陆省会城市代表。

南宁、沈阳和济南初始条件较为相似，海洋科技实力全国排名从中低层上升到中上层，其中沈阳和南宁上升更为明显，2014 年沈阳各项指标均跻身全国前十，南宁则稳定在前二十。海洋科技人员和资金投入比例上，南宁、沈阳和济南均呈现增长态势，2014 年，沈阳的两项比例最高（表 10-5）；从海洋科技创新效率来看，三个城市呈现不规律的波动趋势，就海洋科技创新效率比率而言，2001～2014 年沈阳和济南两个城市的海洋科技创新效率比率均高于全国平均水平，南宁除 2002 年、2009 年和 2014 年以外也高于全国平均水平（表 10-6）；海洋科技梯度系数排名方面，沈阳和济南呈现明显上升趋势，2013 年和 2014 年沈阳海洋科技实力跻身全国前十，南宁上升趋势相对较小（表 10-7）。

表 10-5　部分涉海城市海洋科技人员投入比例和资金投入比例（%）

年份	人员投入				资金投入			
	南宁	深圳	沈阳	济南	南宁	深圳	沈阳	济南
2001	0.19	0.00	0.51	0.17	0.07	0.00	0.40	0.04
2002	0.20	0.00	0.44	0.19	0.07	0.00	0.56	0.06
2003	0.00	0.00	0.38	0.19	0.00	0.00	0.59	0.04
2004	0.00	0.00	0.40	0.23	0.00	0.00	0.73	0.09
2005	0.26	0.00	0.43	0.24	0.08	0.00	0.30	0.11
2006	0.24	0.00	0.44	0.12	0.10	0.00	0.50	0.12
2007	0.00	0.09	0.06	0.57	0.00	0.01	0.03	0.21
2008	0.00	0.04	0.11	0.58	0.00	0.01	0.03	0.19
2009	1.16	0.00	0.86	1.30	0.42	0.00	0.32	0.56
2010	0.68	0.02	1.15	1.31	0.20	0.01	0.46	0.27
2011	0.65	0.03	0.73	1.25	0.20	0.02	0.34	0.65
2012	0.67	0.00	0.74	1.28	0.14	0.00	0.35	0.53
2013	1.16	2.68	2.80	1.04	0.46	2.11	1.72	0.57
2014	1.20	2.95	2.95	1.05	0.40	1.26	1.45	0.26

表 10-6　部分涉海城市海洋科技创新效率和效率比率

年份	海洋科技创新效率				海洋科技创新效率比率			
	南宁	深圳	沈阳	济南	南宁	深圳	沈阳	济南
2001	0.29	0.00	0.41	1.00	1.32	—	1.86	4.57
2002	0.22	0.00	1.00	0.69	0.76	—	3.47	2.40
2003	—	0.00	0.91	0.38	—	—	3.29	1.36
2004	—	0.00	0.85	0.44	—	—	2.74	1.41
2005	1.00	0.00	0.87	0.37	3.64	—	3.17	1.35
2006	1.00	0.00	1.00	0.42	3.56	—	3.56	1.49
2007	—	0.00	—	1.00	—	—	—	3.26
2008	—	0.00	—	1.00	—	—	—	2.84
2009	0.21	0.00	0.39	0.56	0.62	—	1.14	1.61
2010	0.89	0.00	0.49	1.00	2.06	—	1.13	2.33
2011	0.71	0.09	0.60	0.35	1.82	0.24	1.53	0.91
2012	0.73	0.00	0.49	0.51	1.85	—	1.25	1.30
2013	0.49	1.00	0.56	0.52	1.15	2.36	1.33	1.22
2014	0.34	1.00	0.52	0.53	0.92	2.70	1.41	1.44

表 10-7 部分涉海城市海洋科技梯度系数排名

年份	南宁	深圳	沈阳	济南
2001	27	—	18	24
2002	31	—	15	26
2003	32	—	17	28
2004	33	—	14	27
2005	22	—	16	27
2006	22	—	16	26
2007	36	—	36	15
2008	36	—	36	16
2009	17	—	16	14
2010	16	—	15	14
2011	18	46	16	15
2012	22	—	17	15
2013	17	7	9	16
2014	16	7	9	18

深圳海洋科技创新起步相对较晚，但发展尤为迅速，2014 年海洋科技创新效率比率远高于全国平均水平。从 2001 年到 2014 年深圳不但表现为数量上从无到有的巨幅增长，而且各项衡量指标的排名均跻身全国前列。

10.2.2 结论与讨论

从 2001 年到 2014 年，我国各涉海城市的海洋科技力量与全国总体趋势一致，表现为数量上的绝对增长，并因增幅呈现投入比例、效率比率和排名的升降变化，进而表现为科技力量分布上的聚集、转移、转型、稳定等趋势。探讨形成该趋势的成因，以期为国家海洋科技力量整合和布局提供借鉴。

首先，北京、上海、广州是我国的经济中心，经济高度发达，对外开放水平高，综合竞争力强，有更多资本投入海洋科技创新领域，同时能够吸引更多海洋领域的人才和技术的流入，为海洋科研实力的提升和快速发展提供了重要支撑。

其次，天津为直辖市，青岛、厦门、大连为计划单列市，具有一定的行政优势。此外，初始资源条件优越、海洋科技创新起步较早较快也是青岛、天津提质转型，以及南京、杭州、厦门和大连稳定发展的重要原因。这些城市天然的地理优势和较为雄厚的海洋科技基础为海洋科技力量的聚集奠定了基础，但因受北上广强势崛起的影响，投入比例和排名呈现一定的波动和下滑。

最后，南宁、沈阳、济南和深圳 4 个后发优势型城市的初始发展较晚，但地缘优势和后发优势明显，因此可抓住发展机遇实现跨越式增长。南宁尤为典型，作为北部湾的重要城市，有国家政策倾斜优势、地缘优势和后发优势，随着“一带一路”建设的逐步推进，可预见未来将迎来一段发展机遇期。

10.2.3 对策建议

1）以《国家海洋科技创新总体规划（2016—2030年）》《全国科技兴海规划（2016—2020年）》等规划出台为契机，基于沿海各地区海洋科技力量布局现状和问题，优化全国海洋科技整体布局，适当考虑倾斜我国西南沿海地区，促进全国海洋科技协调发展。优化配置海洋科技资源，加快海洋科技人才、技术、资金等核心要素流动，吸引各类创新资源向海洋科技聚集，促进发达地区海洋技术向落后地区转移。完善有利于海洋科学研究、成果转化和创新创业的制度机制，形成全国海洋领域敢于创新、善于创新的良好氛围。

2）充分发挥北上广和天津、青岛等城市的核心作用，辐射并带动周边城市海洋科技向创新引领型转变，提高海洋科技资源利用效率，形成以枢纽城市为中心的海洋科技创新圈，逐步打造区域性海洋产业集群；以海洋科技带动海洋产业发展，提高海洋科技对国民经济的贡献率，扩大海洋经济规模，提高海洋经济质量，推动战略性海洋新兴产业跨越式发展。

3）整合跨地区涉海科技力量，建设海洋科技资源共享平台，如建设海洋虚拟研究院等海洋智库。重点加强落后地区海洋人才的培养和引进，有效增强其海洋科研力量，更好地支撑区域海洋经济发展。2018年9月，自然资源部在青岛第一海洋研究所、杭州第二海洋研究所、厦门第三海洋研究所的基础上，选址广西北海建立了第四海洋研究所，标志着国家层面已意识到我国西南和中南地区发展海洋科技的迫切需求，着力加强南海和北部湾海洋科学研究，强化与东盟地区的合作交流，扭转西南和中南地区海洋科技落后的局面，为当地海洋经济发展提供全方位科技和智力支撑。

10.3 从数据看青岛市海洋科研力量占比

我国进入海洋强国建设的重要历史时期，各沿海地区正着力向创新开放型经济体制机制转变，青岛市是国家重要的沿海港口城市，在国家实施海洋战略中有举足轻重的地位。2021年，青岛市实现海洋生产总值4684.84亿元，同比增长17.1%，占GDP的比重超过了30%（李勋祥，2022），引领型现代海洋城市建设稳步推进。科技是第一生产力，值得关注的是，面对深圳、上海等南方海洋重市的强势崛起，相对于在海洋经济宏观数据方面的耀眼，青岛市的海洋科技力量是否一直保持传统的绝对优势地位值得讨论。

多年来，青岛市一直被视为我国传统海洋强市和全国海洋科研龙头。但青岛市的科技力量和科技创新能力在全国地位如何，一直没有明确的说法，即使是最简单的数字，如青岛市海洋科研力量在全国所占比例也没有权威数字，60%、50%、40%、30%等等众说纷纭，莫衷一是。

“十二五”期间，青岛市海洋经济年均增速超过17%，占国民经济生产总值的比重超过20%，比2010年提高4.1个百分点，对国民经济生产总值增长的贡献率达到29.5%。2014年，青岛市实现海洋生产总值1751亿元，海洋经济成为拉动全市经济增长的重要引擎和推动产业结构转型升级的骨干力量。为准确把握青岛市的海洋创新能力，统筹青岛市科技资源，为青岛市经济社会发展提供基础信息和资料，本研究基于2001～2014年海洋科研机构的科技统计历年数据，对青岛市涉海科研人员、课题、论文、专利和 R&D 活动等各方面的指标在全国的占比情况进行分析，尝试对青岛市的海洋科研力量在全国的占比进行客观测算，并对其原因进行分析。

10.3.1　数据分析

基于 2001～2014 年海洋科研机构的科技统计历年数据，对青岛市涉海科研人员、课题、论文、专利和 R&D 活动等指标在全国的占比情况进行分析。

1. 海洋科技力量

海洋科研机构数量、海洋科技活动人员（海洋科研机构中从事科技活动的人员，包括科技管理人员、课题活动人员和科技服务人员）数量是区域海洋科研力量的重要表征指标。

2001～2014 年青岛市海洋科研机构数量呈现增长趋势，但是，2014 年青岛市海洋科研机构数量占全国总数的比重为 5.93%，相比 2001 年的 8.65% 略有下降。2001～2014 年青岛市海洋科技活动人员数量上升幅度较大，但是青岛市海洋科技活动人员数量占全国总数的比重下降趋势较为明显，其中，科技管理人员占比从 16.07% 降到 5.16%，课题活动人员从 15.40% 降至 7.10%，科技服务人员由 13.86% 降至 6.78%。从科技活动人员的学历和职称结构来看，2001～2014 年博士毕业人员占比从 37.54% 降至 9.55%，高级职称人员占比从 16.71%降至 6.52%。

此外，2001 年青岛市的海洋科研力量确实具有极大的优势，博士毕业的海洋科技活动人员数量在全国的占比达到了 37.54%，这也印证了一直以来很多专家通过直观判断认为“青岛市海洋科研力量在 20 世纪 90 年代占全国海洋科研力量的份额接近 40% 甚至 50%”的说法。

2. 海洋科技投入

近年来，青岛市海洋科研机构的科技课题总量整体上升值得肯定，但占全国总数的比重由 2001 年的 16.17% 下降为 2014 年的 8.12%，下降了 8.05 个百分点。同时，课题经费内部支出总量也有大幅上升，但是，2014 年青岛市海洋科研机构科技课题的经费内部支出占全国的比重由 2001 年的 22.40% 下降为 6.57%，其中，政府资金占比从 23.66% 下降为 8.15%，经费内部支出与政府资金的下降趋势是一致的。

青岛市海洋科技经费筹集额总量整体大幅上升，但占全国总数的比重却有下降，由 2001 年的 20.78% 降至 2014 年的 10.41%。海洋科学仪器设备总量增长幅度更大，但是，青岛市海洋科学仪器设备总量占全国的比重从 2001 年的 18.05% 降为 2014 年的 6.72%。

3. 海洋科技成果产出

知识创新是指科学研究与技术创新活动所产生的各种形式的中间成果，也是科技创新水平和能力的重要体现（国家海洋局第一海洋研究所，2015a）。海洋科技论文发表量和专利申请量、授权量等指标能够反映海洋科技原始创新能力，可以更为直接地反映海洋创新的活动程度和技术创新水平。较高的海洋知识扩散与应用能力是创新型海洋强国的共同特征之一。

从海洋科技论文方面来看，2014年，青岛市海洋科研机构科技论文发表总量呈现明显上升趋势，但是占全国总数的比重为11.21%，较2001年（21.62%）下降10.41个百分点。在国外发表的科技论文占比从2001年的20.77%降为2014年的13.20%，该数据同时还说明，在很多海洋创新评价指标占比有所下降的同时，在国外发表的科技论文占比指标仍处于高位，侧面证明了青岛市在高端海洋科研力量上的优势依然存在。

海洋科技著作出版方面，总量也呈现上升趋势，占全国的比重由2001年的33.96%降至2014年的8.70%。

从全国涉海专利方面的数据来看，2001～2014年，专利申请受理和授权总量呈现50倍以上的增长，其中青岛市的涉海专利申请受理和授权总量增长率分别超过80倍和60倍，该成就很值得肯定。从占比来看，2014年青岛市海洋科研机构专利申请受理数、授权数分别为全国总数的6.09%、8.09%，低于2001年的47.71%、65.06%。申请和授权专利中的发明专利占比也呈现下降趋势，分别从2001年的30.77%、55.00%降为2014年的5.93%、6.88%。值得关注的是，2001年青岛市涉海专利方面的高占比数据进一步佐证了海洋科技事业的辉煌，可以说，青岛市在中国整体海洋科技水平提升和海洋经济发展上作出了巨大贡献。

4. 海洋R&D情况分析

海洋研究与试验发展（R&D）活动属于创新活动最为核心的组成部分，不仅是知识创造和自主创新能力的源泉，还是全球化环境下吸纳新知识和新技术的能力基础，更是反映科技经济协调发展、衡量经济增长质量和转变经济增长方式的重要指标。海洋科研机构的R&D人员、R&D课题数和R&D经费支出是重要的海洋创新评价指标，能够有效反映国家海洋创新活动程度。

青岛市和全国海洋科研机构的R&D人员、R&D课题数在2001～2014年均大幅上升，但R&D人员占全国总数的比重由2001年的20.55%降为2014年的9.43%，下降了11.12个百分点，R&D课题数占全国总数的比重由2001年的22.69%降为2014年的8.97%，下降了13.72个百分点。同时，R&D经费支出也大幅上升，但是2014年青岛市R&D经费支出占全国的比重从2001年的30.85%降为9.35%，其中政府资金占比从32.27%降为11.55%。这里需要注意的是，青岛市2001年的22.69%、30.85%两个指标数值也都处在高位水平。

10.3.2 原因剖析

从上述分析结果来看，青岛市海洋科研力量总体呈现增长趋势，但是占全国的比重呈下降趋势，2014年约为全国的8%。该数据说明，2001～2014年随着全国沿海地区越来越重视海洋创新能力的培育，海洋创新投入持续上升，涉海科研机构日益增多，对海洋创新人才的吸引力也越来越大，海洋科技创新能力逐渐水涨船高，整体海洋创新水平得以大幅提升。与此同时，青岛市的海洋科技力量在全国的占比有所下降，这在海洋科研机构数量、科技活动人员、科技活动投入、科技活动知识产出及核心的海洋 R&D 活动方面，均有不同程度的体现。

分析其根源，青岛市在青岛海洋科学与技术试点国家实验室、国家深海基地管理中心等高端海洋科研支撑平台方面取得卓越成就，且几十年来一直保持中国海洋科研力量的首要地位，非常值得肯定。2001 年，青岛市很多海洋创新数据在全国的占比高达 65%、55% 左右，之后还一直保持在高位水平，的确令人震撼。但随着沿海各地区对海洋的重视，青岛市不可能长期一家独大，天津、厦门、大连、上海、杭州、南京、广州、深圳等城市的快速跟进其实也是必然趋势。正确认识这一趋势，更好地把握青岛市海洋科技事业的发展方向，努力结合自身优势实现特色化差异化发展，正是开展此项研究的初衷。

本书认为，测算结果对青岛市海洋界是一种正面激励，更让人欣喜的是，多点开花、百花齐放的海洋科技创新格局标志着我国海洋创新能力的整体提升。

10.3.3 对策建议

海洋科研力量的强盛，是青岛市发展海洋经济的底蕴所在，也是青岛市在“十三五”期间以“一带一路”建设为支撑的海洋强国战略中获得发展机遇的重要基础。因此，青岛市应立足本土优势，加大对海洋创新的投入力度，推动以科技创新为核心的全面创新。

1. 要立足青岛市海洋科技资源优势

当前，“一带一路”建设规划中，青岛市被定位为“新亚欧大陆桥经济走廊”的主要节点城市和“海上合作战略支点”。《山东半岛蓝色经济区发展规划》是我国第一个以海洋经济为主题的区域发展规划，青岛市被定位为核心区域的龙头城市，因海而兴，汇聚众多海洋资源，具有重要的先发优势，“十三五”期间青岛市海洋经济年均增速超过 13%。从青岛市海洋经济宏观数据看，其海洋经济发展程度较高，有利于继续发挥其成本和增长极优势，保持其总体发展水平的国内领先地位，增强未来潜在海洋竞争力（倪鹏飞等，2010）。优良的港口条件、特色的滨海旅游资源、丰富的海洋可再生能源和曲折漫长的海岸线，这些优势资源都是青岛市发展的重要助力。

2. 要切实加大对海洋创新的投入力度

青岛市作为“蓝色经济”核心区域的龙头城市，是我国海洋科技创新资源的主要聚集区，需要进一步发挥“蓝色经济”龙头城市的既定优势，建立地方财政涉海科技投入稳定增长机制（马吉山，2012），切实加大对海洋创新的投入力度，充分调动青岛市的海洋科研力量，逐步形成海洋科技创新与海洋经济发展相协调的良好机制，使创新成为青岛市经济社会持续发展的重要支撑。同时，充分调动涉海企业及社会金融机构等投资主体的积极性，建立起多方力量共同集成的多元化海洋创新投融资机制，形成政府财政资金扶持为引导，企业自筹为主体，金融和外资及社会筹资为补充的多渠道、多层次投入体系，建立并完善海洋科技创新金融支持体系。这一点尤其重要，青岛市海洋科技力量的整体体量巨大，每年的投入也必须相应地跟上。

3. 推动以海洋科技创新为核心的全面发展

海洋科技创新是青岛市海洋领域创新活动的核心，其实现取决于不同创新要素的互动和协同作用能力，需要建设完备高效的海洋科技创新机制，加强海洋科技创新平台建设，优化海洋科技创新网络，吸引海洋创新人才，吸聚和优化配置海洋科技创新资源。针对海洋领域科技、资源及产业等特点，推动以海洋科技创新为核心、以人才机制建设为重要支撑、以海洋经济发展为原则的全面创新。海洋科技创新方面，增加海洋高端科技投入，实施创新发展，激励高水平成果产出，并充分发挥其引领作用；人才投入方面，制定人才引进政策，吸引海洋高端人才，保证“请得来，留得住”；海洋经济发展方面，推动形成“产学研”一体化的成果转化机制，构建“政产学研金服用”的科创平台体系，加快海洋科技成果转化，促进海洋经济持续稳定发展。

第 11 章

我国海洋高新技术与产业

随着我国海洋经济的高速发展，各级政府对海洋科技成果转化工作的重视程度日益提升。海洋科技成果转化是我国海洋领域的一项重要工作，通过构建海洋科技与海洋经济之间的桥梁，推进科技创新、成果转化服务的业务化运行，可以进一步转变海洋经济增长方式，有效解决海洋经济发展中的共性问题。

新常态下，我国经济发展动力将由要素驱动、投资驱动向创新驱动转变。高技术产业作为技术创新的产业化成果，是地区经济发展的重要推动力，是衡量区域产业竞争力和创新力的重要表征。从经济学角度看，高新技术产业发展对区域经济发展有着积极的影响，而产业集聚往往能很好地促进地区高技术产业高速发展。此外，知识溢出、制度环境、区位因素等对高技术产业的发展会产生较大影响。

海洋是培育和发展战略性新兴产业的主战场。海洋战略性新兴产业是以海洋高新科技发展为基础、以海洋高新科技成果产业化为核心内容、具有重大发展潜力和广阔市场需求、对相关海陆产业具有较大带动作用并可以有力增强国家海洋全面开发能力的海洋产业门类。

11.1 我国海洋高新技术转化机制研究

《全国科技兴海规划纲要（2008—2015 年）》明确指出，要“指导和推进海洋科技成果转化与产业化，加速发展海洋产业，支撑、带动沿海地区海洋经济又好又快发展”，将我国海洋科技成果转化和产业化提升为国家战略。2015 年第十二届全国人民代表大会常务委员会第十六次会议对《中华人民共和国促进科技成果转化法》进行了修正，进一步规范科技成果转化活动，促进科技与经济的有效结合。技术入股是科技成果转化的一种主要技术转移方式，本节构建了一种适合我国国情的技术入股博弈模型，可以为我国海洋科技成果转化工作提供理论依据。针对诸如技术入股合同签订及相关的投资合同签订等经济行为，国内外已有多个基于信息不对称条件的模型，但这些模型不能直接照搬用以分析我国目前的技术入股现状，原因之一在于我国技术入股的主体是科研单位，这较完全市场条件下企业的技术入股更为特殊，此特殊性直接导致该模型的建立存在三个约束要素。本节将三个约束要素引入谢识予（2004）书中提到的信号传递模型中，构建了一个具有中国特色的两部门（技术部门和投资部门）一般均衡模型，并通过对该模型混合均衡和分离均衡的讨论得出四个命题，为我国海洋科技成果转化提供借鉴。

11.1.1 假设性约束的制定

技术入股是指技术持有人（技术部门）以技术成果作为无形资产作价出资入股公司的行为，其核心问题是双方如何通过股价比例进行信号传递来谋求共同福利。这是涉及投资问题信号博弈的经典问题，一些学者在这方面开展过研究。克里斯汀·蒙特和丹尼尔·塞拉（2005）构建过一个资产管理信号传递模型，该模型假定存在两个伯特兰竞争的投资基金，经理通过保证方案来传递自己的信号；谢识予（2004）构建了企业以股权换投资的模型，该模型假定企业利润是不完全信息的，而用来吸引投资的新项目是完全信息的，通过技术入股比例传递信息；陈瑞华（2003）构建了罗斯资本结构信号传递模型，经理通过自己公司的资产结构（负债）来传递企业利润分布的函数；丁茗（2003）将风险投资过程分为两个阶段加以分析，研究了双方坚持投资策略的条件，以及风险投资中经济变量的数值变化对双方均衡策略的影响。

在以上基础上，设定假设性约束来真实反映我国的技术入股现状，具体约束如下。

约束 1：技术转移二元制假设，即技术归技术部门所有，技术部门负责为提高生产力水平而进行科学研究与技术开发；资金归投资部门所有，投资部门负责为具有实用价值的科技成果进行投资、开发、应用、推广直至形成新产品、新工艺、新材料，发展新产业等活动。同时，这两个部门对风险的偏好都是中性的，即他们既不愿意承担太大风险，也不愿意接受太低回报。技术部门能通过技术中介减少寻找投资的成本，同时投资部门也能通过技术中介减少寻找技术的成本，但是两个部门都不能因此减少谈判成本。由于成本问题，任一部门都不能同时与多个部门进行谈判。

约束 2：剔除伪装成本变量，增加研究成本变量。取消伪装成本这一假设是由高新技术活动的性质决定的，相对于传统博弈论的二手车交易来说，高新技术成果的技术壁垒比较高，大部分成果具有唯一性，很难用经验和诚信水平等指标来进行客观评价。而研究成本变量是由高新技术研发的高额成本决定的，在很多领域中，某些成果的产生是建立在高昂的研究成本的基础上的，而它直接产生的经济效益却往往不高。这恰好符合中国海洋高新技术的开发现状。

约束 3：封闭的经济和科技大国的假设，即在一个经济体里，所有的技术、投资活动（包括技术转移、资本投入等）均不存在国际技术合作、学习的情况，技术活动只需在国内市场里完成。同时，根据我国的现状，可认为在我国投资低风险行业（如房地产、港口等行业）收益高于国外平均水平。

约束 4：海洋高新技术转化特点的假设，即海洋高新技术转化具有高风险、高投入、高收益的特点。高风险是由海洋高新技术活动的性质决定的，由于存在海洋环境污染和海上自然灾害，海洋高新技术研发的技术突破难度大，失败率高；海洋高新技术的高风险性、多方面性、国际性体现了海洋高新技术转化投资大、投资门槛高的特点。

除以上假设性约束外，本模型将信号传递过程设定为技术入股方式下的一次报价。

11.1.2 信号博弈模型分析

本模型认为技术转移存在于封闭经济体中。按分工不同，可将该封闭经济体内的活动参与者分为拥有研发技术但资金不充沛的技术部门、技术水平低却资金实力雄厚的投资部门两大类。在技术部门中，人们利用技术实力和国家对技术研发的投入研究出成果，并将其拿到技术市场进行引资，以获得中试经费。在投资部门里，投资方进行新技术投资和新产品开发、生产及销售。通过上述渠道，两类部门都可以获得收入并进行良性循环。

同时，高新技术的研究和新产品的开发，除了利用技术方的智力消耗和投资部门的经费支持，还需要承担一定的风险，而且高新技术所具有的高技术壁垒和高投资风险所带来的道德风险及逆向选择等外部效应不利于该技术流的循环，从而对技术循环产生负面阻碍，导致投资部门不断地把投向高新技术的资金迅速投入低风险行业。但同时，低风险行业资金的不断注入也会造成行业利润的迅速降低。因此，低风险行业容纳的资金规模会有一定的限度，当资金聚集到一定程度后，资金会再次涌向高风险的行业。这样，资金在低风险行业和高技术（高风险）行业之间流动的过程，正是技术市场不断低迷和高涨的过程。

1. 概念定义

博弈过程涉及的概念定义如下。

1）不完全信息信号博弈可以通过海萨尼转换直接表达成完全但不完美信息动态博弈，从而得出完美贝叶斯均衡（PBE）（冯·诺依曼和摩根斯顿，2004）。运用海萨尼转换引入虚拟博弈方 N，假设 N 决定科研项目的未来利润有高低两种情况，即 $\theta=\theta_1$ 或 $\theta=\theta_2$，其中 θ_1 为高利润类型，θ_2 为低利润类型，有 $\theta_1\geqslant\theta_2\geqslant0$。

2）假设该项目需要一次性投资 T，第 n 年收回投资，以传统项目的平均收益率 r 作为贴现率，存在机会成本 $W=T(1+r)^n$，且 $\theta_1\geqslant\theta_2\geqslant W$。

3）引入 C 为技术方已发生的技术研究成本，当收益低于技术研究成本时，技术方必然放弃技术入股，所以有 $\theta_1\geqslant\theta_2\geqslant C$。

4）技术入股比例 m 由评估定价决定，该评估定价由技术方提供给评估方的计划书决定，评估方对该技术是不完全信息，故该定价直接取决于技术方，为了简化关系，在本信号博弈模型中忽略评估方。将本过程简化为技术方愿出 m 比例股权换回投资，该技术入股比例 m 就是本模型中的信号，且满足 $m\in M$，其中 $M=\{m_1, m_2, \cdots, m_j\}$ 是信号空间，信号空间是一个连续的区间 $m\in(0, 1)$。

5）因为技术入股存在严厉的惩罚机制，所以项目收入必然满足 $\theta_1\geqslant\theta_2\geqslant W+C$。

6）q 为投资方基于 m 对 $\theta=\theta_1$ 的预测概率，即 $P(\theta_1/m)=q$，$P(\theta_2/m)=1-q$。

7）a 为投资方基于 m 并且判断预测类型 θ 后选择的行动，$a\in A$，其中 $A=\{a_1, a_2, \cdots, a_h\}$ 是投资方的行动空间。

2. 博弈过程

可以将整个博弈过程分解为以下四步。

第一步：市场上有多个技术的供给者和需求者，存在一系列技术合作项目，其中有高利润和低利润两种项目。N 随机决定该技术方未来利润 θ 是高还是低，即 $\theta=\theta_1$ 或 $\theta=\theta_2$，其中 $\theta_1\geqslant\theta_2$。

第二步：技术方在观测到类型 θ 后，愿出 m 比例股权来换取投资，自己获得 $1-m$ 股权，有 $m \in M$，其中 $M=\{m_1, m_2, \cdots, m_j\}$ 是信号空间，信号空间是一个连续的区间 $m \in (0, 1)$。

第三步，投资方能观测到技术方所发出的信号 m，但看不到类型 θ，通过判断预测类型 θ 是高低两种可能性的概率，假设投资方在看到 m 后判断 $\theta=\theta_1$ 的概率为 q，然后选择自己的行动，有 $a \in A$，其中 $A=\{a_1, a_2, \cdots, a_h\}$ 是投资方的行动空间。

第四步，假设投资方行动为选择接受和拒绝两种情况。如投资方拒绝，则投资方获益为 $W=T(1+r)_n$，技术方获益为 0；如投资方接受，则投资方获益为 $m\theta$，技术方获益为 $(1-m)\theta$。

博弈过程可用图 11-1 表示。

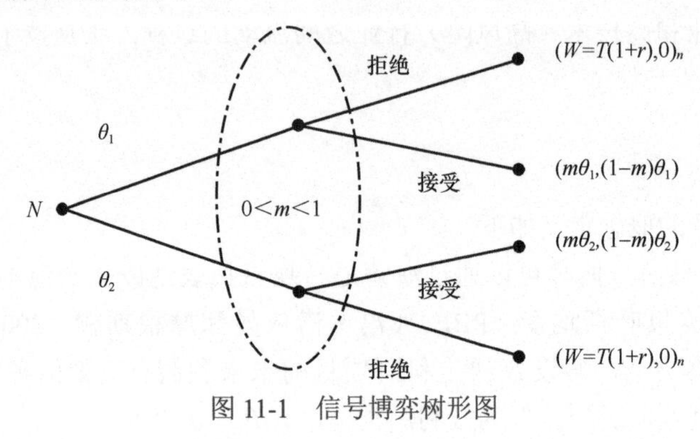

图 11-1　信号博弈树形图

3. 模型分析

模型中技术方和投资方都是有限理性的经济人，技术方期望能最大化自己的收益，即收回研究成本和交易费用，分享新增加的利润；投资方希望能最大化自己的投资收益，即在回收期内收回全部投资，获取投资在该领域的平均利润，分享由于使用该技术成果而带来的超额利润。所以在整个博弈过程中，投资方只有在该技术的预期收益大于投资别的项目的预期收益时，才会接受股份比例，即当 $m \geqslant \frac{W}{\left[q\theta_1+(1-q)\theta_2\right]}$ 时，投资方才会接受 m。

对于技术方来说，只有当合资收益高于技术研究成本，即 $(1-m)\theta \geqslant C$ 时，才会愿意出股份 m。因为 $\frac{\theta_1 - C}{\theta_1} \geqslant \frac{\theta_2 - C}{\theta_2}$，所以当 $m \leqslant \frac{\theta_2 - C}{\theta_2}$ 时，技术方都能同意出股份。因此，只有当技术方愿意出 m，而投资方愿意接受 m 时，才存在完美贝叶斯均衡。可以用公式表示该均衡存在的条件：

$$\frac{W}{q\theta_1 + (1-q)\theta_2} \leqslant m \qquad \text{PBE 条件 1（11-1）}$$

$$m \leqslant \frac{\theta_2 - C}{\theta_2} \qquad \text{PBE 条件 2（11-2）}$$

$$m \in (0, 1) \qquad \text{PBE 条件 3（11-3）}$$

在以上条件成立的情况下，存在完美贝叶斯均衡。该均衡为混合均衡，我们可以根据图形来求解（图 11-2）。

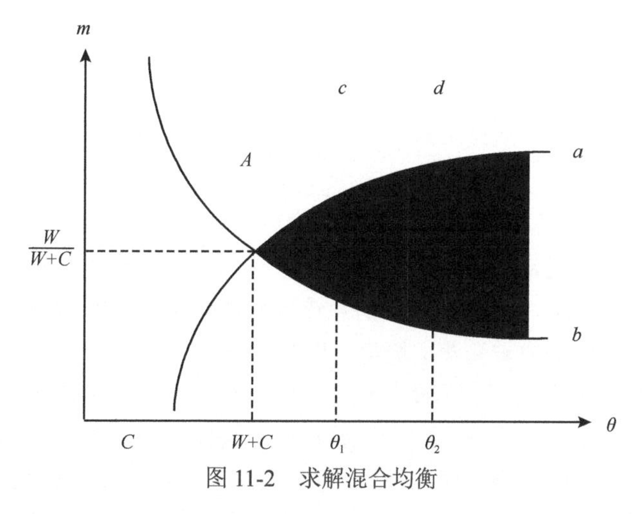

图 11-2　求解混合均衡

由图 11-2 可得，A 点为 a、b 两曲线的交点，它的坐标为（$W+C$，$\frac{W}{W+C}$），该点与两曲线交叉区域的阴影部分为均衡存在区域，所以当 $\theta_2 \geqslant W+C$ 时，存在完美贝叶斯均衡。由此可以得出本模型的第一个结论。

命题 1：在本模型中，存在完美贝叶斯均衡，且其仅由传统市场利润和技术研究成本决定。

本模型不仅存在混合均衡，还存在分离均衡。

对于高利润技术方来说，只有当合资收益高于技术研究成本，即 $(1-m)\theta_1 \geqslant C$ 时，才会愿意出股份 m，可以用公式表示高利润技术方均衡存在的条件：

$$\frac{W}{q\theta_1 + (1-q)\theta_2} \leqslant m \qquad \text{PBE 条件 1（11-4）}$$

$$m \leqslant \frac{\theta_1 - C}{\theta_1} \qquad \text{PBE 条件 2（11-5）}$$

$$m \in (0, 1) \qquad \text{PBE 条件 3（11-6）}$$

对于低利润技术方来说，可以用公式表示低利润技术方均衡存在的条件：

$$\frac{W}{q\theta_1 + (1-q)\theta_2} \leqslant m \qquad \text{PBE 条件 1（11-7）}$$

$$m \leqslant \frac{\theta_2 - C}{\theta_2} \qquad \text{PBE 条件 2（11-8）}$$

$$m \in (0, 1) \qquad \text{PBE 条件 3（11-9）}$$

同上可知，存在高利润分离均衡，可以用公式表示该均衡存在的条件：

$$\frac{W}{q\theta_1 + (1-q)\theta_2} \leqslant m \qquad \text{（11-10）}$$

$$\frac{\theta_1 - C}{\theta_1} \geqslant m \geqslant \frac{\theta_2 - C}{\theta_2} \tag{11-11}$$

$$m \in (0, 1)$$

即存在分离均衡：

$$\frac{\theta_1 - C}{\theta_1} \geqslant m \geqslant \frac{\theta_2 - C}{\theta_2} \tag{11-12}$$

$$m \in (0, 1)$$

这个分离显然是高效率的，在该均衡存在的情况下，高利润淘汰低利润。

命题 2：在本模型中，存在分离均衡。该均衡条件下，高利润淘汰低利润，技术市场平均利润率随着低利润方被淘汰而降低，同时市场进入良性循环。

针对此分析，进行新的假设，假定存在股份比例 m_1 和 m_2，且 $m_1 > m_2$，投资方知道概率均为 1/2，均衡的路径是共同知识，先验概率为 $\mu(\theta=\theta_1|m=m_1)=0.5$，$\mu(\theta=\theta_1|m=m_2)=0.5$，当投资方观察到 m 时，他不修正先验概率，则此时高利润投资方选择高股份比例的收益为 $m_1\theta$，大于选择低股份比例的收益 $m_2\theta$，所以高利润投资方选择高股份比例。

当投资方观察到 m_1 时，他修正先验概率，它的后验概率为 $\mu(\theta=\theta_1|m=m_1)=1$，$\mu(\theta=\theta_1|m=m_2)=0$，高能力的投资方将选择提出高股份比例从而得到 $m_1\theta$。

当高利润投资方选择低股份比例时，其收益为 0；当高利润投资方选择高股份比例时，其收益为 $m_1\theta$。我们可以得出如下混同均衡和分离均衡，见表 11-1。

表 11-1 均衡情况

	混同均衡	分离均衡
均衡情况	$\mu(\theta=\theta_1\|m=m_1)=0.5$	$\mu(\theta=\theta_1\|m=m_1)=1$
	$\mu(\theta=\theta_1\|m=m_2)=0.5$	$\mu(\theta=\theta_1\|m=m_2)=0$
	$f(\theta_1)=m_1\theta_1$	$f(\theta_1)=m_1\theta_1$
	$f(\theta_2)=m_2\theta_2$	$f(\theta_2)=0$

在分离均衡中，股价成为传递投资方利润的信号。这里的关键在于当股份比例 m 提高时，高利润方比低利润方承受能力强，正因为如此，高利润方才能通过选择股份比例把自己与低利润方区分开来，如果股份比例与利润无关，那么股份比例就起不到信号传递的作用，因为低利润的人会模仿高利润的人。

在这个简单的模型中，存在一个混同均衡和一个分离均衡。但是，混同均衡并不是一个合理的均衡，因为它依赖于投资方关于技术方在非均衡路径上后验概率的特定假定，即 $\mu(\theta=\theta_1|m=m_1)=0.5$，$\mu(\theta=\theta_1|m=m_2)=0.5$，而这个假定是不合理的，因为对于低利润技术方来说，无论投资方的后验概率如何，选择低利润比例总是最佳选择，选择高利润比例是劣策略。因此，如果观察到 $m=m_1$，投资方不应该认为技术方有任何可能性是低利润的，而给定 $\mu(\theta=\theta_1|m=m_1)=1$，$\mu(\theta=\theta_1|m=m_2)=0$ 后，高利润技术方将选择将 $m=m_1$，混同均衡不成立。因此，本模型中唯一合理的均衡是分离均衡，低利润项目选择低股份比例，高利润项目选择高股份比例。

命题 3：在本模型中，满足修正先验概率条件下，本模型只存在唯一的分离均衡。混同均衡只在先验概率条件下存在。当先验概率被修正后，分离均衡是否达成与高利润技术方是否选择低股价无关，而与投资方是否选择修正先验概率相关。

当 $\mu(\theta=\theta_1|m=m_1)=0.5$，$\mu(\theta=\theta_1|m=m_2)=0.5$ 时，股份比例作为信号被观察到，但是并不能改进配置效率，此时，达到混同均衡。

当 $\mu(\theta=\theta_1|m=m_1)=1$，$\mu(\theta=\theta_1|m=m_2)=0$ 时，对于低利润方来说，$\frac{(1-m_1)\theta_2}{2}<C$，即高股份比例获得的收益低于心理预期的最低收益，选择高股权始终是劣策略，所以其仍然选择低股权 m_2。对于高股权方来说，当 $(1-m_1)\theta_1>\frac{(1-m_2)\theta_1}{2}$，即当 $1+m_2>2m_1$ 时，高股权方的最优策略为降低价格。因此，技术占股不得超过 20%，高新技术占股不超过 40%，所以高股权方的最优策略为降低价格，而保持高股价为劣策略。

根据“剔除劣策略”的精练均衡方法，股份比例能起到剔除劣策略的作用。但此时不完全信息下的均衡价格水平不同于完全信息下的最优价格水平，低能力的价格水平和高能力的价格水平都低于完全信息下的最优价格水平。两种类型的技术方的价格水平都低于完全信息下的最优价格水平，这种与完全信息下最优水平的严重偏离就是将不同能力的技术区别开的信息成本。如果没有信息的非对称性，技术方的利润水平与他提供的股份比例就是无关的，非对称信息迫使拥有最好技术的技术方承担最高的股份比例报价，以显示自己的利润水平。因为增加股份比例报价、降低技术方的收益，技术方为信息的非对称性付出成本，这种成本在完全信息下是不存在的。这也是技术方需要建设信誉机制（柴国荣等，2003）的原因所在——如果技术方有更好的方法能让投资者知道自己的真实价值，它就没有必要承担这部分成本。

命题 4：在本模型中，股份比例具有有效的信号甄别作用，从而可以改进配置效率。但股份比例信号功能的实现需要技术方付出信息成本，该成本完全是由信息非对称性决定的，如果技术方能通过信誉机制等方法让投资者知道自己的真实价值，该信息成本就可以被消除。

通过以上 4 个命题可知，在技术转移活动的假设性约束下，我国的海洋高新技术转化市场受传统市场利润和高新技术研究成本的影响很大。我国目前处于经济高速发展阶段，某些行业存在暴利现象，这与高风险伴随高回报、低风险必然低回报这一普遍经济规律相违背。在这种情况下，资金有向低风险高利润行业聚集的趋势，而海洋高新产业这一尚未成熟却存在较大风险的行业，对于追求利润最大化的投资方来说没有吸引力。所以，国家财政不得不承担起投资海洋高新技术市场的责任。从循环经济的角度来说，一个良好的技术流里，资金投入可以产生循环效应。此时，国家财政一次投资，就能促进技术市场形成一个完整的产业链条。而目前我国完全依靠国家投入拉动经济。这种现状是高新技术本身的特殊性和技术市场的特点决定的，通过提高科研人员待遇、强调科研重要性和鼓励技术方投资等手段很难从根本上解决这一问题，必须进行科研体制改革，将一些新的制度经济学思想引入海洋高新技术和产业管理的行政手段里，从而从制度上解决这一问题。

11.1.3 机制分析

随着海洋经济在国民经济中所占比重进一步提高，海洋经济已经成为国民经济新的增长点，但由于政—产—研脱节，政府引导性资金投入严重不足，不少先进适用技术成果长期沉淀在科技人员手中，难以真正为企业使用而实现产业化。因此，迫切需要政府加大对海洋科技公共服务能力的投入，优化配置海洋科技资源，加快科技创新与成果转化服务平台建设，引导地方与企业共同大力开展海洋科技成果转化工作，将国家与科研部门大量的海洋科技成果及时进行中试转化，以规范海洋科技成果转化活动，加速海洋科学技术进步，带动海洋经济社会的持续健康发展。

11.2 我国沿海地区和内陆地区高技术产业发展差异

高技术产业的发展与区域内资源禀赋密切相关，因此造成我国不同区域高技术产业发展水平不一致。我国东部沿海地区高技术产业发展明显优于西部，一些研究结果显示西部地区与东部地区存在较大差距（潘燕燕，2012）。有学者认为，高技术产业企业数量较少和科研经费投入不足等因素，制约了西部地区高技术产业的发展（周运兰和郑军，2013）。中部六省高技术产业发展势头良好，但中部地区高技术产业的发展却相对较慢。与整体经济相比，高技术产业的发展可能更依赖政府政策的支持和倾斜，集聚促进发展，发展又进一步促进高技术产业集聚。

诸多研究均表明，我国高技术产业发展存在区域差异，但较少以海陆视角分析高技术产业的差异和趋势。在“一带一路”建设背景下，我国提出“从海陆两向加快经济建设，统筹海陆发展”。为进一步推进海陆协调发展，以下两个学术问题需要解决：①在近30年来我国海陆二元结构背景下，高技术产业是否也存在海陆间的二元差异？②沿海和内陆地区高技术产业的发展趋势如何？其趋势受哪些因素影响或控制？

从研究角度，有必要通过计量方法摸清海陆之间高技术产业发展水平差异和发展趋势，为我国沿海和内陆地区高技术产业均衡发展提供政策支撑和决策支持。

本节基于区位商模型，从数量水平和质量水平角度分别构建适于评价海陆差距的“高技术产业总人口区位指数”和“高技术产业从业人员区位指数”，对全国省级区域1997～2013年的面板数据进行系统处理，科学测算沿海地区和内陆地区的相关区位指数，得出了3点结论。

11.2.1 指数构建与参数设定

在分析区域产业发展现状时，通常用区位商来判断一个产业是否构成该地区专业化部门。区位商指一个地区特定部门的产值占地区工业总产值的比重与全国该部门产值占全国工业总产值的比重的比值，它是判断区域产业发展水平和集聚程度的重要参考依据（毛加强和王陪珈，2007）。

基于区位商模型，提出“高技术产业总人口区位指数”和“高技术产业从业人员区位指数”，力求从数量和质量两个方面客观反映我国沿海和内陆地区高技术产业的发展水平。通过两个指标的对比，可以有效避免由单一指标变动导致的误差，提高分析结果的准确性及研究结论的科学性。

1. 高技术产业总人口区位指数

高技术产业总人口区位指数是指某地区高技术产业生产总值占全国高技术产业生产总值的比重与该地区总人口占全国总人口的比重的比值，此指标强调的是单位地区人口的高技术产业产值，属于数量指标。

其测算模型如下：

$$Q_i^p = \frac{\mathrm{GDP}_i / \mathrm{GDP}}{P_i / P} \tag{11-13}$$

式中，GDP_i 代表 i 地区高技术产业生产总值；GDP 代表全国高技术产业生产总值；P_i 代表 i 地区总人口；P 代表全国总人口。若 $Q_i^p>1$，则表示该地区高技术产业存在集聚现象；反之，则表示该地区高技术产业尚未形成集群。Q_i^p 的值越大，说明该地区单位人口的高技术产业产值越高，高技术产业发展水平越高。

2. 高技术产业从业人员区位指数

高技术产业从业人员区位指数是指某地区高技术产业生产总值占全国高技术产业生产总值的比重与该地区高技术产业从业人员占全国高技术产业从业人员的比重的比值，此指标强调的是单位从业人员的高技术产业产值，侧重从业人员的质量，代表区域高技术产业创新水平。

其测算模型如下：

$$Q_i^e = \frac{\mathrm{GDP}_i / \mathrm{GDP}}{E_i / E} \tag{11-14}$$

式中，GDP_i 代表 i 地区高技术产业生产总值；GDP 代表全国高技术产业生产总值；E_i 代表 i 地区高技术产业从业人员；E 代表全国高技术产业从业人员。若 $Q_i^e>1$，则表示该地区高技术产业存在集聚现象，单位比重从业人员能创造更高的 GDP；反之，则表示该地区高技术产业尚未形成集群。Q_i^e 的值越大，说明该地区高技术产业发展水平越高，区域技术创新水平越高。

11.2.2　测算结果与讨论

1. 数据来源与处理过程

测算全国 31 个省（自治区、直辖市）相关指数所采用的高技术产业面板数据主要源于 1997～2013 年的《中国高技术产业统计年鉴》，其中，人口方面的数据则源于 1997～2013 年的《中国统计年鉴》。

需要特别指出的是，由于 2012 年和 2013 年的高技术产业产值数据缺失，在此运用线性回归法，基于《中国高技术产业统计年鉴》与高技术产业收入数据，对 2012 年和 2013 年高技术产业产值数据进行了还原。

测算中所指沿海地区为辽宁、河北、天津、山东、江苏、上海、浙江、福建、广东、海南、广西和北京等12个地区。此次将北京列为沿海地区，主要考虑的是北京在地理位置上被沿海的河北和天津所包围，且海洋创新资源相对集中。

2. 测算过程及结果

按照“高技术产业总人口区位指数”和“高技术产业从业人员区位指数”的模型构建要求，将指标数据按照沿海、内陆进行分类加总并代入公式，得出的测算结果见表11-2。

表11-2 1997～2013年沿海和内陆地区区位指数测算结果

年份	沿海地区从业人员区位指数	内陆地区从业人员区位指数	沿海地区总人口区位指数	内陆地区总人口区位指数
1997	1.0431	0.6317	1.1819	0.3151
1998	1.0488	0.5787	1.0829	0.4551
1999	1.0592	0.4797	1.1082	0.3455
2000	1.0515	0.4799	1.1363	0.2737
2001	1.0477	0.4649	1.1478	0.2349
2002	1.0435	0.4753	1.1562	0.2184
2003	1.0377	0.4354	1.1705	0.1614
2004	1.0284	0.4295	1.1838	0.1181
2005	1.0225	0.5029	1.2004	0.1181
2006	1.0183	0.5583	1.1808	0.1289
2007	1.0141	0.6587	1.1777	0.1509
2008	1.0096	0.7589	1.1738	0.1686
2009	1.0044	0.8924	1.1664	0.2029
2010	1.0052	0.8733	1.1645	0.2030
2011	1.0045	0.9132	1.1530	0.2611
2012	1.0051	0.9100	1.1474	0.2864
2013	0.9950	1.0903	1.1381	0.3345
平均值	1.0258	0.6549	1.1570	0.2339

地区区位指数大于1，说明该地区高技术产业形成产业集聚，区位指数越大，其发展水平越高。由图11-3可以看出，沿海地区两种高技术产业区位指数除了2013年均大于1，因此沿海地区高技术产业存在集聚现象。同时，沿海地区区位指数平均值均大于内陆地区，从数量水平和质量水平两个方面揭示当前我国沿海地区的高技术产业发展明显优于内陆地区。

3. 结论分析

结论1：我国沿海和内陆地区高技术产业发展水平存在明显的二元差异，沿海地区高技术产业集聚现象明显。

地区产业总产值及产业从业人员反映该地区产业的发展水平。可通过选取沿海地

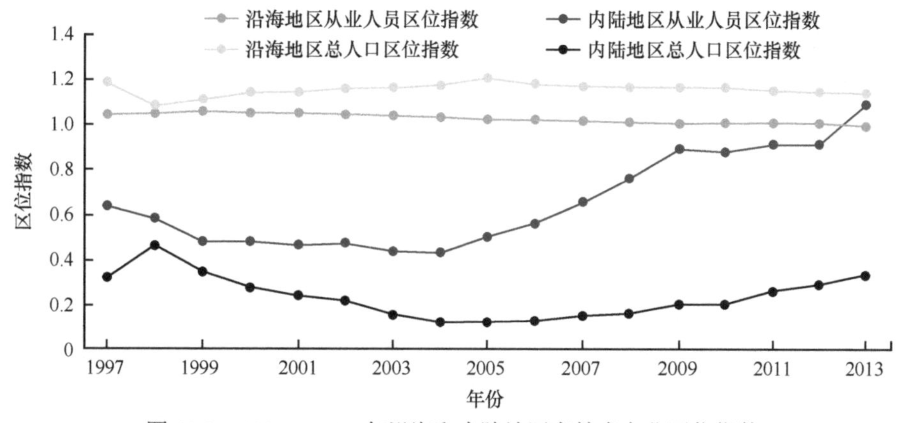

图 11-3　1997～2013 年沿海和内陆地区高技术产业区位指数

区和内陆地区高技术产业产值及从业人数，进行沿海地区和内陆地区的比较分析。基于 1997～2013 年沿海地区和内陆地区高技术产业产值和从业人数相关数据，测算出的数据结果见表 11-3。

表 11-3　1997～2013 年沿海和内陆地区高技术产业从业人数及产值趋势表

年份	沿海地区高技术产业		内陆地区高技术产业	
	从业人数（人）	产值（亿元）	从业人数（人）	产值（亿元）
1997	2 527 792	4 603.50	295 574	1 368.140
1998	2 403 860	5 617.33	278 597	1 493.350
1999	2 411 266	6 624.95	274 438	1 591.650
2000	2 551 860	8 566.51	252 629	1 844.960
2001	2 685 345	10 237.31	239 295	2 026.040
2002	2 959 341	12 758.38	245 347	2 340.910
2003	3 528 923	17 989.19	235 811	2 566.280
2004	4 654 111	25 038.8	231 839	2 729.700
2005	5 333 709	30 772.26	241 451	3 594.852
2006	6 082 217	37 654.47	251 408	4 341.522
2007	6 939 677	44 841.03	286 527	5 620.130
2008	7 773 636	50 089.47	310 577	6 997.920
2009	7 761 421	51 864.19	317 160	8 566.280
2010	8 862 826	63 746.60	366 973	10 962.40
2011	9 003 856	72 218.83	464 509	16 215.020
2012	9 707 223	81 661.11	552 825	21 856.720
2013	9 732 272	89 831.52	541 711	27 773.760
平均值	5 583 490.29	36 124.44	316 863.00	7 169.98

从沿海地区和内陆地区高技术产业产值及从业人数对比可以看出，两者之间存在明显差异。为了更直观地反映沿海地区和内陆地区高技术产业之间差异的变化趋势，可借

助散点图进行分析，如图 11-4、图 11-5 所示。

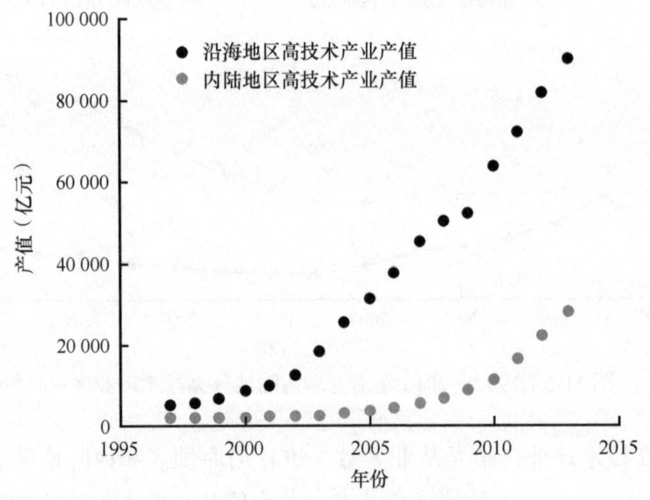

图 11-4　海陆高技术产业产值散点图

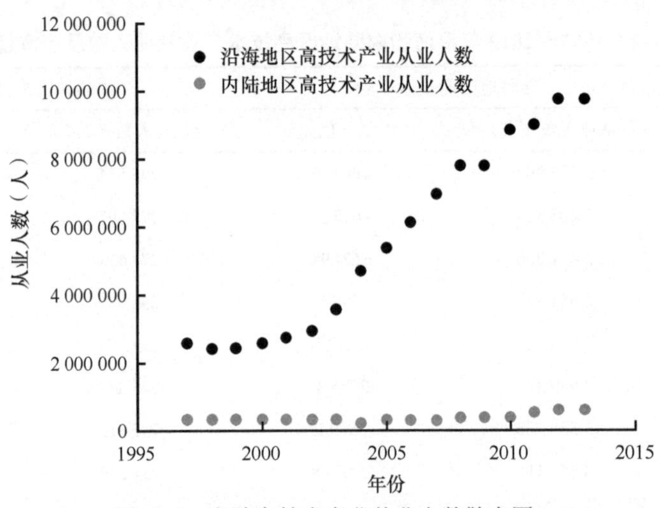

图 11-5　海陆高技术产业从业人数散点图

由图 11-4 和图 11-5 可以得出，1997～2013 年沿海地区高技术产业产值一直高于内陆地区，且随着时间的推移，两者之间的差距逐渐扩大；地区高技术产业从业人数也呈现出相同的变化趋势。因此可认为，沿海地区与内陆地区之间高技术产业发展水平存在明显的二元差异。

根据模型计算结果，沿海地区高技术产业集聚程度高于内陆地区。对上述结果进行原因分析，可以从高技术产业的集聚效应出发。大量有较高关联性的高技术产业在一定区域内产生集聚现象，能够提高产业专业化程度，推动区域创新体系建立（苏喜军，2010）。区域创新体系会对地区高技术产业发展产生积极影响，科研技术、企业管理、知识获取能力等方面的不断创新，能够有效促进该地区高技术产业发展。沿海地区高技术产业已形成产业集聚现象，大量智力资源不断集聚于此，沿海地区高技术产业从业人口变化趋势足以说明这一结果，同时带动了沿海地区科研机构的不断发展，从而促进地区高技术产业发展水平提升。由此说明，沿海地区高技术产业集聚现象的产生，促使地区高技术产业的发展形成一种良性循环，而地区高技术产业不断发展，导致内陆地区发展水平与其差距不断扩大。

结论 2：1997～2013 年沿海地区高技术产业呈现稳定发展趋势，同期内陆地区高技术产业发展水平只呈现略微上升趋势。

为更好地反映高技术产业的发展趋势，利用模型计算结果制作趋势图，具体如图 11-6 和图 11-7 所示。

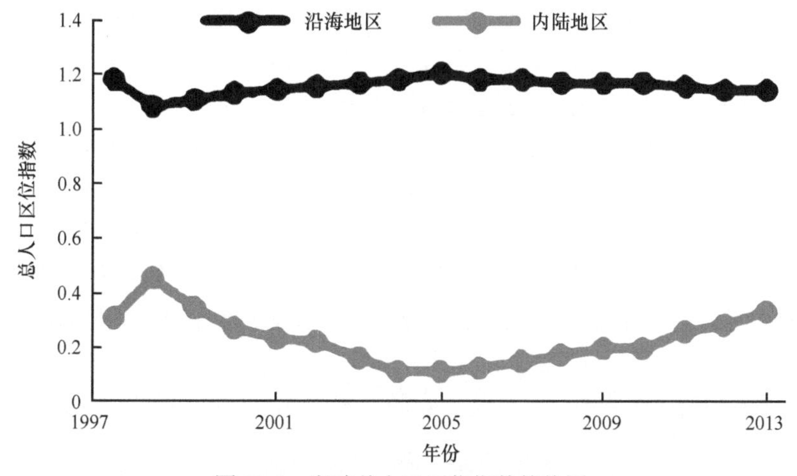

图 11-6　海陆总人口区位指数趋势图

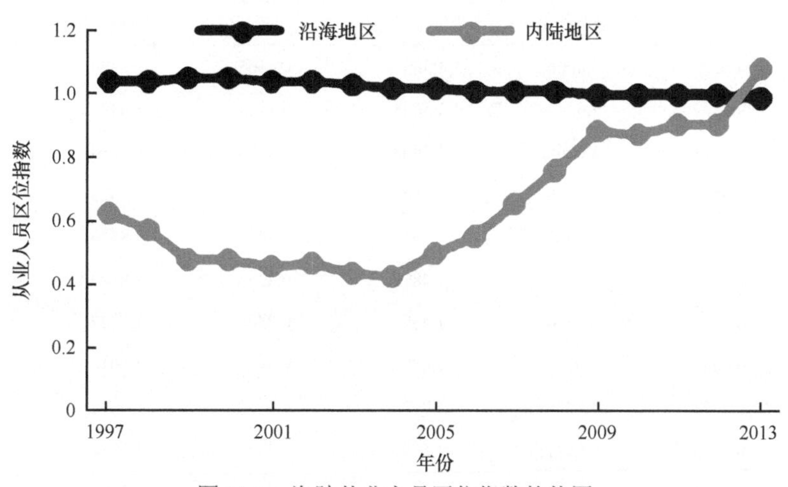

图 11-7　海陆从业人员区位指数趋势图

图 11-6 显示，沿海地区高技术产业总人口区位指数为 1.0～1.2，表明沿海地区高技术产业形成产业集聚，整体发展趋势较为平稳。而内陆地区高技术产业总人口区位指数较低，高技术产业发展水平有待提高。但自 2005 年开始，内陆地区高技术产业总人口区位指数呈现上升趋势。

由图 11-7 可以得出，沿海地区高技术产业从业人员区位指数整体呈现较为稳定的发展趋势，但略有下降。除 2013 年之外，其余年份沿海地区从业人员区位指数均大于 1，由此可见高科技产业在沿海地区产生产业集聚现象，对当地经济发展起到重要作用。相反，内陆地区从业人员区位指数整体呈上升趋势，但其起点较低，到 2013 年从业人员区位指数突破 1，高技术产业产值较从业人数有较快增长。

结论 1 结果表明，沿海地区和内陆地区高技术产业存在明显的二元差异，但是从区位指数的发展趋势来看，内陆地区较沿海地区呈略微上升趋势。可以从高技术产业的技术转移角度解释这种现象的产生。当前我国高技术产业转移存在两种形式，即风浪型转移和涌浪型转移。在风浪型高技术产业转移过程中，沿海地区因为劳动力、政策环境等因素将产业转移至内陆地区，同时我国中西部地区存在内部的涌浪型高技术产业转移，由此能够在一定程度上带动内陆地区高技术产业的发展（孙翊等，2010）。高技术产业能够产生较强的“溢出效应”，沿海地区高技术产业发展存在知识溢出、技术溢出等现象，这种效应超越了行政地理区域，已扩散到邻近区域。

结论 3：高技术产业的发展受到地理区位因素和行政区位因素的影响。

地理区位因素。综合两种区位指数测算结果，可以直接反映出海陆高技术产业发展水平的差距，沿海地区区位指数均大于内陆地区，海域地理区位因素成为高技术产业发展的重要影响因素，这一结果可直接从模型结果中得以证实，具体见表 11-2。

行政区位因素。总体而言，沿海地区高技术产业发展水平高于内陆地区。为进一步分析行政区位因素对高技术产业发展的影响，将全国地区、沿海地区与沿海直辖市（北京、天津、上海）的区位指数平均值进行比较，处理相关数据得到以下结果（表 11-4）。

表 11-4　1997～2013 年全国地区、沿海地区及沿海直辖市区位指数平均值

年份	从业人员区位指数			总人口区位指数		
	全国地区	沿海地区	沿海直辖市	全国地区	沿海地区	沿海直辖市
1997	0.6298	1.0006	1.3050	0.8165	1.7170	4.3671
1998	0.6399	1.0247	1.5088	0.8449	1.6971	4.1968
1999	0.6554	1.0264	1.5803	0.8328	1.7220	4.3256
2000	0.6469	1.0180	1.6528	0.8823	1.9025	5.0923
2001	0.6340	0.9982	1.5811	0.8479	1.8549	4.9463
2002	0.6509	0.9908	1.4873	0.8254	1.8149	4.6385
2003	0.6211	0.9674	1.4621	0.7504	1.6827	4.2418
2004	0.6641	1.0227	1.6704	0.7427	1.7028	4.3658
2005	0.7073	1.0468	1.7978	0.6880	1.5692	4.0905
2006	0.7320	1.0627	1.8797	0.7324	1.6759	4.3238
2007	0.7847	1.0729	1.8445	0.7029	1.6399	4.1860
2008	0.8253	1.0921	1.7515	0.6550	1.5026	3.5674
2009	0.8414	1.0615	1.6395	0.6433	1.4405	3.2851
2010	0.8648	1.0923	1.5976	0.6561	1.4273	3.1700
2011	0.9246	1.0823	1.4325	0.6327	1.3625	2.8920
2012	0.9627	1.1101	1.3770	0.6496	1.3545	2.7940
2013	0.9769	1.0756	1.3739	0.6468	1.3118	2.6836
平均值	0.7507	1.0438	1.5848	0.7382	1.6105	3.9510

为了更加直观地观察三者之间的差距，采用趋势图的形式加以体现，具体结果如图 11-8、图 11-9 所示。

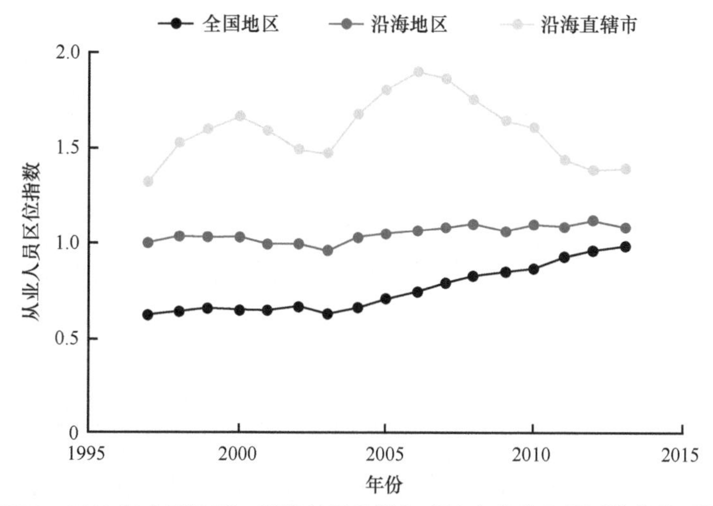

图 11-8　1997～2013 年全国地区、沿海地区及沿海直辖市从业人员区位指数平均值趋势图

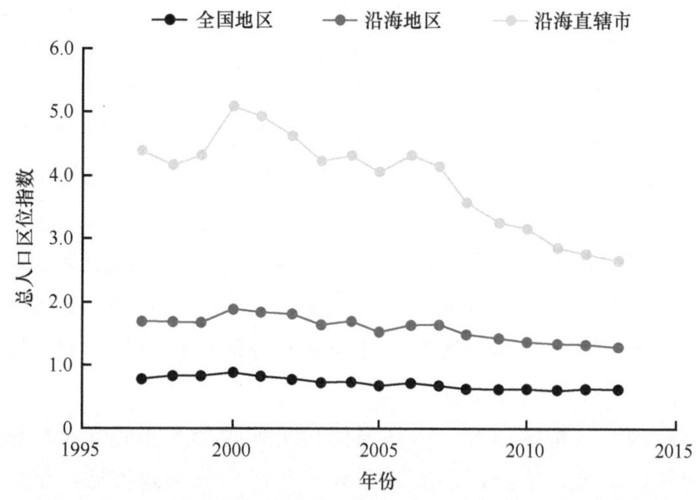

图 11-9　1997～2013 年全国地区、沿海地区及沿海直辖市总人口区位指数平均值趋势图

由图 11-8、图 11-9 可以看出，在高技术产业从业人员区位指数及总人口区位指数测算结果下，沿海直辖市区位指数平均值高于沿海地区和全国地区的平均值。查阅资料发现，该地区高技术产业的国有企业占据较大比重，政府对该地区高技术产业的投资力度较大。北京、天津、上海 3 个直辖市在政府政策及制度的支持下，高技术产业得到了迅速发展，并成为该地区的主导产业。

11.2.3　沿海地区和内陆地区高技术产业差异分析

高技术产业是地区创新发展的代表性产业，对于地区经济发展和国民经济增长具有重要作用，而我国高技术产业发展明显与区域资源禀赋和政府政策直接相关，研究不同区域高技术产业发展水平、分析地区创新发展产生差异的原因，对于部分地区推动创新发展具有重要意义。

本节从沿海和内陆的角度出发，基于区位商概念构造区位指数进行地区高技术产业发展水平测算，从数量水平和质量水平两方面对海陆之间的差异进行对比分析。通过对研究过程中得出的结论进行分析，为其他落后省份发展本地区高技术产业、推动地区创新发展提供借鉴。区域内部应以技术创新带动地区创新发展，大力发展和扶持高技术产业，政府要为内陆地区发展高技术产业提供政策支持，促进内陆地区高技术产业集聚，提高高技术产业发展水平。作为从海陆视角对高技术产业的初次探索，研究仍存在不足之处，如只采用了两种区位指数进行计算，不能更加系统地比较沿海地区和内陆地区高技术产业发展水平之间的差异等。在后续研究中，将进一步改进研究方法，收集全面指标数据，获取更准确的结论，为各地区高技术产业发展提供更多的经验借鉴。

11.3 我国海洋战略性新兴产业评价

2010 年《国务院关于加快培育和发展战略性新兴产业的决定》、2012 年《“十二五”国家战略性新兴产业发展规划》和 2015 年《中共中央关于制定国民经济和社会发展第十三个五年规划的建议》中，都对海洋战略性新兴产业作出专门部署，并提出以此培育未来海洋经济发展的新增长点。由于海洋战略性新兴产业既是海洋战略产业的一部分，又是海洋新兴产业的一部分，但并不是两者的简单结合，因而在范围界定上具有模糊性，且目前研究也尚未对海洋战略性新兴产业形成统一界定。因此，科学筛选海洋战略性新兴产业是培育其发展的重要前提，对转变我国海洋经济发展方式和优化海洋产业结构具有重要意义。

海洋战略性新兴产业的特点和发展方向与主导产业和战略性新兴产业具有密切的关联性和沿袭性（宁凌等，2012），因此，国内外学者多是在主导产业和战略性新兴产业相关产业理论的基础上，进一步结合海洋产业的基本特征、发展阶段和区域特征对海洋战略性新兴产业培育与选择原则展开研究。

海洋战略性新兴产业筛选研究主要从理论与实证两个方面展开。理论层面的研究主要包括：产业选择评价理论依据，主要以主导产业选择理论为依据，结合新兴产业选取原则，并根据中国海洋的发展阶段和特点，进行适应性创新的使用规范分析、案例分析等理论分析方法，以及投入产出分析、主成分评价及灰色聚类等定量分析技术；基于主导产业选择基准，借助迈克尔·波特钻石模型，梳理海洋战略性新兴产业的发展特性并总结其产业选择基准，对地方海洋战略性新兴产业进行定性选择。实证层面的研究主要包括：基于赫希曼的产业关联度标准，从市场培育和制度供给视角出发，对海洋战略性新兴产业经济指标进行灰色关联分析；利用钻石模型构建产业选择评价指标体系，并使用主成分分析法对我国海洋战略性新兴产业选择问题进行实证分析。

目前学术界尚未对中国海洋战略性新兴产业的筛选和界定形成一致观点，存在差异的主要根源在于对海洋战略性新兴产业选择与评价基准的认识不同。海洋战略性新兴产业具有全局性、长期性、关联性及高新科技性、发展潜力性、成长不确定性等特征。同时，学者构建的海洋战略性新兴产业选择的评价指标体系，大多基于主导产业选择评价体系，能较好地反映海洋战略性新兴产业应具有的关联性、发展潜力和竞争性等特征，但未能很好地反映海洋战略性新兴产业应具有的技术创新性和先导性。海洋战略性新兴产业具有海洋新兴产业的属性，其突出特征就是高新技术的应用，即随着新科研成果和新兴技术的发明及应用而出现的海洋新产业，因此海洋战略性新兴产业须具有技术创新性。同时，海洋战略性新兴产业经过培育未来或将发展成为中国海洋产业的主导或支柱产业，引导整个海洋产业的发展，因而海洋战略性新兴产业筛选必须兼顾产业的先导性特征。本节在现有研究基础上，结合海洋战略性新兴产业的内涵特征，通过技术创新性基准和先导性基准来反映海洋战略性新兴产业的高科技性和发展导向性，同时兼顾目前学者们已经涉及的产业全局性及关联性，构建了包括产业全局性、先导性、技术创新性和关联性四大基准的综合评价指标体系，并运用熵权模糊综合评价模型对中国主要海洋产业进行实证研究，以期对中国海洋战略性新兴产业进行更加准确的筛选。

11.3.1　海洋战略性新兴产业评价指标体系的构建

1. 评价指标体系的构建基准

海洋战略性新兴产业评价指标体系的构建涉及指标的选取和海洋产业数据的处理，指标选取遵循科学性、可比性、可行性和层次性原则，以保证评价指标体系的合理性。同时，结合海洋战略性新兴产业的特征，提出中国海洋战略性新兴产业筛选的四大基准。

产业全局性基准。海洋战略性新兴产业发展对中国海洋产业增长方式转变、海洋经济结构调整和可持续发展具有重要意义，中国海洋战略性新兴产业的选择要从经济发展全局出发整体推进、协同发展。因此，海洋战略性新兴产业自身应该具有较大的增长潜力和发展优势，能够带动整个海洋产业生产率的上升，同时也应该具有较大的市场需求潜力及就业拉动效应，体现海洋战略性新兴产业在未来较好的成长性、市场竞争优势及社会效益。

产业先导性基准。战略性新兴产业的先导性表现为在未来引导产业往某一战略目标方向发展，即代表着技术发展和产业结构演进的方向，对产业未来发展起方向性引导作用。海洋战略性新兴产业发展是国家和沿海地区的长期发展战略，是中国海洋经济发展的重点和方向。因此，海洋战略性新兴产业的发展要以生态和科技为基础，满足低碳、低能耗及高科技贡献率等要求。

产业技术创新性基准。海洋战略性新兴产业属于海洋新兴产业的范围，因而其突出的特征就是高技术性。科技创新和具有自主知识产权的核心技术对中国海洋战略性新兴产业发展具有重要的作用，海洋战略性新兴产业的技术创新性有利于化解或缓解海洋经济运行和发展中的基本矛盾，可以提高中国海洋经济发展水平并增强中国海洋领域的国际竞争力，从而更好地维护自身的海洋权益。

产业关联性基准。战略性新兴产业从产品原料供应到加工、再到销售的整个生产过程，都与其他产业发生紧密关联。因此，海洋战略性新兴产业应具备高度的产业关联性，能够把自身的发展优势辐射到相关产业中，从而带动海陆经济联动，促进关联产业的融合和集聚。

2. 评价指标体系的构建

遵循科学性、可比性、可行性和层次性原则，基于产业全局性、先导性、技术创新性和关联性四大基准，构建中国海洋战略性新兴产业评价指标体系，如表 11-5 所示。

表 11-5　中国海洋战略性新兴产业评价指标体系

评价基准	指标设计	计算方法	指标说明
产业全局性	生产率上升率	$v_i=\dfrac{A_i(t_n)-A_i(t_0)}{t_n-t_0}$	$A_i(t_n)$ 是 i 产业部门第 n 年的生产率；$A_i(t_0)$ 是 i 产业部门基年的生产率
	就业拉动性	$\tau_i=\dfrac{y_t-y_{t-1}}{y_{t-1}}$	y_t 是 i 产业部门 t 年的就业人数；y_{t-1} 是 i 产业部门 t-1 年的就业人数
	需求收入弹性	$e=\dfrac{\Delta Q/Q}{\Delta Y/Y}$	$\Delta Q/Q$ 是产业的需求增长率；$\Delta Y/Y$ 是国内生产总值的增长率
产业先导性	科技贡献率	$E_i=\dfrac{\ln A_i(t)-\ln A_i(t_0)}{\ln Y_i(t)-\ln Y_i(t_0)}$	$A_i(t)$ 为产业在 t 年的全要素生产率；$Y_i(t)$ 为 i 产业在 t 年的产值；t_0 代表基年
	单位产值耗能	$Z=\dfrac{M_i}{Y_i}$	M_i 为产业 i 消耗的自然资源，主要指煤、石油、天然气等化石能源；Y_i 为 i 产业的总产值
	劳动生产率	$X,L_i=\dfrac{X_i}{L_i}$	X_i 为 i 产业的增加值；L_i 为 i 产业的就业人数
产业技术创新性	技术进步率	$a=\dfrac{\ln A_i(t)-\ln A_i(t_0)}{t-t_0}$	$A_i(t)$ 为产业在 t 年的全要素生产率；t_0 代表基年
	科研人员占比	$\tau_i=\dfrac{x_i}{X}$	x_i 为 i 产业的技术人员总数；X 为产业的就业总人数
	全要素生产率	$A_i(t)=\dfrac{Y_i(t)}{K_{i(t)}^{\alpha}L_{i(t)}^{\beta}}$	$Y_i(t)$ 为 i 产业在 t 年的产值；K 表示资本；L 表示劳动力；α 表示资本的产出弹性；β 表示劳动的产出弹性。希克斯技术进步下，$\alpha+\beta=1$
产业关联性	感应度系数	$E_i=\dfrac{\sum_{j=1}^{n}b_{ij}}{\frac{1}{n}\sum_{i=1}^{n}\sum_{j=1}^{n}b_{ij}}$	n 为产业个数；b_{ij} 为 j 产业增加一个单位产出时，对 i 产业产出的需求量
	影响力系数	$F_i=\dfrac{\sum_{j=1}^{n}b_{ij}}{\frac{1}{n}\sum_{i=1}^{n}\sum_{j=1}^{n}b_{ij}}$	n 为产业个数；b_{ij} 为 j 产业增加一个单位最终使用时，对 i 产业的生产需求
	海陆协调度	利用灰色关联模型，将母序列设为陆域产业增加值，将子序列设为各主要海洋产业增加值，计算海洋与陆域相关产业的关联度大小	

在产业全局性基准下，选取生产率上升率、就业拉动性和需求收入弹性 3 个指标反映海洋战略性新兴产业的全局性。生产率上升率的大小可以反映产业的增长潜力和发展优势；需求收入弹性表示需求增长对收入增长的依赖程度，反映海洋战略性新兴产业在未来的成长性和市场竞争优势；就业拉动性则体现产业的劳动吸纳能力。

在产业先导性基准下，选取科技贡献率、单位产值耗能和劳动生产率 3 个指标反映海洋战略性新兴产业的先导性。科技贡献率体现技术进步对产业经济增长的贡献份额；单位产值耗能反映海洋产业的发展与资源利用和环境保护的关系；劳动生产率的高低则体现产业的生产效率。

在产业技术创新性基准下，选取技术进步率、科研人员占比和全要素生产率 3 个指标反映海洋战略性新兴产业的技术创新性。技术进步率用来反映海洋产业科技进步的速度；科研人员占比指标则体现海洋产业中科研人员占从业人员的比重，用来反映海洋产业中技术含量的高低；全要素生产率可以用来反映海洋产业的技术在众多投入要素中的重要程度。

在产业关联性基准下，选取感应度系数、影响力系数和海陆协调度 3 个指标反映海洋战略性新兴产业的关联性。感应度系数用来说明经济发展对海洋产业的需求感应程度；影响力系数用来反映海洋产业对其他部门拉动作用的大小；海陆协调度则用来反映海洋产业与陆域产业发展的协调程度。

11.3.2　海洋产业指标测算及结果分析

1. 数据来源

本章以《中国海洋统计年鉴》中所列的海洋渔业、海洋油气业、海洋矿业、海洋盐业、海洋化工业、海洋生物医药业、海洋电力和海水利用业、海洋船舶工业、海洋工程建筑业、海洋运输业和滨海旅游业共 11 个海洋产业作为研究对象，进行中国海洋战略性新兴产业筛选。涉及的海洋产业测算数据均来源于《中国统计年鉴 2015》《中国海洋统计年鉴 2015》《中国能源统计年鉴 2015》。其中，在测算全要素生产率时，先根据张军和章元（2003）关于中国省（自治区、直辖市）际资本存量估算的方法计算沿海省（自治区、直辖市）的资本存量，再根据赵昕等（2015）关于海洋资本存量的计算方法进行处理，并假定资本要素弹性系数为 0.3，劳动力要素弹性系数为 0.7。在测算海洋产业的影响力系数与感应度系数时，由于没有海洋产业的投入产出表，因此依据中国 2007 年 135 个部门的投入产出表，利用《海洋及相关产业分类》（GB/T 20794—2021）与《国民经济行业分类》（GB/T 4754—2017）找出海洋产业对应的经济行业部门的投入产出系数来替代。

2. 指标测算及结果分析

根据表 11-5 中各个指标的测算公式，对 2014 年中国海洋产业的全局性、先导性、技术创新性和关联性基准进行了测算，测算结果如表 11-6 所示。

从产业全局性来看，海洋生物医药业、海洋电力和海水利用业的生产率上升率测算结果都大于 0.1，表明这两个海洋产业具有较大的增长潜力和发展后劲，未来能对整个海洋产业和国民经济发展产生带动作用；而海洋渔业和海洋盐业的生产率上升率测算结果都低于 0.01，意味着这两个海洋产业未来对海洋产业整体和国民经济的带动性较弱。从就业拉动性的测算结果可以看出，海洋矿业、海洋生物医药业、海洋电力和海水利用业的就业拉动性较低，主要是因为这些产业是技术和资本密集型产业，对劳动力的需求变化较小；其余海洋产业的就业拉动性相对较高。从需求收入弹性来看，海洋化工业、海洋船舶工业、滨海旅游业和海洋矿业的需求收入弹性都大于 1.5，表明这些海洋产业的产

表 11-6　2014 年中国主要海洋产业指标测算结果

指标	海洋渔业	海洋油气业	海洋矿业	海洋盐业	海洋化工业	海洋生物医药业	海洋电力和海水利用业	海洋船舶工业	海洋工程建筑业	海洋交通运输业	滨海旅游业
生产率上升率	0.008	0.041	0.053	0.002	0.043	0.215	0.123	0.041	0.038	0.026	0.064
就业拉动性	0.011	0.009	0.000	0.012	0.011	0.000	0.000	0.011	0.010	0.011	0.010
需求收入弹性	0.287	−0.684	1.534	1.205	2.109	1.000	1.458	2.123	1.027	1.287	1.520
科技贡献率	0.408	0.931	0.624	0.585	0.624	0.610	0.624	0.568	0.453	0.268	0.592
单位产值耗能	0.119	0.385	0.334	0.201	0.968	0.921	0.123	0.086	0.675	1.463	0.198
劳动生产率	7.026	73.220	35.050	2.699	33.940	258.1	100.333	40.210	26.520	62.270	73.880
技术进步率	0.026	−0.666	0.133	0.135	−0.008	0.091	0.134	0.102	0.004	0.011	0.143
科研人员占比	0.029	0.161	0.017	0.040	0.130	0.167	0.143	0.083	0.255	0.165	0.060
全要素生产率	0.184	0.954	0.569	0.094	0.557	2.304	1.189	0.627	0.468	0.851	0.960
感应度系数	0.674	0.746	0.953	0.978	1.123	0.987	0.937	1.131	1.129	0.861	0.911
影响力系数	0.760	4.041	1.319	0.566	3.275	0.745	3.635	0.481	0.522	1.083	0.415
海陆协调度	0.480	0.100	0.192	0.130	0.205	0.680	0.819	0.158	0.480	0.581	0.300

品需求量变化对国内生产总值变动的影响较为明显，显示出这些海洋产业的广阔市场前景。随着中国国内生产总值的提高，对这些海洋产业的需求扩张幅度增大，迅速扩张的市场需求会拉动产业较快发展，从而推动中国海洋产业的快速发展。

从产业先导性来看，海洋油气业、海洋矿业、海洋化工业、海洋生物医药业、海洋电力和海水利用业的科技贡献率都超过了 0.6，说明这些海洋产业在新技术应用方面达到了较高水平。从单位产值耗能指标的测算结果来看，海洋渔业、海洋油气业、海洋矿业、海洋盐业、海洋电力和海水利用业、海洋船舶工业和滨海旅游业的测算结果都低于 0.5，表明这些海洋产业的物质资源消耗少，符合可持续发展和绿色经济的要求。从劳动生产率来看，海洋生物医药业、海洋电力和海水利用业、海洋油气业和滨海旅游业的劳动生产率较高，同时这些海洋产业的科技贡献率也都比较大，这很好地验证了科技创新在海洋产业发展中的作用，正是由于科学技术在海洋产业中的广泛运用，从而极大地提高了海洋产业的劳动效率。

从产业技术创新性来看，海洋电力和海水利用业、海洋船舶工业、滨海旅游业、海洋矿业、海洋盐业和海洋生物医药业的技术进步率都大于 0.09，表明这些海洋产业的技术进步速度较快，可以促进海洋产业整体的技术进步。海洋工程建筑业、海洋电力和海水利用业、海洋交通运输业、海洋生物医药业、海洋油气业和海洋化工业的科研人员占比较高，反映出这些海洋产业能够吸纳高素质劳动力及产业的科技含量较高，这些产业一般处于全球价值链的上游，从而可以保证在国际分工中不断占据比较利益较大的领域。海洋生物医药业、海洋电力和海水利用业、海洋油气业、滨海旅游业和海洋交通运输业的全要素生产率都大于 0.8，反映出这些海洋产业产出增长率超出要素投入增长率的部分更多地来源于技术进步、组织创新、专业化和生产创新等方面。

从产业关联性来看，海洋化工业、海洋船舶工业和海洋工程建筑业的感应度系数都大于 1，表明国民经济其他部门对这些海洋产业的需求作用较大，这些产业辐射能力较强，能够对下游产业发展产生巨大的推动作用。海洋油气业、海洋化工业、海洋矿业、海洋电力和海水利用业及海洋交通运输业的影响力系数也都大于 1，表明这些海洋产业对国民经济其他部门的拉动作用较大，生产波及范围广，能带动相关产业的发展。海洋生物医药业、海洋电力和海水利用业、海洋交通运输业的海陆协调度大于 0.5，表明这些海洋产业与陆域产业的关联程度高，能产生较强的集聚效应，促进海陆产业统筹发展。

11.3.3　我国海洋战略性新兴产业筛选

1. 权重的确定

海洋战略性新兴产业评价指标体系包括产业全局性、先导性、技术创新性和关联性 4 个基准，下面以全局性基准及其下设的生产率上升率、就业拉动性和需求收入弹性 3 个指标为例确定指标权重。

首先建立 11 个主要海洋产业的特征值矩阵 $\boldsymbol{X}_{ij}$，用 Z-Score 法对特征值矩阵 $\boldsymbol{X}_{ij}$ 进行标准化处理，进行坐标平移（取 A=2）得到标准化的矩阵 $\boldsymbol{X}_{ij}''$，再计算全局性基准下第 i 项指标第 j 个产业的比重 $\boldsymbol{P}_{ij}$:

$$\boldsymbol{X}_{ij}=\begin{bmatrix}0.008 & 0.041 & 0.053 & 0.002 & 0.043 & 0.215 & 0.123 & 0.041 & 0.038 & 0.026 & 0.064\\0.011 & 0.009 & 0.000 & 0.012 & 0.011 & 0.000 & 0.000 & 0.012 & 0.010 & 0.012 & 0.011\\0.287 & -0.684 & 1.534 & 1.205 & 2.109 & 1.000 & 1.458 & 2.123 & 1.027 & 1.287 & 1.520\end{bmatrix} \quad (11\text{-}15)$$

$$\boldsymbol{X}''_{ij}=\begin{bmatrix}1.110 & 1.683 & 1.896 & 0.999 & 1.712 & 4.688 & 3.098 & 1.683 & 1.626 & 1.424 & 2.076\\2.619 & 2.313 & 0.378 & 2.781 & 2.620 & 0.378 & 0.378 & 2.714 & 2.545 & 2.743 & 2.525\\3.019 & 6.505 & 2.173 & 2.001 & 3.156 & 2.037 & 2.109 & 3.190 & 2.026 & 2.018 & 2.160\end{bmatrix} \quad (11\text{-}16)$$

$$\boldsymbol{P}_{ij}=\begin{bmatrix}1.110 & 1.683 & 1.896 & 0.999 & 1.712 & 4.688 & 3.098 & 1.683 & 1.626 & 1.424 & 2.076\\2.619 & 2.313 & 0.378 & 2.781 & 2.620 & 0.378 & 0.378 & 2.714 & 2.545 & 2.743 & 2.525\\3.019 & 6.505 & 2.173 & 2.001 & 3.156 & 2.037 & 2.109 & 3.190 & 2.026 & 2.018 & 2.160\end{bmatrix} \quad (11\text{-}17)$$

然后计算第 i 项指标的熵值 e_i、差异系数 g_i:

$$\begin{cases}e_i=-b\sum_{j=1}^{n}p_{ij}\ln p_{ij}，\text{其中}b=\dfrac{1}{\ln n}\\ g_i=1-e_j\\ \lambda_i=g_i/\sum_{i=1}^{m}g_i\end{cases} \quad (11\text{-}18)$$

最后计算得到第 i 项指标的权重 λ_i，结果如表 11-7 所示。

表 11-7 我国海洋战略性新兴产业评价指标体系指标权重

一级指标	二级指标	权重	三级指标	权重
海洋战略性新兴产业	全局性	0.273	生产率上升率	0.295
			就业拉动性	0.468
			需求收入弹性	0.237
	先导性	0.280	科技贡献率	0.383
			单位产值耗能	0.321
			劳动生产率	0.296
	技术创新性	0.224	技术进步率	0.389
			科研人员占比	0.327
			全要素生产率	0.284
	关联性	0.223	感应度系数	0.400
			影响力系数	0.283
			海陆协调度	0.317

2. 中国海洋战略性新兴产业的排名

将式（11-1）中的指标值转化为对应的相对隶属度，全局性基准下的 3 个指标都属于效益型指标，故其隶属度的构造形式为

$$r_{ij}=\left(x_{ij}-x_j^{\min}\right)\Big/\left(x_j^{\max}-x_j^{\min}\right) \quad (11\text{-}19)$$

从而得隶属度矩阵 $\boldsymbol{R}$:

$$\boldsymbol{R}=\begin{bmatrix}0.030 & 0.185 & 0.243 & 0.000 & 0.193 & 1.000 & 0.568 & 0.185 & 0.169 & 0.115 & 0.292\\0.932 & 0.805 & 0.000 & 1.000 & 0.932 & 0.000 & 0.000 & 0.971 & 0.901 & 0.983 & 0.893\\0.346 & 0.000 & 0.790 & 0.673 & 0.995 & 0.600 & 0.763 & 1.000 & 0.609 & 0.702 & 0.785\end{bmatrix} \tag{11-20}$$

将矩阵 $\boldsymbol{R}$ 中每一行的最大值提出，得到理想的海洋战略性新兴产业排序优等方案 $\boldsymbol{g}$：

$$\boldsymbol{g}=\left(\max r_{1j},\ \max r_{2j},\ \max r_{3j}\right)^{\mathrm{T}}=(1,1,1)^{\mathrm{T}} \tag{11-21}$$

将矩阵 $\boldsymbol{R}$ 中每一行的最小值提出，得到理想的海洋战略性新兴产业排序劣等方案 $\boldsymbol{h}$：

$$\boldsymbol{h}=\left(\min r_{1j},\ \min r_{2j},\ \min r_{3j}\right)^{\mathrm{T}}=(0,0,0)^{\mathrm{T}} \tag{11-22}$$

再根据式（11-9）得到海洋产业排序决策优属度 $\boldsymbol{u}_1$：

$$\boldsymbol{u}_j=\left\{1+\left[\frac{\sum_{i=1}^{m}w_i\left(g_i-r_{ij}\right)}{\sum_{i=1}^{m}w_i\left(r_{ij}-h_i\right)}\right]^2\right\}^{-1} \tag{11-23}$$

$$\boldsymbol{u}_1=\begin{bmatrix}0.555 & 0.366 & 0.108 & 0.739 & 0.878 & 0.375 & 0.222 & 0.896 & 0.721 & 0.791 & 0.832\end{bmatrix} \tag{11-24}$$

运用上述方法可以再分别求得针对产业先导性、产业技术创新性和产业关联性的海洋战略性新兴产业排序的决策优属度 $\boldsymbol{u}_2$、$\boldsymbol{u}_3$、$\boldsymbol{u}_4$（具体测算数据如有需要，欢迎联系笔者提供）。将 $\boldsymbol{u}_1$、$\boldsymbol{u}_2$、$\boldsymbol{u}_3$、$\boldsymbol{u}_4$ 组成整体的决策优属度 $\boldsymbol{U}_2$：

$$\boldsymbol{U}_2=\begin{bmatrix}0.555 & 0.366 & 0.108 & 0.739 & 0.878 & 0.375 & 0.222 & 0.896 & 0.721 & 0.791 & 0.832\\0.395 & 0.864 & 0.568 & 0.518 & 0.281 & 0.773 & 0.789 & 0.639 & 0.067 & 0.021 & 0.684\\0.059 & 0.165 & 0.365 & 0.316 & 0.184 & 0.929 & 0.826 & 0.444 & 0.515 & 0.393 & 0.616\\0.213 & 0.346 & 0.365 & 0.294 & 0.673 & 0.566 & 0.798 & 0.437 & 0.594 & 0.444 & 0.312\end{bmatrix} \tag{11-25}$$

最后计算第一层指标层的决策优属度 $\boldsymbol{U}_1$：

$$\boldsymbol{U}_1=\begin{bmatrix}0.130 & 0.396 & 0.179 & 0.462 & 0.618 & 0.846 & 0.862 & 0.794 & 0.479 & 0.327 & 0.779\end{bmatrix} \tag{11-26}$$

根据矩阵 $\boldsymbol{U}_1$ 和 $\boldsymbol{U}_2$，得出 2014 年我国主要海洋产业的得分及排名，如表 11-8 所示。

表 11-8　2014 年我国主要海洋产业的得分及排名

	全局性		先导性		技术创新性		关联性		综合	
	得分	排名	得分	排名	得分	排名	得分	排名	得分	排名
海洋电力和海水利用业	0.222	10	0.789	2	0.826	2	0.798	1	0.862	1
海洋生物医药业	0.375	8	0.773	3	0.929	1	0.566	4	0.846	2
海洋船舶工业	0.896	1	0.639	5	0.444	5	0.437	6	0.794	3
滨海旅游业	0.832	3	0.684	4	0.616	3	0.312	9	0.779	4
海洋化工业	0.878	2	0.281	9	0.184	9	0.673	2	0.618	5
海洋工程建筑业	0.721	6	0.067	10	0.515	4	0.594	3	0.479	6
海洋盐业	0.739	5	0.518	7	0.316	8	0.294	10	0.462	7
海洋油气业	0.366	9	0.864	1	0.165	10	0.346	8	0.396	8
海洋交通运输业	0.791	4	0.021	11	0.393	6	0.444	5	0.327	9
海洋渔业	0.555	7	0.395	8	0.059	11	0.294	11	0.179	10
海洋矿业	0.108	11	0.568	6	0.365	7	0.365	7	0.130	11

3. 实证结果分析

综合考虑产业全局性、先导性、技术创新性和关联性 4 个基准，得出 2014 年我国 11 个主要海洋产业的指标测算综合得分，选取如下 5 个海洋产业作为中国海洋战略性新兴产业，分别是：海洋电力和海水利用业、海洋生物医药业、海洋船舶工业、滨海旅游业、海洋化工业。

海洋电力和海水利用业。从模糊综合评价的结果可以看出，海洋电力和海水利用产业的综合得分排名第一，该海洋产业是最符合海洋战略性新兴产业的海洋产业。具体来看，该产业的关联性得分排名第一，先导性和技术创新性得分排名第二，表明海洋电力和海水利用业在选定的 11 个海洋产业中具有最强的产业带动性。海洋电力和海水利用业属于资金和技术密集型产业，已经在海洋潮汐能、海流能、海洋波浪能和温差能发电方面取得了一定的进展，其发展对产业链上的其他产业能产生较大的促进作用，与此相关的交通运输、制造装备和技术服务等产业的技术水平都能得到有效提高，并通过显著的关联作用和技术扩散效应使该产业发展成为海洋经济的新增长点。海水综合利用业中的海水直接利用、海水淡化及海水提镁提溴等海水化学元素提取工程对海洋资源开发利用具有重要作用，其规模化发展可以逐步降低经济增长对传统能源的依赖，并提高新资源的利用效率和生产清洁化水平，从而降低经济发展的环境成本。

海洋生物医药业。从模糊综合评价的结果可以看出，海洋生物医药业的综合得分排名第二，也非常符合海洋战略性新兴产业的要求。从具体基准来看，海洋生物医药业的技术创新性得分排名第一，先导性得分排名第三，关联性得分排名第四，可见海洋生物医药业已成为 21 世纪主要发达国家纷纷抢占的科技竞争制高点。建立符合国际规范的海洋药物创制体系，加快海洋生物基因技术、生物酶制剂技术及绿色农用制剂技术的研发进程，尽快实现规模化和产业化发展，对提升我国生物医药业国际竞争力并培养海洋经济新增长点具有重要意义。

海洋船舶工业。从模糊综合评价的结果可以看出，海洋船舶工业的综合得分排名第三，整体上符合海洋战略性新兴产业的要求。其中，全局性基准得分排名第一，先导性和技术创新性得分排名第五。海洋船舶工业是为海洋交通运输、海洋油气开发及国防建设等领域提供技术装备的综合性产业，该海洋产业具有发展潜力大、技术含量高和能源消耗低等特征，是国家海洋战略物资运输及国家海洋安全的重要保障。

滨海旅游业。从模糊综合评价的结果可以看出，滨海旅游业的综合得分排名第四，整体上符合海洋战略性新兴产业的要求。全局性和技术创新性得分排名第三，表明海洋旅游业具有较好的发展潜力和技术水平，在带动相关产业发展、促进滨海旅游开发保护政策落实、加快个体渔户转业转产等方面具有广泛的影响力。

海洋化工业。海洋化工业在模糊综合评价中排名第五，整体上基本符合海洋战略性新兴产业的要求。其中，全局性和关联性得分均排名第二，表明海洋化工业对促进传统海洋产业转型升级、全面开发利用海洋资源，以及带动冶金、轻工、医药、食品、国防等行业发展具有重要意义。

此外，从定量分析结果可以看出，海洋工程建筑工业、海洋交通运输业和海洋油气业部分基准得分排名靠前，但综合得分排名靠后；海洋渔业、海洋盐业和海洋矿业的 4

个基准得分和综合得分均靠后，因此这 6 个主要海洋产业不适合选择作为我国的海洋战略性新兴产业。

11.3.4　评价结论

海洋战略性新兴产业是我国未来海洋产业的发展方向，其培育和发展应主要依靠技术及创新驱动，选择和培育海洋战略性新兴产业对我国海洋经济未来的发展具有重要战略意义。本节基于海洋战略性新兴产业的内涵及发展规律，遵循科学性、可比性、可行性、层次性四个原则，构建了包括全局性、先导性、技术创新性和关联性基准的海洋战略性新兴产业评价指标体系，并运用熵权模糊综合评价方法对海洋渔业、海洋油气业等 11 个主要海洋产业进行了实证研究。研究结果显示，海洋电力和海水利用业、海洋生物医药业、海洋船舶工业、滨海旅游业、海洋化工业符合海洋战略性新兴产业特征。这些产业具备科技含量高、能源消耗低、产业链紧密、升级空间大等优势，符合国家海洋经济未来的发展方式和结构调整的方向。将创新驱动作为经济发展的新动力，探索通过创新驱动中国海洋战略性新兴产业培育和发展，使海洋战略性新兴产业尽快成为海洋经济的先导产业和支柱产业，并成为带动海洋经济发展方式转变和经济结构调整的重要引擎。

11.3.4 评价结论

[illegible]

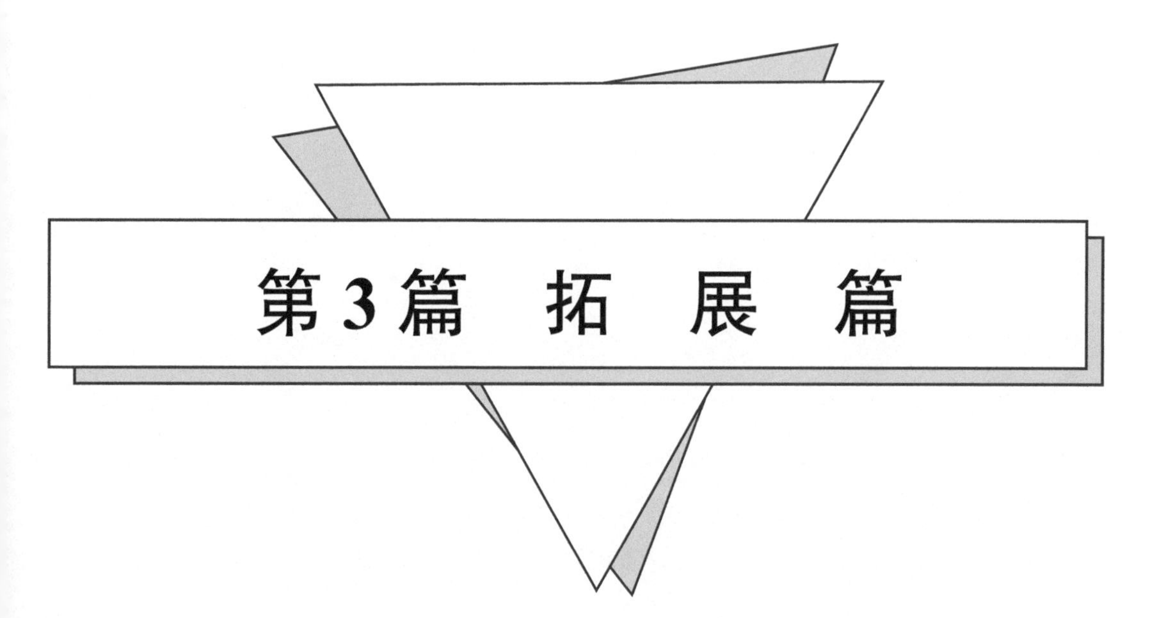

第3篇 拓 展 篇

第 12 章

自然资源科技创新评价

自然资源作为经济社会发展的核心要素、能量源泉和空间载体，是人类赖以生存的重要物质保障，在人类发展过程中具有举足轻重的作用。“山水林田湖草”是一个生命共同体，这既充分体现了对人与自然关系认识的深化，也表明“山水林田湖草”统一管理的必要性和可持续发展的重大需求。《自然资源科技创新发展规划纲要》（以下简称“《规划纲要》”）聚焦国家创新驱动发展战略和自然资源改革发展重大需求，指出“全面深化自然资源科技体制改革，不断提升自然资源科技创新能力，优化集聚自然资源科技创新资源”“加快构建现代化自然资源科技创新体系”。实施自然资源重大科技创新战略，建立自然资源调查监测、国土空间优化管控、生态保护修复技术体系，需要自然资源科技创新的有力支撑。

综上，无论是从自然资源治理现代化需求还是实现《规划纲要》目标的角度，均体现出构建自然资源科技创新评价体系的必要性。开展自然资源科技创新评价，既能全面摸清我国自然资源科技创新“家底”，又有利于自然资源科技创新信息的整合汇总。依据其评价结果进行综合分析和决策指导，一方面可从战略高度审视我国自然资源发展动态，另一方面可从具体实施角度大力发展自然资源科学技术，从而更好地践行“绿水青山就是金山银山”的伟大理论观念。

12.1 理论基础

12.1.1 自然资源科技创新理论基础

自然资源科技创新是国家创新体系的重要组成部分，其理论基础来源于国家创新体系理论。“国家创新体系”中的“创新”包括科学创新、技术创新、制度创新、管理创新等更为广泛的内涵（刘大海等，2015b）。《国家中长期科学和技术发展规划纲要（2006—2020 年）》指出“国家创新体系是以政府为主导、充分发挥市场配置资源的基础性作用、各类科技创新主体紧密联系和有效互动的社会系统”。目前，我国基本形成了政府、企业、科研院所及高校、技术支撑体系四角相倚的创新体系，主要由创新主体、创新基础设施、创新资源、创新环境、外界互动等要素组成。

12.1.2 自然资源与科技创新的关系分析

自然资源具备天然存在、可以利用、能够产生价值、能够给人类社会带来福祉等重要属性。在自然资源产生价值和带来福利的同时，人类需要考虑其资源禀赋、开发利用手段、管理保护措施等重要环节，需要一定的社会环境、经济需求和技术条件才能得以实现。人类与自然资源构成一个“人类-自然资源”相互影响和管理的大系统，自然资源通过人类对其充分利用给社会带来重要价值和福祉，人类要达到对自然资源充分的、最优化的、可持续的利用，需要的是整个社会的进步和技术的提高，需要创新发展，做好创新、提高发展才能从根本上保证自然资源的可持续、最优化利用。

12.2 评价体系

12.2.1 总体架构建立

在国家创新体系理论框架下，厘清自然资源领域政府、科研院所及高校、企业和技术支撑体系四角相倚的系统关系，以科技创新评价为主要内容，从创新主体、创新路径、创新实现和创新评价四个方面构建自然资源科技创新评价体系（图 12-1）。

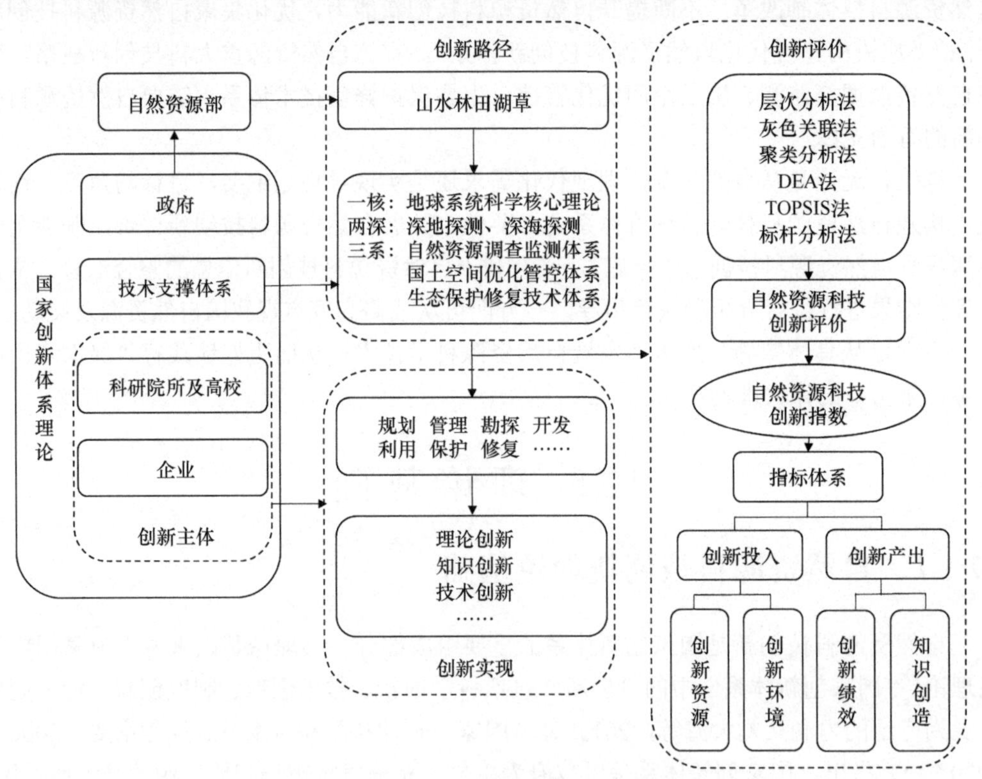

图 12-1 自然资源科技创新评价体系

在创新主体层面，以国家创新体系理论为基础，以自然资源领域科研院所及高校和企业为创新主体，逐步形成由多部门、高校和科研院所参与的开放合作与协同一致的创新体系。

在创新路径层面，将“山水林田湖草”为生命共同体的科技创新发展，规划为自然资源重大科技战略，形成既有理论基础，又有知识和技术支撑的创新路径。

在创新实现层面，自然资源科技创新发展贯穿于“山水林田湖草”的规划、管理、勘探、开发、利用、保护及修复过程中的科技知识产生、流动、商业化应用，以及技术创新发展的整个过程，具体体现在自然资源的技术、知识、理论等方面的创新。

在创新评价层面，基于创新评价方法，构建创新评价体系，重点是构建自然资源科技创新指数，对自然资源科技创新能力进行度量。

通过以上四个层次的相互促进、融合，力求全面、客观、准确地反映我国自然资源科技创新能力，为综合评价自然资源对创新型强国建设进程的推动作用、完善自然资源科技创新政策提供技术支撑和咨询服务。

12.2.2 创新评价体系构建

构建自然资源创新评价体系，在理顺自然资源科技创新主体、创新路径和创新实现的基础上，确定自然资源科技创新涵盖的行业和领域，明确评价的主要内容和目标，以自然资源科技创新指数为评价的核心内容，构建“综合指数—分指数—指标”的递进式三级评价体系。

12.3 指标体系与评价方法

12.3.1 指数内涵界定

创新指数反映一个地区在创新方面的相对变化程度，是反映、衡量和评价区域创新能力的重要指示器（胡代光和高鸿业，2000），也是指计量一种或多种变量在时间或空间上变动程度的相对数（韩秋菊，2016）。国际社会通常用“创新指数”来表征国家或者区域创新能力。对于我国自然资源科技创新能力的度量，可通过创新指数、指标体系客观反映创新水平。自然资源领域的创新，是对自然资源规划、管理、勘探、开发、利用与保护的科技创新，也是自然资源领域新概念、新思想、新知识、新理论、新方法、新技术、新发现和新假设的集成。自然资源科技创新指数是指衡量自然资源管理、开发与保护的创新能力，切实反映国家、地区或领域内自然资源科技创新质量和效率的综合性指数。

12.3.2 指标体系构建

自然资源科技创新是国家创新体系的重要组成部分，是创新型国家建设的主要支柱之一，既要为创新型国家服务，又要具备自然资源特性，其科技创新投入和产出是评价依据。因此，自然资源科技创新发展需要具备 4 个方面的能力：较高的创新资源综合投入能力、较高的知识创造与扩散应用能力、较高的创新绩效影响表现能力、良好的创新环境。从这 4 个方面的能力出发，结合对于自然资源科技创新水平评价的全面性和代表性，以及数据的可获得性，选取能够表征自然资源科技创新资源投入、知识创造、创新效率和创新环境的 22 个重要指标构建自然资源科技创新指数指标体系，见表 12-1。

表 12-1 自然资源科技创新指数指标体系

综合指数	分指数	指标	
自然资源科技创新指数（A）	创新环境（B_1）	1. R&D 经费中设备购置费所占比重	C_1
		2. 科研机构科技经费筹集额中政府资金所占比重	C_2
		3. 知识产权保护力度	C_3
		4. 产业集群发展情况	C_4
		5. 企业与大学研究发展协作程度	C_5
		6. 政府采购对技术创新的影响	C_6
	创新资源（B_2）	7. 基础研究经费占 R&D 经费的比重	C_7
		8. R&D 人员的人均 R&D 经费水平	C_8
		9. R&D 人员中博士和硕士学历人员所占比重	C_9
		10. 科技活动人员占科研机构从业人员的比重	C_{10}
		11. 万名科研人员承担的课题数	C_{11}
	知识创造（B_3）	12. 亿美元经济产出的发明专利申请数	C_{12}
		13. 万名 R&D 人员的发明专利授权数	C_{13}
		14. 本年出版科技著作	C_{14}
		15. 万名自然资源科研人员发表的科技论文数	C_{15}
		16. 百万研究与发展经费科技论文被引次数	C_{16}
		17. 国外发表的论文数占总论文数的比重	C_{17}
	创新绩效（B_4）	18. 劳动生产率	C_{18}
		19. 单位能耗 GDP	C_{19}
		20. 知识产权收入在收入总额中的占比	C_{20}
		21. 自然资源科技进步贡献率	C_{21}
		22. 自然资源科技成果转化率	C_{22}

自然资源科技创新指数评价体系包括三个层级。一级体系是综合指数，即自然资源科技创新指数，由创新资源、创新环境、创新绩效和知识创造四个分指数构成。其中，创新资源和创新环境是创新投入的重要支撑，知识创造和创新绩效是创新产出的重要支撑。创新产出与创新投入的比值作为创新效率比，从投入产出角度衡量我国自然资源科技创新投入所获得的科技创新产出。具体来看，分指数评价过程中，创新资源和创新环境主要捕捉国家自然资源开发、管理与保护中使科技创新活动成为可能的要素，创新绩效和知识创造旨在说明创新产出是自然资源的创新活动成果。

12.3.3 指数评价方法探索

自然资源科技创新指数的计算方法采用国际上流行的标杆分析法，即洛桑国际竞争力评价采用的方法。标杆分析法（Saavedra and Smith，1996；刘大海等，2015d；中国科学技术发展战略研究院，2015）是目前国际上广泛采用的一种评价方法，其原理是：对被评价的对象给出一个基准值，并以此标准去衡量所有被评价的对象，从而发现彼此之间的差距，给出排序结果。根据不同的评价需求，从纵向时间和横向区域两个维度展开评价。从两个维度针对指标数据的特征，采取不同的预处理方式，纵向时间维度的评价采用基准值的标准化处理方法，可比较自然资源科技创新指数的增长情况；横向区域维度采用归一化预处理方法，可通过对比得出自然资源科技创新发展水平的区域差异。参照《国家海洋创新指数报告 2016》的权重选取方法和测算模型来计算自然资源科技创新指标体系中的分指数和综合指数。

12.4 总　　结

本章在国家创新体系理论基础上，阐述了自然资源科技创新指数的内涵，从创新主体、创新路径、创新实现和创新评价四个角度出发，以自然资源科技创新评价为主要内容，构建了自然资源科技创新评价的三级框架体系，通过对创新投入及创新产出的量化，衡量自然资源管理、开发与保护的创新能力，切实反映国家、地区或领域内自然资源科技创新质量和效率。

第 13 章

我国行政区域自然资源科技创新评价

本章从行政区域角度分析我国自然资源科技创新的发展现状和特点，为我国自然资源科技创新格局的优化提供科技支撑和决策依据。

从 2019 年自然资源科技创新指数得分来看，区域分布呈现明显的三级梯次态势，可以将我国行政区域分为 3 个梯次：第一梯次为北京、广东、山东和浙江；第二梯次为辽宁、湖北、江苏、福建、天津、四川、上海和重庆；其他为第三梯次。

从 2019 年自然资源科技创新分指数得分来看，创新资源分指数的区域分布较为均衡，整体水平较高；创新环境分指数广东和北京领先；创新绩效分指数的区域分异性明显，强弱差距较大，科技创新成果转化效率及水平有待进一步提高；知识创造分指数在 15 分处分界明显，优势区域离散分布。

13.1　我国行政区域自然资源科技创新指数评价

13.1.1　自然资源科技创新指数的区域分布呈现明显的三级梯次

根据 2019 年自然资源科技创新指数得分，对我国 31 个省（自治区、直辖市）进行分析，并将其划分为 3 个梯次，前两个梯次如表 13-1 所示。第一梯次是得分超过 40 的北京、广东、山东和浙江，第二梯次是辽宁、湖北、江苏、福建、天津、四川、上海和重庆；其他省（自治区、直辖市）位于第三梯次。

表 13-1　2019 年自然资源科技创新指数与分指数得分及创新投入产出比（前两个梯次）

省（自治区、直辖市）	综合指数	分指数				创新投入产出比
	自然资源科技创新（A）	创新资源（B_1）	创新环境（B_2）	创新绩效（B_3）	知识创造（B_4）	
北京	66.42	81.33	63.67	39.50	81.18	0.83
广东	58.77	68.46	84.97	21.59	60.05	0.53
山东	41.89	56.01	43.77	24.02	43.77	0.68
浙江	40.88	41.33	30.47	75.74	15.99	1.28
辽宁	27.10	47.58	23.23	18.89	18.69	0.53
湖北	24.98	36.02	29.95	15.57	18.38	0.51
江苏	24.25	38.66	24.51	18.10	15.73	0.54
福建	21.92	27.45	39.29	13.04	7.91	0.31

续表

省（自治区、直辖市）	综合指数	分指数				创新投入产出比
	自然资源科技创新（A）	创新资源（B_1）	创新环境（B_2）	创新绩效（B_3）	知识创造（B_4）	
天津	19.81	38.32	28.56	5.30	7.07	0.18
四川	19.73	24.09	32.32	13.35	9.14	0.40
上海	18.98	46.95	16.31	4.58	8.08	0.20
重庆	16.38	18.57	31.42	7.82	7.72	0.31

13.1.2 自然资源科技创新区域差异显著

从 2019 年自然资源科技创新指数得分的前两个梯次（图 13-1）来看，第一梯次排名前两位的北京和广东的自然资源科技创新指数得分分别为 66.42、58.77，分别相当于平均分的 3.39 倍、3.00 倍。从全国范围来看，北京和广东的自然资源科技创新发展具备明显优势，创新能力较强。沿海地区的山东和浙江区域集聚性较强，自然资源科技创新指数得分均高于平均分，其自然资源科技创新发展基础较好，具有一定的创新能力，但仍与前 2 个省（直辖市）存在较大差距，其中浙江的创新绩效分指数得分最高，创新投入产出比也是唯一超过 1 的地区，因此其综合指数的得分较高。第二梯次中，辽宁的创新资源分指数得分较高，湖北依托长江经济带区域协同发展，创新资源和创新环境分指数得分较高，江苏的知识创造分指数得分较低，福建的创新环境分指数得分较高，天津的创新绩效、知识创造分指数及上海的创新环境、创新绩效分指数得分较低，可以看出天津和上海自然资源科技创新投入产出转化的能力相对较弱，二者的创新投入产出比仅分别为 0.18 和 0.20，这影响了其综合指数的得分，四川、重庆的创新资源分指数得分较低，拉低了其综合指数得分。

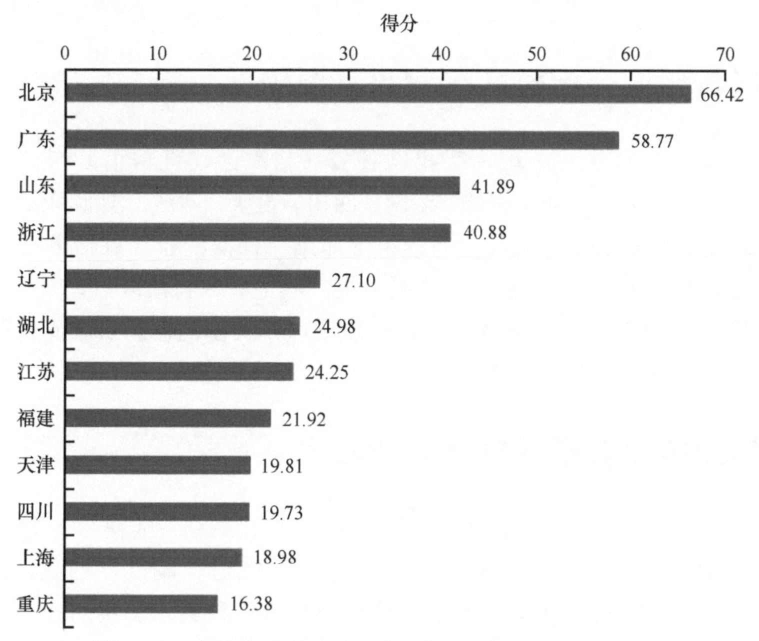

图 13-1 2019 年自然资源科技创新指数得分前两个梯次

13.2 我国行政区域自然资源科技创新分指数评价

13.2.1 创新资源分指数整体水平及区域均衡化程度较高

从创新资源分指数来看，2019 年各省（自治区、直辖市）得分整体水平较高，区域间均衡化程度也较高，得分超过平均分的有北京、广东、山东、辽宁、上海、浙江、江苏、天津和湖北（图 13-2）。其中，北京、广东的创新资源分指数得分分别为 81.33、68.46，远高于其他省（自治区、直辖市）的得分和平均分（27.55）。北京的创新资源分指数得分排在第一位。广东的创新资源分指数得分仅次于北京，位列第二，这主要得益于其较强的科技人力资源扩展能力。山东、辽宁、上海、浙江、江苏、天津和湖北 7个省（直辖市）的创新资源分指数得分分别为 56.01、47.58、46.95、41.33、38.66、38.32、36.02。

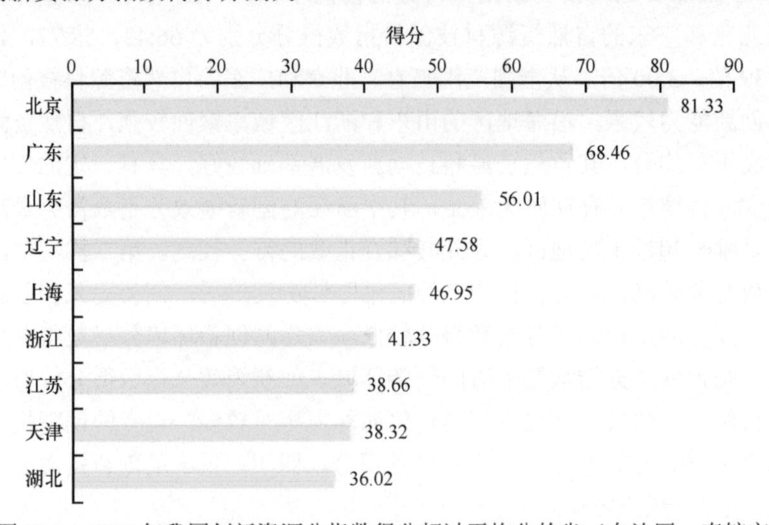

图 13-2　2019 年我国创新资源分指数得分超过平均分的省（自治区、直辖市）

13.2.2 创新环境分指数广东和北京领先

从创新环境分指数来看，2019 年我国各省（自治区、直辖市）得分超过平均分（26.99）的为广东、北京、山东、福建、云南、四川、重庆、浙江、湖北和天津（图 13-3）。其中，只有云南在第三梯次中，其他均是第一和第二梯次的省（直辖市）。2019 年，广东和北京在创新环境方面处于领先地位，得分远超其他省（自治区、直辖市）。广东创新环境分指数得分为 84.97，远高于平均分，体现出广东突出的创新资金支持和管理水平。北京名列其后，创新环境分指数得分为 63.67。

13.2.3 创新绩效分指数区域差距较大

从创新绩效分指数来看，2019 年我国各省（自治区、直辖市）得分超过平均分（11.65）的有浙江、北京、山东、广东、辽宁、江苏、湖北、四川、福建和海南（图 13-4）。其中，只有海南在第三梯次，其他均是第一和第二梯次的省（直辖市）。总体来看，区域分异性明显，排在第一位的浙江表现强劲，而排在后面的地区，得分仅为

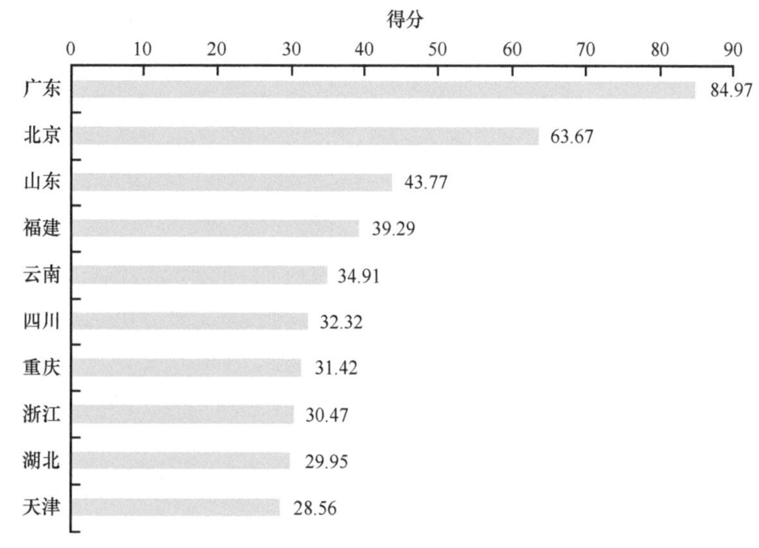

图 13-3　2019 年我国创新环境分指数得分超过平均分的省（自治区、直辖市）

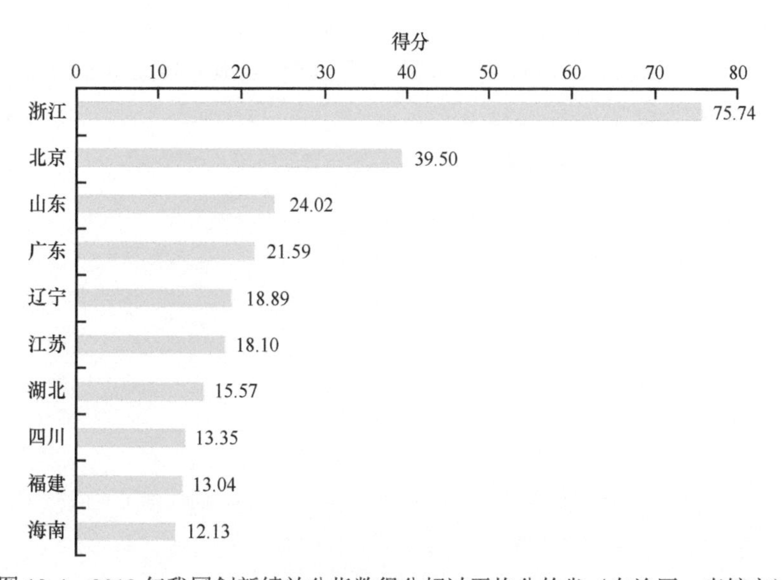

图 13-4　2019 年我国创新绩效分指数得分超过平均分的省（自治区、直辖市）

个位数，强弱差距太大，具备一定的梯次顺序。

2019 年浙江在创新绩效方面表现突出，远远超过其他省（自治区、直辖市），其创新绩效分指数得分为 75.74；北京名列其后，创新绩效分指数得分为 39.50，远高于其他地区，具有较大优势。

13.2.4　知识创造分指数优势区域离散分布

从知识创造分指数来看，2019 年我国各省（自治区、直辖市）得分超过平均分（12.07）的有北京、广东、山东、辽宁、湖北、浙江和江苏（图 13-5）。以知识创造分指数得分 15 分为阈值，将各省（自治区、直辖市）划分为两大类型，超过 15 分的为优势类型，低于 15 分的为劣势类型。优势类型地区在全国的分布呈现离散型态势，并未相对集聚；劣势类型地区得分较低，与平均分差距较大，但区域间相对均衡，并未出现级差分化。

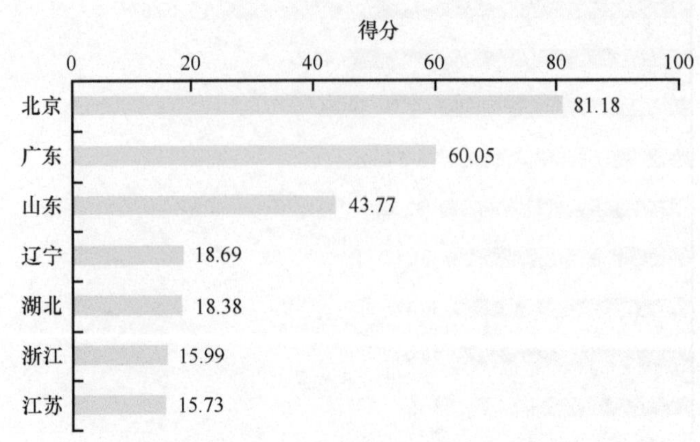

图 13-5 2019 年我国知识创造分指数得分超过平均分的省（自治区、直辖市）

北京知识创造分指数表现较为突出，得分为 81.18，这主要得益于突出的本年科技著作出版量、科技论文发表量及软件著作权量。广东知识创造分指数得分为 60.05，这与其较高的专利申请量和发明专利授权量密不可分。山东知识创造分指数得分为 43.77，其专利和科技论文方面具有较强的实力。

参考文献

柴国荣, 徐渝, 叶小青. 2003. 技术入股型商业化合作的信誉机制研究. 预测, 24(3): 57-60.

常立农. 2013. 正确看待科技成果转化率. 中国渔业经济, 31(3): 169-172.

常晔. 2008. 中国农村不同区域人力资本与经济协调发展研究. 兰州大学博士学位论文.

常州高新区课题组. 2006. 打造“创新型高新区”是第一战略选择——关于常州高新区科技创新工作的调查与思考. 江南大学学报, 5(6): 38-39.

陈国权. 2011. 论熊彼特的“创新”思想. 时代金融, (11): 20-21.

陈劲. 2021. 整合式创新: 新时代创新范式探索. 北京: 科学出版社.

陈宁, 赵露, 陈雨生. 2019. 海洋国家实验室科技成果转化服务体系研究. 科技管理研究, (11): 122-128.

陈琼, 李瑾, 李会生, 等. 2016. 科技进步对天津畜牧业经济增长的贡献率分析. 中国科技论坛, (1): 154-160.

陈瑞华. 2003. 信息经济学. 天津: 南开大学出版社.

陈向武. 2019. 科技进步贡献率与全要素生产率: 测算方法与统计现状辨析. 西南民族大学学报 (人文社科版), 40(7): 107-115.

程波. 2007. 我国高校科技成果转化率的研究. 重庆大学硕士学位论文.

程华, 李莉, 陈丽清. 2013. 区域科技与经济发展水平的协调度研究——以广东省为例. 未来与发展, 36(6): 109, 116-120.

代明, 殷仪金, 戴谢尔. 2012. 创新理论: 1912-2012——纪念熊彼特《经济发展理论》首版 100 周年. 经济学动态, (4): 143-150.

丁茗. 2003. 风险投资中的博弈分析. 苏州大学学报: 哲学社会科学版, (3): 39-42.

杜军, 寇佳丽, 赵培阳. 2019a. 海洋产业结构升级、海洋科技创新与海洋经济增长——基于省际数据面板向量自回归 (PVAR) 模型的分析. 科技管理研究, (21): 137-146.

杜军, 赵培阳, 寇佳丽. 2019b. 基于 VAR 模型的海洋科技创新与海洋经济增长的互动关系研究. 生态经济, (9): 61-67.

段永瑞. 2006. 数据包络分析: 理论和应用. 上海: 上海科学普及出版社.

樊姗姗. 2023. 基于系统科学理论的温伯格自然规律观探析. 系统科学学报, (3): 89-93.

方在农. 2006. 从熊彼特的创新理论说起. 自然杂志, (2): 114-115.

冯尧. 2011. 基于 DEA 方法的我国高技术产业科技成果转化效率研究. 学术交流, (3): 101-105.

冯・诺依曼, 摩根斯顿. 2004. 博弈论与经济行为. 王文玉, 王宇, 译. 上海: 三联书店.

付明卫, 叶静怡, 孟俣希, 等. 2015. 国产化率保护对自主创新的影响——来自中国风电制造业的证据. 经济研究, 50(2):118-131.

高志刚. 2003. 新疆区域经济协调发展若干问题探讨. 经济, (2): 229-230.

葛浩然, 朱占峰, 钟昌标, 等. 2020. 环境规制对区域海洋经济转型的影响研究. 统计与决策, 36(24): 111-114.

龚六堂. 2000. 经济增长理论. 武汉: 武汉大学出版社.

管福泉, 吴伟光, 伍士林. 2006. 产业集群竞争优势理论分析. 工业技术经济, (3): 10-12.

郭江江, 戚巍, 缪亚军, 等. 2012. 我国科技与经济社会发展协调度的测度研究. 中国科技论坛, (5): 123-129.

郭跃. 2009. 我国海洋统计数据状况及影响因素分析. 海洋信息, (3): 12-14.

国家海洋局第一海洋研究所. 2015a. 国家海洋创新指数试评估报告 2013. 北京: 海洋出版社.
国家海洋局第一海洋研究所. 2015b. 国家海洋创新指数试评估报告 2014. 北京: 海洋出版社.
国家海洋局第一海洋研究所. 2017. 国家海洋创新指数报告 2016. 北京: 海洋出版社.
国家海洋信息中心, 新华 (青岛) 国际海洋资讯中心, 国家金融信息中心指数研究院. 2014. 中国海洋发展指数报告 2014.
韩秋菊. 2016. 河北省区域科技创新指数构建与测算研究. 河北师范大学硕士学位论文.
何佳玲, 谢萍, 王静. 2020. 基于熵值法的云南省生态经济可持续发展质量综合评价. 云南农业大学学报 (社会科学版), 14(5): 112-118.
何金玲. 2007. 中国区域经济发展的理论与实践. 工业技术经济, 26(2): 10-11.
何宽. 2013. 基于索罗模型的浙江海洋科技进步贡献率研究. 浙江海洋学院硕士学位论文.
胡代光, 高鸿业. 2000. 西方经济学大辞典. 北京: 经济科学出版社.
胡晓珍. 2018. 中国海洋经济绿色全要素生产率区域增长差异及收敛性分析. 统计与决策, 34(17): 137-140.
胡艳, 潘婷. 2019. 长江经济带科技创新对经济发展支撑作用研究. 铜陵学院学报, (4): 3-6, 24.
黄师平, 王晔. 2018. 国内外区域创新评价指标体系研究进展. 科技与经济, 31(4): 11-15.
姜文仙, 张慧晴. 2019. 珠三角区域创新能力评价研究. 科技管理研究, 39(8): 46-54.
金碚. 1996. 产业国际竞争力研究. 经济研究, (11): 39-45.
金永明. 2018. 陆海统筹加快建设海洋强国. 检察风云, (20): 28-29.
康旺霖, 邹玉坤, 王垒. 2020. 我国省域海洋科技创新效率研究. 统计与决策, (4): 100-103.
克里斯汀・蒙特, 丹尼尔・塞拉. 2005. 博弈论与经济学. 张琦, 译. 北京: 经济管理出版社: 140-142.
寇佳丽, 杜军. 2019. 中国海洋产业结构与海洋经济增长的关系. 华北水利水电大学学报 (社会科学版), 35(5): 40-45.
李百吉, 张倩倩. 2016. 我国煤炭工业科技进步贡献率的测算. 中国煤炭, 42(3): 19-23.
李丛文. 2015. 金融创新、技术创新与经济增长: 新常态分析视角. 现代财经: 天津财经大学学报, (2): 13-24.
李嘉图. 2009. 政治经济学及赋税原理. 北京: 光明日报出版社.
李顺德. 2020. 海洋产业结构升级对海洋经济的影响机制研究. 工程经济, (5): 236.
李晓璇, 刘大海, 王春娟, 等. 2016. 区域海洋创新能力评估与影响因子分析. 科技和产业, 16(8): 85-92.
李修全. 2015. "科技成果转化率" 辨析. 科技日报, 2015-02-02(01).
李雪松. 2015. 基于势分析的哈尔滨市科技进步贡献率测算. 科技与管理, 17(6): 21-26.
李勋祥. 2022. 建设 "五个中心", 打造 "引领型现代海洋城市". 青岛日报, 2022-09-21(A04).
林香红, 郑莉, 高健. 2015. 科技进步对我国海洋渔业经济增长的影响研究综述. 海洋信息, (4): 49-58.
林杨. 2010. 内蒙古物流发展与经济增长关系研究. 西南大学硕士学位论文.
刘畅, 盖美, 王秀琪, 等. 2020. 大连市海洋科技创新对海洋经济发展的影响. 现代商贸工业, 41(22): 4-5.
刘大海. 2008. 基于 DEA 方法的海洋科技效率评价研究. 海洋开发与管理, (1): 48-51.
刘大海. 2016. "海洋科技进步贡献率" 辨析. 中国海洋报, 2016-06-15(002).
刘大海, 何广顺, 王春娟. 2021. 国家海洋创新指数报告 2020. 北京: 科学出版社.
刘大海, 李朗, 刘洋, 等. 2009. 我国 "十五" 期间海洋科技进步贡献率的测算与分析. 海洋开发与管理, (1): 12-15.
刘大海, 李晓璇, 王春娟, 等. 2015a. 海洋科技成果转化率测算与预测研究. 海洋经济, 5(2): 18-22.
刘大海, 李晓璇, 王春娟, 等. 2015b. 国家海洋创新体系及评估指标研究. 海洋开发与管理, 32(11): 10-13.
刘大海, 李晓璇, 邢文秀, 等. 2015c. 区域海洋科技进步贡献率测度方法研究. 海洋开发与管理, 32(1): 18-21.

刘大海, 王春娟, 李晓璇, 等. 2015d. 国家海洋创新指数构建与评估研究. 科技进步与对策, (24): 114-119.
刘大海, 王春娟, 王玺媛. 2019. 自然资源科技创新评价体系与指数构建. 中国土地, (8): 24-26.
刘锋, 逯宇铎, 于娇. 2014. 中国科技创新产出与经济增长的协整分析. 科技管理研究, (17): 5-12.
刘凤朝, 潘雄锋, 施定国. 2006. 辽宁省经济科技系统协调发展评价与分析. 研究与发展管理, (5): 97-101, 115.
刘丽萍, 洪功翔, 刘竹林. 2011. 安徽省建筑业科技进步贡献实证分析: 1995—2009. 建筑经济, (10): 9-13.
刘祎, 王玮. 2019. 工业大数据资源转化为竞争优势的内在机理——基于资源编排理论的案例研究. 华东经济管理, 33(12): 163-170.
刘玉凤, 王明利, 石自忠, 等. 2014. 我国肉羊生产技术效率及科技进步贡献分析. 中国农业科技导报, 16(3): 156-161.
卢雯皎. 2014. 林业科技进步贡献率的测算方法与实证研究. 中国林业科学研究院硕士学位论文.
卢子宸, 高汉. 2020. "一带一路" 科技创新合作促进城市产业升级——基于 PSM-DID 方法的实证研究. 科技管理研究, 40(5): 130-138.
鲁亚运. 2014. 基于时滞灰色生产函数的我国海洋科技进步贡献率研究. 科技管理研究, (12): 55-59.
罗辑, 张其春. 2008. 区域产业竞争力研究理论与实践. 北京: 科学出版社.
马吉山. 2012. 区域海洋科技创新与蓝色经济互动发展研究——以青岛市为例. 中国海洋大学博士学位论文.
马静玉. 1996. 对在技术创新与市场结构关系上几个问题的再明晰. 技术经济, (12): 19-20.
迈克尔・波特. 2005. 竞争战略. 陈小悦, 译. 北京: 华夏出版社.
毛加强, 王陪珈. 2007. 基于区位商方法的陕西产业集群识别与检验. 兰州大学学报: 社会科学版, (6): 134-137.
孟庆松, 韩文秀, 金锐. 1998. 科技—经济系统协调模型研究. 天津师大学报 (自然科学版), (4): 9-13.
倪鹏飞, 张跃, 侯永平, 等. 2010. 青岛城市国际竞争力报告. 北京: 社会科学文献出版社.
宁凌, 王微, 杜军. 2012. 海洋战略性新兴产业选择理论依据研究述评. 中国渔业经济, 30(6): 162-170.
牛方曲, 刘卫东. 2012. 中国区域科技创新资源分布及其与经济发展水平协同测度. 地理科学进展, 31(2): 149-155.
潘燕燕. 2012. 我国东西部高科技产业的发展现状和政策比较研究. 合肥工业大学硕士学位论文.
庞娟. 2000. 产业转移与区域经济协调发展. 经济论坛, (3): 81-82.
齐亚伟. 2015. 我国区域创新能力的评价及空间分布特征分析. 工业技术经济, 34(4): 84-90.
乔俊果. 2010. 基于中国海洋产业结构优化的海洋科技创新思路. 改革与战略, 26(10): 140-143, 154.
秦琳贵, 沈体雁. 2020. 科技创新促进中国海洋经济高质量发展了吗——基于科技创新对海洋经济绿色全要素生产率影响的实证检验. 科技进步与对策, 37(9): 105-112.
邱子昂. 2020. 技术创新对于京津冀 "互联网 +" 物流产业融合发展的影响探讨——基于熊彼特创新理论. 全国流通经济, (23): 18-20.
如乃卜, 郑秀君, 家彦利. 2005. 中国区域发展战略政策演变及整体效应研究. 财经研究, 31(1): 25-28.
山东省海洋与渔业厅. 2010. 山东省沿海地区社会经济基本情况. 北京: 海洋出版社.
石政. 2015. 北汽奔驰的国产化零件变更管理流程. 汽车工业研究, (4): 31-39.
宋景华, 冯爽, 王亚楠. 2015. 科技进步对河北省经济增长贡献的实证分析. 河北科技大学学报 (社会科学版), 15(1): 8-11.
宋卫国, 朱迎春, 徐光耀, 等. 2014. 国家创新指数与国际同类评价量化比较. 中国科技论坛, (7): 5-9, 55.
宋艳涛. 2003. 科技进步测算理论方法创新与实证研究. 天津大学博士学位论文.
苏纪兰. 2020. 科学发展海洋经济 建设海洋生态文明. 地球, (10): 6-11.

苏喜军. 2010. 基于高科技产业集群的河南区域创新体系建设研究. 科技管理研究, (12): 80-82.
孙翊, 王铮, 熊文, 等. 2010. 中国高技术产业空间转移模式及动力机制研究. 科研管理, (3): 99-105.
田东平, 苗玉凤. 2005. 基于 DEA 的我国高校科研效率评价. 理工高教研究, 24(4): 6-8.
田雪航, 何爱平. 2020. 环境规制对经济增长影响的实证分析. 统计与决策, 36(24): 115-118.
王春益. 2019. 生态文明视域下的海洋命运共同体. 中国生态文明, (6): 66-69.
王东, 翟亚婧. 2014. 竞争优势理论发展综述. 长春大学学报, 24(1): 38-41.
王建民, 王艳涛. 2015. 我国区域创新能力研究述评. 经济问题探索, (12): 185-190.
王力. 2019. 乡村振兴视域下我国农业技术创新研究——基于熊彼特创新理论框架. 现代农业科技, (9): 220-221.
王米垚. 2017. 区域海洋科技创新与蓝色经济发展协调度研究. 哈尔滨工业大学硕士学位论文.
王塑峰, 纪玉山. 2017. 东北重化工业转型升级的战略思考——基于综合竞争优势理论的视角. 社会科学辑刊, (6): 30-41.
王维, 张建业, 乔朋华. 2014. 区域科技人才、工业经济与生态环境协调发展研究——基于我国 18 个较大城市的面板数据. 科技进步与对策, 31(7): 43-48.
王元地. 2004. 科技成果转化的经济学分析. 科技成果纵横, (1): 27-29.
王元地, 陈禹. 2017. 中国区域评价体系现状及问题探析. 科技管理研究, 37(6): 65-71.
王泽宇, 刘凤朝. 2011. 我国海洋科技创新能力与海洋经济发展的协调性分析. 科学学与科学技术管理, 32(5): 42-47.
韦茜. 2011. 我国沿海 11 省市海洋科技进步贡献率研究. 决策与信息, (12): 185-186.
卫梦星. 2012. 中国海洋科技进步贡献率研究. 中国海洋大学硕士学位论文.
魏守华, 禚金吉, 何嫄. 2011. 区域创新能力的空间分布与变化趋势. 科研管理, 32(4): 152-160.
吴传清, 邓明亮. 2019. 科技创新、对外开放与长江经济带高质量发展. 科技进步与对策, 36(3): 33-41.
吴丹, 胡晶. 2017. 我国科技-经济-生态系统的综合发展水平及其协调度评价——基于灰关联投影寻踪协调度组合评价模型. 工业技术经济, 36(5): 140-146.
吴二娇. 2011. 科技创新对经济增长影响的协整分析——以广东省为例. 沈阳工业大学学报 (社会科学版), 1(4-1): 61-65.
吴梵, 高强, 刘韬. 2019. 海洋科技创新对海洋经济增长的效率测度. 统计与决策, (23): 119-122.
吴敬琏. 2006. 经济增长模式与技术进步. 中国科技产业, (1): 7.
吴雷, 曾卫明. 2012. 基于索洛余值法的装备制造业原始创新能力对经济增长的贡献率测度. 科技进步与对策, 29(3): 70-73.
仵凤清, 李玉仙, 张玺才. 2008. 中国科技与经济协调度的研究. 统计与决策, (16): 41-42.
向文琦. 2015. 我国渔业科技进步贡献率研究. 上海海洋大学硕士学位论文.
肖金成, 刘勇. 2005. “十一五” 中国区域经济协调布局构想. 财经界, (2): 4.
谢富纪. 2004. 技术进步及其评价. 上海: 上海科技教育出版社.
谢江珊. 2017. 海洋经济圈成为新增长点 上海、深圳又添新目标: 建全球海洋中心城市. 建筑设计管理, (8): 37-38.
谢识予. 2004. 经济博弈论. 上海: 复旦大学出版社.
谢子远. 2014. 沿海省市海洋科技创新水平差异及其对海洋经济发展的影响. 科学管理研究, 32(3): 76-77.
熊彼特. 2008. 经济发展理论. 孔伟艳 , 朱攀峰, 娄季芳, 译. 北京: 北京出版社.
徐孟, 刘大海, 李森, 等. 2019. 中国涉海城市海洋创新能力测度与评价. 科技和产业, 19(1): 50-57.
徐士元, 何宽, 樊在虎. 2013. 基于浙江面板数据的海洋科技进步贡献率研究. 海洋开发与管理, (11): 111-116.
许红梅, 李春涛. 2020. 社保费征管与企业避税——来自《社会保险法》实施的准自然实验证据. 经济研究, (6): 122-137.
许治, 师萍. 2005. 基于 DEA 方法的我国科技投入相对效率评价. 科学学研究, 23(4): 481-484.
杨明海, 张红霞, 孙亚男, 等. 2018. 中国八大综合经济区科技创新能力的区域差距及其影响因素研究. 数量经济技术经济研究, 35(4): 3-19.
姚东旻, 李三希, 林思思. 2015. 老龄化会影响科技创新吗——基于年龄结构与创新能力的文献分析. 管理评论, 27(8): 56-67.
叶立国. 2020. 系统科学理论体系的理性重建——"内外融合的非线性立体结构". 系统科学学报, 28(1): 6-11.
易平涛, 李伟伟, 郭亚军. 2016. 基于指标特征分析的区域创新能力评价及实证. 科研管理, 37(S1): 371-378.
殷克东, 王伟, 冯晓波. 2009. 海洋科技与海洋经济的协调发展关系研究. 海洋开发与管理, 26(2): 107-112.
殷克东, 王晓玲. 2010. 中国海洋产业竞争力评价的联合决策测度模型. 经济研究参考, (28): 27-39.
殷轶良. 2007. 正确理解核心部件国产化率 客观衡量自主创新成果. 中国工业报, 2007-05-09(A02).
袁靖, 胡磊. 2010. 山东省科技进步贡献率测算的实证研究. 科技与应用, (1): 90-93.
袁宇翔, 梁龙武, 付智, 等. 2017. 区域创新能力发展的环境耦合协同效应. 科技管理研究, (5): 16-21.
韵楠楠, 李博. 2019. 中国海洋经济转型评价及影响机制. 资源开发与市场, 35(6): 832-838.
曾涛. 2021. 系统科学理论下北京高校智慧教室的建设标准研究. 北京工业大学硕士学位论文.
张弛. 2016. 海洋工程装备制造业: 产业转型升级重任在肩. 中国水运报, 2016-03-31(05).
张德霖.1990. 论生产率的内涵. 生产力研究, (06):19-26.
张浩, 孟宪忠. 2005. 不同机构类型的 R&D 效率 DEA 评价比较. 科技政策与管理, (12): 78-82.
张军, 章元. 2003. 对中国资本存量 K 的再估计. 经济研究, (7): 35-43, 90.
张丽佳, 侯红明, 李宏荣. 2013. 长三角、珠三角、环渤海区域创新能力与政策比较研究. 科技管理研究, (18): 14-18.
张璐, 张永庆. 2019. 山东省海洋科技创新与海洋经济发展的协调性研究. 物流科技, 42(1): 135-142.
张美书, 吴洁. 2008. 略论我国高校科技成果转化率低的原因及对策选择. 江西金融职工大学学报, 21(1): 109-111.
张赛男. 2017. 三大海洋经济圈融入"一带一路" 深圳上海建设全球海洋中心城市. 21 世纪经济报道, 2017-05-17(006).
张树良. 2014. 促进现代农业食品技术转移和成果转化. 东方城乡报, 2014-08-12(A02).
张晓晓, 莫燕, 许斌. 2013. 区域科技—经济系统协调性分析与控制: 协同学视角的研究. 科技和产业, 13(1): 81-83, 106.
张雨. 2006. 农业科技成果转化率测算方法分析. 农业科技管理, 25(3): 34-37.
张煜. 2015. 新疆科技进步对经济增长的贡献评价. 新疆大学博士学位论文.
张元智. 2001. 高科技产业开发区集聚效应与区域竞争优势. 中国科技论坛, (3): 20-23.
张治栋, 廖常文. 2019. 区域市场化、技术创新与长江经济带产业升级. 产经评论, (5): 94-107.
赵蕾, 林连升, 杨宁生, 等. 2011. 综合评价方法在中国水产科学研究院科技成果转化率研究中的应用构想. 科技管理研究, (6): 42-45.
赵卢雷. 2020. 西方技术创新理论的产生及演变历程综述. 江苏经贸职业技术学院学报, (3): 43-46.
赵昕, 王涛, 郑慧. 2015. 我国主导海洋产业指标体系的建立及测度. 统计与决策, (4): 36-40.
赵瑶. 2007. 科技进步贡献率的测算与实证分析. 华中科技大学硕士学位论文.
赵玉杰, 杨瑾. 2016. 海洋经济系统科技创新驱动效应研究. 东岳论丛, 37(5): 94-102.
甄守业, 方涛, 刘方玉, 等. 2009. 山东省科技成果转化率研究//山东省软科学办公室. 决策与管理研究(2007—2008): 山东省软科学计划优秀成果汇编: 第七册・上. 济南: 山东友谊出版社.

中国科学技术发展战略研究院. 2015. 国家创新指数报告 2014. 北京: 科学技术文献出版社.
周凤莲, 李双元. 2015. 农业科技进步贡献率研究综述. 农村经济与科技, 26(9): 237-242.
周密, 申婉君. 2018. 研发投入对区域创新能力作用机制研究——基于知识产权的实证证据. 科学学与科学技术管理, 39(8): 26-39.
周瑞超. 2013. 提高社会科学成果转化率的若干建议. 学术交流, (6): 14-16.
周玉江. 2010. 河北街地级市城市竞争力比较研究. 企业经济, (10): 133-135.
周运兰, 郑军. 2013. 我国西部地区创业风险投资与高科技产业发展研究. 科技进步与对策, 30(3): 41-46.
周忠民. 2016. 湖南省科技创新对产业转型升级的影响. 经济地理, 36(5): 115-120.
朱淑珍. 2002. 开启创新活动的理性之门——熊彼特创新理论及其评价. 党政论坛, (9): 36-37.
朱永凤, 王子龙, 张志雯, 等. 2019. "一带一路"沿线国家创新能力的空间溢出效应. 中国科技论坛, 277(5): 176-185.
Edquist C, Lundvall B-Å. 1993. Comparing the Danish and Swedish systems of innovation//Nelson R R. National Innovation Systems. New York: Oxford University Press.
Freeman C. 1987. Technology Policy and Economic Performance: Lessons from Japan. London: Pinter.
Lundvall B-Å. 1992. National Systems of Innovations. London: Pinter.
Metcalfe J S.1995. Technology systems and technology policy in an evolutionary framework. Cambridge Journal of Economics, 19(1): 25-46.
Nelson R, Rosenberg N. 1993. Technical innovation and national systems//Nelson R R. National Innovation Systems. New York: Oxford University Press.
Niosi J, Saviotti P, Bellon B, et al. 1993. National systems of innovation: in search of a workable concept. Technology in Society, 15(2): 207-227.
Saavedra R H, Smith A J. 1996. Analysis of benchmark characteristics and benchmark performance prediction. ACM Transactions on Computer Systems, 14(4): 344-384.
Superintendent of Documents, U.S. 1985. Economic report of the president. Washington D.C.: Government Printing Office.

结　语

科学的本质是什么？复杂经济学创始人、技术思想家布莱恩·阿瑟在《技术的本质》一书中讲到“科学的本质就是捕捉现象。现象是隐秘，如果不去发现和发掘，现象是不能显现的。从本质上看，技术是被捕获并加以利用的现象的集合，或者说，技术是对现象有目的的编程。从创新的规律来看，技术的发生始于对现象的深入理解，而这将逐渐内嵌为一套寓存于人、地方性自我构建的、深邃的共同认知（shared knowing），并将随时间而发展，新技术的发展通道常会集中在一个或最多几个国家和地区。这就是科学领先国家在技术上也会处于领先位置的原因”。中国作为国际前沿创新的重要参与者和共同解决全球性问题的重要贡献者，从一穷二白起步，筚路蓝缕，在党领导下，走出了一条中国特色的科技创新之路。

党的十八大以来，党中央把创新作为引领发展的第一动力，把科技自立自强作为国家发展的战略支撑，立足中国特色，着眼全球发展大势，把握阶段性特征，对新时代科技创新谋篇布局。近年来，中国科技创新事业发生了历史性、整体性、格局性重大变化，成功进入创新国家行列，在全球创新版图中的地位和作用发生了新的变化，为世界科技进步和可持续发展作出了中国贡献。党的十九大报告提出“坚持陆海统筹，加快建设海洋强国”，海洋创新多区域发展的需求不断提升，海洋传统产业和战略性新兴产业协同发展潮头正劲。科技创新不断为海洋事业发展注入新的活力和动力，成为引导和推动海洋强国建设的重要推动力量。海洋科技促进经济发展也取得了系列突破性进展，不断涌现出战略性、关键性、突破性的重大海洋科研成果。以国家创新体系为依托的海洋创新体系建设，瞄准世界海洋科技前沿，引领海洋基础科学与技术创新发展方向。海洋创新致力于原创成果的产出，聚焦制约海洋发展的关键科学问题、核心技术难题，拓展认识自然的边界，开辟新的认知疆域，逐渐实现了由“跟跑”到“并跑”再到部分“领跑”的转变，推动海洋领域高水平科技自立自强不断发展。中国特色海洋科技发展之路愈加明晰，坚持海陆并重、坚持协同合作、坚持自主可控，以科技创新引领海洋强国建设。纵观在海洋创新大发展的新时代，我国即将迎来多区域、多产业、多部委、多环节、多界别、多主体的全面爆发。

本书基于海洋强国战略需求和海洋创新大发展新时代，紧紧围绕国家创新驱动发展战略和科技自立自强理念，从理论基础着手，以国家创新体系为依据，构建国家海洋创新评价体系，持续评估我国海洋创新“家底”。同时，通过理论结合实践，将创新评价成果应用至海洋事业与海洋经济发展等具体实践，分析我国海洋创新需求，为制定海洋科技发展政策与规划提供基础支撑。通过对海洋创新评价理论的系统梳理，为对我国海洋创新能力进行科学全面的评价探索了一套指标体系与方法，对全社会客观认识、全面理解我国海洋创新发展现状和趋势具有重要现实意义，对管理决策具有参考价值。通过海洋创新评价实践应用与成果分析，能够发现我国在海洋科技原创能力、关键核心技术等方面的短板和弱项。对此，本书特别强调我国海洋强国建设和科技创新的发展，要抓住重要发展机遇，坚持“四个面向”，形成支撑发展和保障安全的海洋科技创新发展新的战略格局。面向世界科技前沿，坚持“目标导向”和“自由探索”两条腿走路，在海洋基础科学与技术创新等方面取得具有国际影响力的原创成果。面向经济主战场，以高质量的海洋科技供给带动海洋产业迈向中高端，保障海洋产业链供应链安全稳定。面向国家重大需求，加快海洋领域关键核心技术攻关，在战略必争领域补短板、强能力，支撑海洋强国建设。面向人民生命健康，创新海洋药物与健康保健技术，使人民群众享受到更多海洋资源带来的高质量创新成果。

本书系统介绍了海洋创新评价理论基础与实践应用，既有国家创新体系与创新理论基础的总结，又有国家海洋创新的特征分析与体系构建，既从宏观层面展开海洋创新评价，又从具体应用角度展开海洋创新与海洋产业经济的关系研究，实现了海洋创新研究领域的系统性、科学性和实用性的综合把握。研究内容涵盖了国家海洋创新、区域海洋创新与自然资源科技创新等方面的现状过程、发展趋势、重要成果和科学前沿。本书是团队多年的研究积淀和成果积累，作者带领的科技创新评估团队自 2006 年开始测算海洋科技创新重要指标，2013 年正式开展国家海洋创新指数的研究，历经 10 余年的科研积累，随着 2018 年自然资源部的组建成立将研究范围扩展至自然资源领域，同时开展海洋与自然资源科技创新的研究。

最后，本书课题组将在做好国家海洋创新评价的同时，积极拓展区域海洋创新评价范围，力求能够为地方管理和决策提供更多更好的细分产品，推动沿海地区海洋创新能力不断提高，为经济高质量发展提供新动能，为海洋强国建设贡献区域力量，在推动科技实现高水平自立自强和建设科技强国的新征程中展现海洋战略科技力量的新作为、新成就。